环境管理

甘小荣　刘宝军　王新波　牟金成　编著

U0196717

化学工业出版社

·北京·

内 容 简 介

本书在对环境管理体系与风险评价、环境工程管理的理论基础、环境管理的政策和制度、环境质量评价和规划等基础理论进行介绍的基础上，重点对水环境管理、土壤环境管理、大气环境管理和固体废物环境管理进行了具体论述。通过理论知识与工作实际相结合，更具针对性。

本书除了作为环境专业学生教材外，也可供环境工程管理相关行业的工程技术人员参考。

图书在版编目（CIP）数据

环境管理/甘小荣等编著．—北京：化学工业出版社，2024.6
ISBN 978-7-122-44937-5

Ⅰ．①环… Ⅱ．①甘… Ⅲ．①环境工程-工程管理
Ⅳ．①X5

中国国家版本馆CIP数据核字（2024）第083883号

责任编辑：赵卫娟　　　　文字编辑：贾羽茜　王云霞
责任校对：宋　玮　　　　装帧设计：韩　飞

出版发行：化学工业出版社
　　　　　（北京市东城区青年湖南街13号　邮政编码100011）
印　　装：北京科印技术咨询服务有限公司数码印刷分部
710mm×1000mm　1/16　印张15　字数258千字
2024年8月北京第1版第1次印刷

购书咨询：010-64518888　　　　售后服务：010-64518899
网　　址：http://www.cip.com.cn
凡购买本书，如有缺损质量问题，本社销售中心负责调换。

定　　价：88.00元　　　　　　版权所有　违者必究

前　言

环境管理是环境科学与工程类专业的重要专业基础课，它不仅涉及传统环境学科中科学和技术等方面知识，而且还涉及管理科学、法学、经济学、伦理学和系统学等交叉学科方面的内容，将上述知识融入环境保护、资源开发和社会发展中，统筹兼顾，可实现环境质量和社会经济发展收益最大化。笔者从事环境管理课程教学多年，深感此门学科的博大精深，且苦于市场上缺乏合适的教材，这是编写本书的初衷，希望本书的顺利出版能为环境学科的本科及研究生教学科研起到促进作用。

本书共分9章。第1章由甘小荣、刘宝军编写，主要介绍环境工程管理的产生和发展。第2章由王新波编写，主要介绍环境工程管理体系与风险评价。重点针对环境工程管理的基本概念、体系涉及的内容，环境风险管理所涉及的环境监测和分析方法以及环境补偿。第3章由刘宝军编写，主要介绍环境工程管理的理论基础，包括可持续发展原理、环境生态学原理、系统论原理、环境经济学原理和管理学原理。第4章由甘小荣编写，介绍环境管理的基本政策和制度，特别是对于一些典型的环保法规和政策进行介绍。第5章由王新波编写，主要介绍环境规划、环境评价制度、"三同时"制度、排污收费制度的相关内容。第6章由甘小荣编写，主要介绍水环境管理，包括了地表水环境管理和地下水环境管理。第7章由刘宝军编写，主要介绍土壤环境管理，包括土壤的结构、性能、功能、土壤污染现状和管理措施。第8章由牟金成编写，介绍了大气环境管理，主要包括大气污染状况，大气污染与人体健康之间的关系，国内外大气管理的相关措施和经验。第9章由牟金成编写，介绍了固废环境管理，包括固废基本概念、污染途径、控制措施、相关的法律体系，以及固废循环经济等。

本书的顺利完成要特别感谢国家自然科学基金（52000059、21908018、

22078174 和 52200124）、江苏省现代光学技术重点实验室资助项目（KJS2264）、广东省基础与应用基础研究（2022A1515011856）、深圳市科技计划资助（JCYJ20220530141205012）、山东省重大科技创新工程（2020CXGC011403），山东省重点技术研发计划（2021CXGC01083）、贵州省科技计划项目（黔科合基础-ZK［2022］重点012）等项目的资助。另外，衷心感谢河海大学浅水湖泊综合治理与资源开发教育部重点实验室、贵州大学、山东大学和苏州大学给予的大力支持。

笔者学识有限，书中难免有不足之处，敬请读者专家批评指正。

著　者

2024 年 1 月

目　　录

第5章 环境质量评价与规划 ——————————————————091

第6章 水环境管理 ————————————————————————108

第8章　大气环境管理 ———————————————— 176

第 1 章

环境工程管理导论

1.1 引言

随着人类对社会经济发展需求的不断增长和对物质财富的无止境追求，对环境资源开发和利用达到了史无前例的程度与规模。人类对资源的索取超过了自然界的承受能力，导致人类的生活环境不断恶化，比如温室效应、臭氧层破坏、酸雨、生物多样性减少、水资源危机、水土流失与荒漠化、海洋污染、热带雨林的减少等，这些又反过来成为制约人类生存与可持续发展的主要因素。在此背景下，环境工程管理学科应运而生。

环境工程管理是人类在解决环境问题的工程实践中逐步产生和发展起来的一门学科，其涉及两方面知识：与环境相关的科学和工程知识、与环境相关的管理知识。其所涉及的范围涵盖了微观与宏观领域。环境工程管理是以环境学科知识作为基础，通过科学管理实现污染物防治、保护环境的目的。环境工程管理，不仅涉及如何从原子、分子层面设计物理、化学、生物反应，使得污染物被去除和转化；更深层次的问题是如何在经济发展与环境资源开发利用之间找到平衡点，如何转变发展方式，如何对一个地区进行规划和管理，如何制定环境相关的法律和标准，以及如何转变公众对人与环境关系的认知。此外，环境工程是一门以多学科为基础发展起来的综合性学科和技术，在解决环境问题时，各学科都有其侧重方面，如果各学科之间缺乏协调和系统的管理，则彼此间难以发挥各自的作用，更别说产生协同和优化效应。因此，除了科学发展外，从整体上协调、规范和引导科学技术更好地解决环境问题，促进经济、社会、环境协调发展，显得更加迫切和必要，这也是环境工程管理存在和发展的理由。

环境工程管理的主要任务是：在可持续发展观念的指导下，运用经济、法律、技术、行政等手段，制定出相应的环境规划，并协调社会经济发展与环境的关系。不仅研究环境污染防治的工程技术和科学，而且要研究自然资源保护和合理开发利用，探索废物资源化的技术，改良生产工艺，推行清洁生产技术，以获得最大的环境效益和经济效益。

1.2　环境问题

环境污染的本质原因是环境资源的开发速度远超环境的有限承载力。在这种情况下，人类的活动会给环境质量带来不可逆转的破坏。例如，在我国北方地区，水资源过度开发导致短缺与质量恶化同步出现；水体富营养化导致藻类大量繁殖，水体含氧量急剧降低，并进一步演变成黑臭水体；受污染的水体或土壤会通过食物链危害人体健康（比如，土壤中重金属污染导致大米或者其他粮食作物中重金属离子的浓度超标）。环境问题往往伴随着能源问题，例如水体中钙、镁、硫酸盐超标会导致工厂中锅炉和管道积垢，从而导致大量的热量浪费，降低燃料的利用率。总体而言，我国的环境问题主要包括以下几个方面：环境空气质量超标，雾霾、沙尘等重污染天气频繁出现；化工等产业活动聚集，而工业废物与垃圾管理滞后，固体废物的回收和高效利用不足；人与野生动植物争夺发展空间矛盾突出；自然生态系统严重退化，高环境风险企业的布局与结构性问题突出；环境监测预警与应急响应能力不足。虽然"松花江水污染"等环境事件远去，但给我国的生态保护和经济可持续发展敲响了警钟，需要反思环境和社会发展之间的关系，构建和谐社会和美丽中国势在必行。当前，环境问题已经成为影响经济社会可持续发展和公众健康的一个重要因素。

面对日益严重的环境问题，为了获得环境、社会、经济的可持续发展，迫切需要重视生态文明建设，将环境技术治理与工程管理相结合。总体而言，我国环境管理长期处于"头痛医头、脚痛医脚"的被动管理、应急管理状态，与我国面临的经济社会性因素对环境保护工作的要求不相匹配。这种传统的先污染后治理的方案，完全不能满足现阶段我国环境保护的基本政策以及可持续发展观与和谐社会的要求。"上医治未病之病，中医治欲病之病，下医治已病之病"，解决环境污染问题最经济和有效的方法是实施积极预防的措施和政策。

对脆弱的、易受破坏的生态环境进行及时保护；对环境质量（比如水体质量）进行可靠、准确、实时的监测和反馈，有利于预防环境污染事件的发生，降低污染物的环境风险；当环境污染事件发生后，需要优化治理方法，在节约治理成本的同时，尽可能降低污染物对环境的破坏，这是环境管理的根本目的。由于环境治理手段纷繁复杂，比如物理方法、化学方法、生物方法等，需要能及时、有效采用最合适的治理方法，即要考虑治理成本（是去除还是回收）、环境的二次污染风险、经济效益、治理周期和期限等多方面因素，这些方法的实施往往是一个系统的工程，要从科学技术角度，完善环境保护的相关法律和法规，综合评估环境保护和治理的方法和路线。

知己知彼，百战不殆。在制定和实施环境治理和规划方案时，要了解现实的环境状况。这里的环境状况一般是指某个待研究主体以外的时空及其时空中的能量、物质、条件和状况等。2015年实施的修订后《中华人民共和国环境保护法》（以下简称《环境保护法》）中规定了"环境"的定义：影响人类生存和发展的各种天然的和经过人工改造的自然因素的总体，包括大气、水、海洋、土地、矿藏、森林、草原、湿地、野生生物、自然遗迹、人文遗迹、自然保护区、风景名胜区、城市和乡村等。这是从实际工作的需要出发，对环境一词的法律适用对象或适用范围作出规定，以保证法律的准确实施。

环境工程管理中的环境特指人类生存空间中的水资源、空气资源、土地资源、生物资源等。环境问题可分为两大类：一类是火山活动、地震、风暴、海啸等自然灾害产生的破坏和污染；另一类是人为因素造成的环境污染和自然资源与生态环境的破坏。人类生产、生活活动中产生的各种污染物进入环境，当其超过了环境容量的容许极限，就会使环境受到污染、破坏。目前，我国面临的环境问题主要有：①从污染物总量和污染程度看，主要污染物排放总量仍然很大，污染程度仍然严重，农业面源污染问题突出；②从生态环境总体形势看，生态环境恶化加剧趋势尚未有效遏制；③从环境问题对经济社会影响角度看，环境污染和生态环境破坏已成为制约地区经济可持续发展的重要因素；④工业点源污染与农业面源污染交错并存，构成了工业化进程中典型的产业结构性污染，这是当代中国环境问题的基本特点之一。

1.2.1 环境的特性

环境是人类生存发展的基础，也是人类开发利用的对象。环境由许多要素组成，各要素之间相互联系、相互影响、相互制约，共同构成了环境统一体。因此，研究某一要素或进行环境影响评价时需要综合考虑环境要素之间的联系，从整体或全局出发，不能孤立地看待环境问题。环境资源具有有限性、有机整体性、区域性、变动性、反馈的滞后性，这些特性决定了环境工程管理的复杂性。此处，将重点介绍环境的有机整体性、区域性、变动性的内涵。

（1）有机整体性
环境的各组成部分和要素之间形成了统一的有机体：在不同空间和时间中，各组成部分或要素之间有着相对确定的排列、相互关系和位置。例如，按气候分布，环境可分为热带、亚热带（亚热带季风气候、地中海气候）、温带（温带季风气候、温带海洋性气候、温带大陆性气候）、寒带。它们影响着生物、土壤的秩序和形貌。这些要素组成多层次的系统，并且具有特定的结构，通过相对稳定的物质、能量、信息流动网络以及彼此关联的变化而呈现不同的状况。

（2）区域性

不同区域环境各要素及其总体的结构方式、组织程度、能流和物流的规律和途径、稳定程度都具有相对的特殊性，显示出一定的区域特征，即不同的地理区域显示不一样的特点。例如，流域上、中、下游与河口区域具有不同的区域特征，不同流域具有明显的区域性。

（3）变动性

在自然和人类行为影响下，环境的内在结构和外部状态始终处于不断变化的过程中。人类行为可以促进环境朝着有利于自己的方向发展；也可能使环境结构与状态超过其自动调节能力，失去平衡而导致退化。

1.2.2　环境质量与环境问题

环境质量一般是指在某一条件下，环境要素对人类活动和社会发展的适宜程度，能反映人类对环境的具体要求。环境质量的优劣一定程度上可以表示人类与环境之间的协调或和谐程度。由于环境是由各种要素构成的，因此环境质量也就包括了环境综合质量和单环境要素质量两方面的含义。单环境要素质量如大气环境质量、水环境质量、土壤环境质量、生物环境质量、城市环境质量、文化环境质量等。按理化性质，可将环境质量分为物理、化学、生物环境质量。物理环境质量主要指的是气候、水文、地质、地貌质量，景观美学质量及热污染、噪声污染和光污染等；化学环境质量主要指人类活动产生的化学物质或造成的污染；生物环境质量主要指生物群落的构成、生物量等。

根据环境问题产生的原因，可将其分为两类：由自然因素所引起的环境问题（第一类环境问题）和由人为因素引起的环境问题（第二类环境问题）。第一类环境问题主要是指干旱、高温、低温、寒潮、洪涝、山洪、台风、龙卷风、冰雹、风雹、霜冻、暴雨、暴雪、冻雨、大雾、大风、结冰、雾霾、地震、海啸、滑坡、泥石流、浮尘、扬沙、沙尘暴、雷电、雷暴、球状闪电、火山喷发等自然灾害问题。第二类环境问题可进一步划分为环境污染和生态环境破坏。其中，环境污染是指在人类的生产生活过程中排入环境的污染物，当其超过了环境容量和环境自净能力时，将使环境的组成或状态发生改变、环境质量显著恶化，严重影响人类正常生产生活。生态环境破坏是指人类开发利用自然资源和自然环境的活动超过了环境的自我调节或修复能力，使环境质量显著恶化或自然资源枯竭，影响和破坏环境中其他生物的正常发展和演化。这类典型的环境问题主要有人口问题、资源问题、土地退化问题、水土流失问题、土地荒漠化问题等。当前环境问题主要表现为森林生态功能脆弱、草原退化与减少、土壤沙化、耕地减少、水旱灾害严重、水资源短缺等。这些环境问题的起因可归纳为以下几个方面，这些因素相互影响、交织在一起。

（1）人口问题

人口的急剧增长可认为是当前首要的环境问题。世界人口以每秒出生3个人、每天25万人的速度在迅猛增长。近百年来，人口的增长速度达到了人类历史上的最高峰。人口的不断增加，导致了土地的占用、对各类资源和能源的需求与消耗在不断扩大，对资源及环境要素产生了巨大压力。人口增加导致排出的生活废物也在不断增多，环境污染加剧。毕竟地球上的资源是有限的，即使是水资源和生物资源可重复使用，但其再生速度远赶不上污染和浪费的速度。特别是，土地资源不仅总面积有限，而且是不可迁移和不可重复利用的。如果人口规模超过地球的环境承载力，将造成不可逆转的生态破坏和环境污染问题。因此，从保护环境质量和合理、可持续利用资源的角度看，根据人类各个阶段的科学技术水平，合理计划和控制人口数量，是实现人类社会持续发展的必要措施。

（2）资源问题

资源问题和环境问题一般相互交织，相互影响。随着全球人口的增长和经济的发展，对资源的需求与日俱增，人类正经受着资源短缺和耗竭的考验，主要包括土地和森林资源的减少、水土流失、土地沙漠化及土壤污染、淡水资源出现严重不足、矿产资源面临枯竭等。

森林具有维持地球陆地生态平衡、调节气候、固土、固沙、防风、蓄水等多种功能。据有关资料统计，近半个世纪以来，由于过量砍伐以及酸雨污染等原因，致使森林资源减少了50%左右，其中被誉为"地球之肺"的亚马孙热带雨林正在以29hm²/min的速度消失。

除了森林资源问题外，水资源短缺已成为大多数国家经济发展的主要障碍之一，与此同时用水量有增无减。联合国早在1977年就发出"水资源危机将成为继石油危机之后的另一项严重的社会危机"的警告。

（3）生态破坏

生态破坏是指人类不合理地开发和利用自然资源造成森林、草原等自然生态环境破坏，从而使人类、动物、植物的生存条件发生恶化的现象。环境破坏造成的后果往往需要很长的时间才能恢复，有些甚至是不可逆的。全球性生态破坏主要包括森林锐减、植被锐减、土地退化、水土流失、土地荒漠化、土地盐碱化和生物多样性减少等。其中，土地退化正在削弱人类赖以生存和发展的基础。土地退化的根本原因在于环境污染、农业生产规模扩大和强度增加、过度放牧以及人为破坏植被。我们如此重视土地荒漠化防治，主要是因为荒漠化会给人类和生态环境带来很多负面影响：①土地荒漠化会使得土地变得不宜耕作和种植，从而导致土地资源的丧失；②土地荒漠化会破坏原有的生态环境，导致生态系统失衡，甚至会引发沙尘暴等自然灾害；③土地荒漠化会对当地的社会经济造成很大的损失；④荒漠化的土地缺乏植被，无法吸收二氧化碳等温室气体，从而加剧全球气候变化。

水土流失是土壤侵蚀最主要的形式，是当今世界上一个普遍存在的生态环境问题；全世界的水土流失面积占全球陆地面积的16.8%，每年流失的土壤高达250多亿吨。

（4）环境污染

环境污染主要源于人为排放有害有毒物质，破坏了环境的生态平衡，改变了原来的生态系统的正常结构和功能，导致工农业生产和人类生活环境的恶化，严重影响了自然环境及其组成要素。环境污染的主要起因是工业"三废"的任意排放、化学农药和化学肥料的不合理施用等。环境污染可分为大气污染、水污染、土壤污染、固体废物污染和噪声污染等。从总体趋势来看，我国的环境问题总体仍然有加剧的趋势，总体环境形势仍不容乐观。

1.2.3　环境问题的实质

环境问题的实质是什么？有些学者认为环境问题与技术发展的局限性有关，认为环境问题是人类科学技术落后的产物，把环境问题作为一类新出现的技术问题去研究解决。有些学者认为环境问题的实质是经济问题、资源利用问题以及社会问题等。此观点是从环境与人类经济活动的相互关系出发得出的结论，将环境问题归于经济领域的范畴，主要原因是环境问题是人类各种经济活动的产物。将环境问题归结为资源利用问题的观点是从资源学角度出发，认为人类环境问题的产生是对资源价值认识不足、缺少经济发展规划、盲目或不合理开发资源、低效利用资源所造成的，因而主张把环境问题看成是资源开发、利用问题进行研究和解决。将环境问题归结为社会问题，认为人的行为不仅是经济行为，还包括社会行为和自然行为，环境问题不仅存在于经济领域，而且存在于广泛的社会领域。环境问题的产生和对环境问题的认识都带有历史局限性，上述观点皆是从不同的角度出发来研究环境问题，代表了一定阶段人们对环境问题的认识水平。总之，环境问题的实质，不仅仅是技术问题，更是发展问题、生存问题。对环境问题的认识就是对人类生存问题的认识，解决环境问题就是解决人类自身的生存问题，这是人类对环境问题的最高思考。

只有站在生存的高度来认识人们今天所面对的环境问题，转变人类对环境和资源价值的认识，转变经济和社会发展方式，提高资源和能源利用效率，制定更为有效的环境战略和切实处理好环境与发展的关系，促进人与自然的和谐相处，才能从根本上解决环境问题。

1.3　环境与健康

人体与外界环境无时无刻不进行着能量和物质交换，因此环境的质量也会影响人体健康。例如，如果长时间处于受污染的室内（比如新装修的房子），会出现眼睛发红、流鼻涕、嗓子疼、困倦、头痛、恶心、头晕、皮肤瘙痒等症状。

室内空气化学污染主要源于装修材料、化妆用品、涂料、厨房等缓慢释放的产物，包括氨、氮氧化物、硫氧化物、碳氧化物等无机污染物以及甲醛、苯、二甲苯等挥发性有机化合物（volatile organic compounds，VOCs），某些VOCs具有严重的致癌性。35.7%的呼吸道疾病，22%的慢性肺病，15%的气管炎、支气管炎以及肺癌是由室内空气污染引起的。

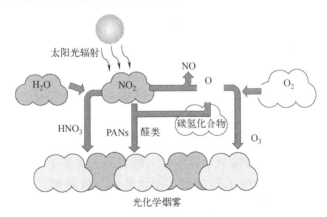

图1.1　光化学污染的形成过程示意图
PANs代表过氧酰基硝酸酯，是RC(O)OONO$_2$结构的一系列化合物的总称

由汽车、工厂等污染源排入大气的碳氢化合物和氮氧化物等污染物，在阳光的作用下发生化学反应，生成臭氧、醛、酮、酸、过氧酰基硝酸酯等二次污染物，即光化学烟雾污染（如图1.1所示）。光化学污染有可能成为21世纪直

接影响人类身体健康的又一环境"杀手"。光化学污染的产生需经过一系列复杂的光化学反应过程，所以光化学污染具有一定的时间滞后性。

某些电磁波的传播会导致电磁污染。电磁污染是继水、空气、噪声污染后，又一新型的环境污染。电磁污染主要包括天然电磁污染和人为电磁污染。对人体伤害较大的仍然是人为电磁污染。电磁波涡流热效应、积累效应等会致使生命体发生紊乱，从而引发各种疾病。在人们享受信息时代所带来的便利时，也逐渐认识到它的负面效应。

化妆品所含的痕量化学物质也可能对人体产生伤害。化妆品中的色素、香料、表面活性剂、防腐剂、漂白剂、避光剂等都可能导致接触性皮炎。化妆品在多次使用的过程中还会引入一些细菌。香水、防晒剂、染发剂中所含的对苯二胺，口红中含有的永久性染料二溴和四溴荧光素，以及某些化妆品中所含有的羊毛脂、各种香料与防腐剂，都可引起变应性接触性皮炎。使用含糖皮质激素或雌激素的化妆品能引起儿童性早熟发育症状；某些洗发香波中含的苯酚有毒性。含苯胺类化合物的洗发水、含对苯二酚的皮肤漂白剂、含巯基乙酸的冷烫剂、含硫化物的脱毛剂以及指甲油常可引起刺激性接触性皮炎。此外一些祛斑霜含重金属，长期使用易导致一系列的病症。

农药残留和污染对人体健康的危害也不容忽视。农药的滥用和不可降解性导致了农药残毒（残留农药对生物的毒性），特别是含汞、铜等重金属的农药，一些有机磷农药、有机氯农药、有机氮农药等，毒性很强。

农药的施用通常采用喷雾的方式，大部分的农药不能被作物利用，会直接进入环境中。例如，农药中有机溶剂和部分农药飘浮在空气中而污染大气环境；农田被雨水冲刷，农药进入江河海洋，并通过多种媒介被带到世界各地。水域中的农药通过浮游生物→小鱼→大鱼的食物链传递、浓缩，最终传递到人类，在人体中累积，导致各种疾病。植物性食品中含有农药的原因，主要是药剂的直接污染和作物从周围环境中吸收药剂；动物性食品中含有农药是动物通过食物链或直接从水体中摄入的。同一类型不同品种的农药对环境的危害不一样。农药的不同剂型（比如乳油、悬浮剂、粉剂、粒剂、水剂）在土壤中流失、渗漏和吸附的物理性质并不相同，因而它们在土壤中的残留能力也有差异。环境中农药的残留浓度一般是很低的，但通过食物链和生物浓缩可使生物体内的农药浓度提高至几千倍、上万倍。农药的不当使用，使害虫、病菌产生了抗药性，大量使用高浓度杀虫剂、杀菌剂，破坏了自然界的生态平衡，使过去未构成严重危害的病虫害大量发生。这种农药使用的恶性循环，不仅使防治成本增高、效益降低，更严重的是造成人畜中毒事故增加。

当前环境污染问题已经严重影响我国经济社会可持续发展和公共健康。为了有力推进我国环境与健康工作，积极响应国际社会倡议，针对我国环境与健康领域存在的突出问题，需要借鉴国外相关经验。2007年，卫生部、环境保护部等18个部门联合制定了《国家环境与健康行动计划（2007—2015）》，作为中国环境与健康领域的第一个纲领性文件，对指导国家环境与健康工作科学开展，促进经济社会可持续健康发展具有重要意义。2013年发布了《中国公民环境与健康素养（试行）》，其发布背景是，依据世界卫生组织有关报告，所监测的102种疾病中，有85种受到环境因素的影响。其目的是普及现阶段公民应具备的环境健康基本理念、知识和技能，为评价公众健康与健康素养现状提供基本参照，促进全社会共同推进国家环境与健康工作等。此外，2016年，中共中央、国务院发布并实施了《"健康中国2030"规划纲要》。2017年，环境保护部发布了《国家环境保护"十三五"环境与健康工作规划》。2018年，环境保护部印发了《国家环境保护环境与健康工作办法（试行）》。

1.4 环境工程管理学

由于环境工程涉及多学科的交叉，同时单纯的技术发展有时候并不能很好地解决环境问题，为了协调与环境领域相关的多学科发展，在解决环境问题、发展社会经济方面起到协同的作用，环境工程管理必不可少。可以说，环境工程管理是为了从多方面、系统地处理环境问题，在丰富的实验和理论基础上产生的一门学科。它涉及多学科的交叉，比如生态学原理、经济学原理，利用管理学知识，运用经济、法律、技术、行政等手段，促进环境治理科学技术的发展，对企业行为进行有效管理。

1.4.1 环境管理学的发展

除了提高环境科学与技术治理水平外，在宏观层次上对环境治理的统筹管理也是有效治理环境不可忽略的因素。环境管理学是20世纪70年代初逐步形成的一门新兴学科，属于管理学的一个分支学科，也是管理学、环境科学和技术科学相互之间交叉发展形成的一门前沿学科。

环境管理学的发展与人们对于环境问题的认识过程紧密相关，大致经历了以下三个阶段：

① 把环境问题作为一个技术问题，认为是技术的发展瓶颈制约了环境问

题的解决。此阶段以治理环境污染为主要管理手段。此阶段大致从20世纪50年代末到70年代末，暴露的主要环境问题是局部的污染问题，比如河流的污染、城市空气污染等。这个时期的环境管理原则是"谁污染、谁治理"，实质上只是环境治理。在政府管理上，政府环境管理机构的设置就体现了单纯治理污染的路线。在这一时期，各国政府每年从国民收入中抽出大量的资金来进行污染治理，认为这些问题可通过发展技术得到解决。例如，致力于研究和开发治理各种污染的工艺、技术和设备，用于建设污水处理厂、垃圾焚烧炉、废弃物填埋场等。在科学研究上，各个学科分别从不同的角度研究污染物在自然环境中的迁移扩散规律、对人体健康的影响、降解途径等，从而形成了早期的环境科学的基本形态，如环境地学、环境生物学、环境物理学、环境医学、环境工程学等。总体说来，这一时期的工作并没有从根源上解决环境问题，只是花费大量的人力、物力和财力治理产生的环境污染问题，而新污染源又不断地涌现，从而导致治理污染成了国家财政的巨大负担。在此阶段颁布的一系列防治污染的法令条例，为后续《环境保护法》的完善和延伸奠定了基础，比如《中华人民共和国大气污染防治法》（以下简称《大气污染防治法》）等。这些环境保护法律都是针对某一单项环境要素或某一类污染及其治理问题。

② 把环境问题作为经济问题，致力于有目的地管理经济活动或通过经济奖惩作为刺激手段解决环境问题。把环境问题作为经济问题大致从20世纪80年代初到90年代初。随着时间的推移，其他环境问题诸如生态破坏、资源枯竭等也都陆续显现出来，加之使用末端治理污染的技术手段并没有取得预期效果，促使人们反思环境问题的根源，人们进一步认识到酿成各种环境问题的原因在于经济发展中环境成本问题，因此认为解决环境问题的核心任务是对经济发展活动过程的管理。由此诞生了环境经济学，拓展了传统经济学的范围和领域，将环境经济学作为制定经济发展政策、环境保护政策、可持续发展政策以及环境产业发展政策的理论基础，在实践中加以运用。这一时期环境管理思想的原则和基础就是通过对自然环境和自然资源进行赋值，在一定程度上使环境污染和破坏的成本由经济开发建设者承担，从而认识到自然环境和自然资源的价值性。对自然资源进行价值核算，运用收费、税收、补贴等经济手段以及法律的、行政的手段来进行管理，成为这一阶段的主要研究内容和管理办法，并被认为是最有希望解决环境问题的途径。在这一时期，环境规划、环境经济学、环境法学等获得了长远的发展。但大量实践表明，经济活动为固有运行准则所制约，因而在其原有的运行机制中很难或不可能给环境保护提供应有的空间和地位，不可能从根本上解决环境问题。

③ 把环境问题作为一个发展问题，以协调经济发展与环境保护关系为主要管理手段的阶段。在国际社会上，这一阶段的主要事件有：1987年联合国世界环境与发展委员会出版了《我们共同的未来》，1992年联合国环境与发展大会在巴西通过了《里约环境与发展宣言》，这标志着人们对环境问题的认识提高到一个新的境界。传统自然观和发展观等人类基本观念支配下的发展行为会导致各种环境问题，如果这种观念不发生根本转变的话，一切管理手段将无济于事。迄今为止，无论是"增长的极限"，还是"没有极限的增长"，人们关注的中心仍旧只是人类自身的生存和发展，仍旧没有把人与自然的和谐、社会经济系统与自然生态系统的和谐作为发展的根本内容放在中心地位。

多年来解决环境问题的实践与反思，让人们终于意识到要真正解决环境问题，首先必须改变人类的发展观。"发展不能仅局限于经济发展，不能把社会经济发展与环境保护割裂开来，更不应对立起来，发展应是社会、经济、人口、资源和环境的协调发展和人的全面发展"，这就是"可持续发展"的发展观。也就是说，只有改变目前的发展观及由之所产生的科技观、伦理道德观和价值观、消费观等，才能找到从根本上解决环境问题的途径与方法。因此，环境管理的思想和原则也应做相应的改变。

在此基础上，人类在不同的领域里进行了探索，提出了诸多新方法和新理论，比如生命周期评价（LCA）。与环境影响评价不同，生命周期评价从产品出发，包括产品服务在内，从原材料开采、加工合成、运输分配、使用消费和废弃处置的生命全过程对环境产生的影响进行评价。这种方法的特点是以产品为龙头，面向产品的生命过程，而不是仅仅面向产品的加工过程。更为重要的是因为产品是人类社会-自然环境系统中物质循环的载体，抓住了产品的管理，就是抓住了在人与自然之间物质循环的关键。又如，德国 Wupertal 大学的史密特教授提出的单位服务量物质强度（MIPS）的概念和思路，是从单位服务的物质消耗的角度来考察人们的行为对环境的影响，从而使人们在生活的各个方面都来顾及对环境的影响，使人类的社会行为尽可能少地消耗自然资源。这些例子表明人们对环境问题已经开始有了更本质的认识，也反映了人们在努力探索减轻自然环境压力的方法。

环境保护是我国的一项基本国策，随着环保科学技术发展的成熟，制约环境保护的因素或问题在环境管理层面上更加突出。总体而言，与西方国家相比，我国在环境工程管理方面的经验相对欠缺，发展历史仍较短。传统的环境管理方式，比如属地管理，已经越来越不适应我国现今的环境问题；此外，环境管理所处理的对象已经发生了显著的变化，单纯靠政府主导的环境管理方式已经很难解决问题。针对我国当前复杂的生态环境情况，亟须探索出一种符合我国国情的环境工程管理方法。

1.4.2 环境工程管理的内涵及特点

管理是指根据事物发展的客观规律，通过计划、组织、实施、反馈、控制等管理活动，利用行政、法律、经济等方面的手段，有效地将人力、物力、财力等因素作用于管理对象，使其适应外部环境要求和变化，以达到既定目标的人类活动。

广义上，环境管理是指在环境容量的允许下，以环境科学的理论（比如生态学、系统论等）为基础，运用技术的、经济的、法律的、教育的和行政的手段，对人类的社会经济活动进行管理；狭义上，环境管理是指管理者为了实现预期的环境目标，对经济、社会发展过程中施加给环境的污染和破坏性的影响进行调节和控制，实现经济、社会和环境效益的统一。

环境工程主要研究如何更好地保护和利用自然资源，是一个系统工程，其核心是治理日益恶化的生态环境，提高人类生产、生活的环境质量。环境工程管理是国家生态环境部门的基本职能，是利用管理的手段解决环境工程中所涉及的环境问题。具体而言，环境工程管理是在可持续、绿色发展理念下，对各项环境工程工作进行的组织、计划、协调和评价等活动。它涉及环境工程学，利用环境学与工程学，合理地制定工程技术标准、规范，对环境工程的生产工艺、路线及影响进行评价和优化，以防止环境污染事件发生，提高环境质量。

环境工程管理的要素主要包含水、空气、土壤等，它们均是人类赖以生存的前提条件，其最终的目标是实现环境保护和经济社会发展之间的最佳平衡。环境工程管理主要是从管理学的角度出发，运用专业的知识对环境工程进行科学的管理与控制，以提升环境保护的效益。在环境工程管理工作中，不断地完善并促进环境管理的系统化、规范化和最优化。同时，加强环境工程的成本控制，优化环境保护的投资或降低环境管理的成本，加强环境工程的评估、施工管理，并做好环境工程的验收等，实现效益最大化。

环境工程管理的内容主要包括：制定工程技术标准、规范和相关政策，对环境工程技术路线、方法、生产工艺进行技术经济与环境影响评价，限制损害环境质量的生产和技术活动，鼓励开发清洁生产技术、节能降耗技术、有利于改善环境质量的工程技术等，以取得最佳环境效果和经济效果。

环境工程管理内涵包括如下五个方面：

① 制定并完善各种标准、环境监测规范等；

② 把环境保护的要求纳入行业、区域产品设计标准和规范中；

③ 开展对工程技术路线、生产工艺的环境影响评价；

④ 对环境工程技术进行综合评价，推荐防治污染的最佳可行技术方案；

⑤ 对各种环境问题提出综合防治途径和对策。

环境管理的定义决定了其基本特征，即区域性、综合性和社会性。不同区域的环境问题具有其自身特征，这主要是由这个区域的经济发展水平、资源配置水平、产业结构水平所决定。环境管理是一个系统工程，涉及多种手段、多个部门、多种技术方法等，需要统筹兼顾，从全局上解决环境问题，因此环境管理具有综合性。通过环境工程实施及有效管理，转变人类社会一系列不合时宜的基本观念，引导和调整人类社会的行为，最终的目的是保证人的发展权益，包含了环境权和生存权，因此环境保护需要政府、企业以及社会公众的广泛参与。

1.4.3 环境工程管理的任务

环境工程管理的基本任务是引导和转变人类社会的一系列基本观念，调整人类社会的行为准则，因为很多环境问题产生的根源在于公众对人-自然关系的认知错误，以及在此基础上形成的基本思想观念上的偏差，进而导致人类社会行为失当，破坏了自然环境的平衡。因此，环境问题的产生有两个层次上的原因：思想观念和社会行为。基于此，可采用的策略是改变人类的基本思想观念，必须管理人类社会行为，以尽可能快的速度逐步恢复被损害了的环境，减少甚至消除其对环境的结构、状态、功能的损害，保证人类与环境能够持久地、和谐地协同发展下去。环境工程管理的最终目的是通过对可持续发展思想的传播，使人类社会的组织形式、运行机制以及管理部门和生产部门的决策、计划和个人的日常生活等各种活动，符合人与自然和谐共进的要求，并以规章制度、法律法规、社会体制和思想观念的形式体现出来。

环境工程管理涉及新环境观念和文化的塑造，即消费观、伦理道德观、价值观、科技观和发展观，必须从以人类的需求为中心（或以自然环境为征服对象的文化），转变为人与自然和谐共处的观念。这种思想观念的转变不能单纯依靠环境管理，需要通过社会文化氛围对民众的社会行为产生积极的影响和规范效应，以求达到人类社会发展与自然环境的承载能力相协调。这种社会行为包括行为主体、行为对象和行为本身，其中，行为主体可分为政府行为、市场行为和公众行为。政府行为是在国家层面所实施的管理行为，诸如制定政策、法律、法令、发展计划并组织实施等。由于政府可以通过法令、规章等强制手段在一定程度上约束市场行为和公众行为，因此政府行为起着主导的作用。政府的决策和规划行为，特别是涉及资源开发利用或经济发展的规划，往往会对环境产生深刻而长远的影响，其负面影响一般很难或无法纠正。市场行为是指各种市场主体包括企业和生产者个人在市场规律的支配下，进行商品生产和交换的行为，常是环境污染和生态破坏的直接制造者。公众行为是指公众在日常生活中诸如消费、居家休闲、旅游等方面的行为，随着人口的增长尤其是消费水平的增长，公众行为对环境的影响在环境问题中所占的比重将会越来越大。环境管理的主体和对象都是由政府行为、市场行为、公众行为所构成的整体或系统。对这三种社会行为的调整可以通过行政手段、法律手段、经济手段、教育手段和科技手段来实现，这本身又构成一个整体或系统。相比于思想观念的转变和调整，社会行为方式的调整表现得更加直接和迅速，但属于较低层次上的调整，因为思想观念或文化一旦形成，对社会行为的影响是根深蒂固的；社会行为的调整也可以促进有关环境文化的建设。总之，环境文化的建设是根本性的，但是文化建设是一项长期的任务。

1.4.4　环境管理的模型

20世纪70年代末，经济合作与发展组织（Organization for Economic Co-operation and Development，OECD）指出，可利用大量的环境数据建立反映环境趋势的指标。目前主流的环境管理预测模型包括：OECD提出的压力-状态-响应（PSR）框架模型；联合国提出的驱动力-状态-响应（DSR）框架，考虑了更多细节和特定属性，进一步反映了社会经济与资源环境间的关系；欧洲环境署（EEA）综合前两种的优点提出了驱动力-压力-状态-影响-响应（DPSIR）体系。PSR是基本模型，后续的其他模型皆在此基础上发展形成，比如PSIR概念模型、DSR概念模型、DPSIR概念模型等。

（1）PSR

为了使决策者和公众更易获得和研究环境资料和数据，研究者们在OECD所阐释的环境压力、状态与响应之间的关系基础上，提出了压力-状态-响应（PSR）分析框架和模型，从而使得环境指标不仅能说明环境趋势，还可给出反馈和信号，使决策者关注人类活动对环境的影响。PSR框架有系统性、合理性等优点，但也存在结构简单、不适合分析复杂系统等缺点。PSR模型包括压力（pressure）、状态（state）和响应（response）三个部分，其中，社会、经济、人口的发展引发的人类生活方式、消费及生产形式的改变导致了整个生产、消费层面的变化，并对环境产生了巨大的压力，该模型中压力用于描述与之相关的一些内容，通过改变生产和消费的惯有形式，进而带来相应的环境状态的改变，压力因素能够很好地揭示出导致环境变化的各种直接因素；状态用于描述特定时空内的物理、生物及化学现象，以及环境状态的诸多改变对整个生态系统会产生一系列的影响，并最终对人类社会产生影响；响应主要用来说明政府、组织和个人为了防止问题的出现而采取的相应对策。如图1.2所示，PSR概念模型各部分之间存在着一定的因果关系，涵盖了人类社会的各种活动及其所处的环境系统。当人类实践活动对周边的系统造成了一定的压力（P），环境系统自身的状态（S）就会随之发生一系列的变化，这些变化既有良性的，也有恶性的，而正是其中的恶性变化会促使人类对环境的种种"不适"做出响应（R），目的是恢复系统安全，避免不可挽回的后果。PSR概念模型适用于对复杂系统的某一动态、变化的属性进行评价，具有系统性、整体性的特点，并有效地整合了资源、经济、政策、制度等方面的因素。PSR模型具有很强的动态性和灵活性。

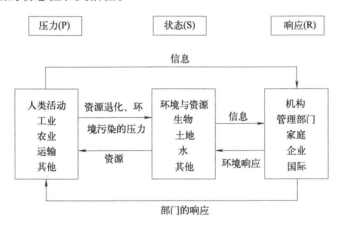

图1.2　PSR模型框架

（2）DSR

在1992年联合国环境与发展会议之后，研究者们意识到仅靠简单的环境污染指标分析框架已经不能满足为可持续发展目标提供决策信息的要求，因此需要更全面的方法用于构建和分析可持续发展指标以及相关的环境/社会关系。通过对PSR模型改进与修正，联合国可持续发展委员会（UNCSD）提出了驱动力-状态-响应（DSR）框架。与PSR模型相比，DSR模型考虑了更多细节和特定属性，进一步反映了社会经济与资源环境间的关系。DSR模型通过检测驱动力与环境状态和社会响应之间的因果关系进行逻辑反馈，由于其能将人与环境之间的相互作用关系表达出来，因此在环境可持续评价领域逐渐被推崇。

（3）DPSIR

1993年，OECD在PSR模型和前人研究结果的基础上，首次提出了驱动力-压力-状态-影响-响应（driving force-pressure-state-impact-response，DPSIR）概念模型。与PSR相比，此概念模型增加了导致"压力"的"驱动力"（D）以及环境系统"状态"对人类系统产生的"影响"（I），使其能够更好地反映出社会经济与环境问题之间的联系以及环境对人类福祉的影响。

经过几年的发展，1998年，欧洲环境署（European Environment Agency，EEA）正式推出DPSIR分析框架并将其首先应用到欧洲综合环境评估中，为每一个环境问题制定了DPSIR链条，分析人类社会活动和这些环境问题之间的联系，评估当前的政策路线，为政策准备过程提供充分的信息，以便更好地拟定环境政策。至此，DPSIR分析框架就成为一类解决环境问题的管理模型，为综合分析生态环境管理中的自然、社会、经济、资源与生态环境之间的关系提供了一个基本的框架。随着DPSIR分析框架的不断应用与改进，其在环境评估、环境管理、环境决策等众多方面的优势逐渐得到证实。如图1.3所示，DPSIR体系中D（drive force）是指规模较大的社会经济活动和产业的发展趋势，是造成环境变化的潜在原因；P（pressure）是指人类活动对其紧邻的环境以及自然生态的影响，是环境的直接压力因子；S（state）是描述可见的区域环境动态变化和可持续发展能力的因子；I（impact）是指人地系统所处的状态对人类健康、自然生态和经济结构的影响，它是前3个因子作用的必然结果；R（response）是指系统变化的响应措施，如相关法律的制定、环保条例的颁布及其配套政策

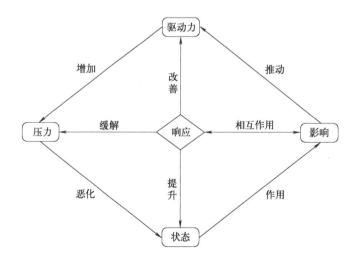

图1.3　城市人居环境韧性评价系统DPSIR模型

的实施等。决定评价结果是否准确及其准确程度、是否可信及其可信程度取决于所选指标。在构建评价指标体系时应遵循系统科学、代表性及可获取性原则。该模型可对相应指标进行筛选分类，具有较强的系统性，可满足可持续性、稳定性、生态完整性和社会需求的要求，能够反映人与环境之间的复杂关系。目前，该模型的应用领域主要包括水、土壤、生物、农业、海洋资源的管理与保护以及环境管理科学的决策与实施等。国内对该模型的研究尚处于起步阶段，主要是在环境评价、环境管理和可持续发展指标体系等领域的研究尝试以及一些介绍性的文献，应用该模型来解决中国的区域土壤环境管理问题的研究尚未见到。

1.4.5 环境管理的基本原则

环境工程管理的主要目的是防止环境受到破坏、污染，提升现阶段环境的质量，通过使用科学技术手段和方法来进行环境改善工程建设，满足人类的居住，以及为自然界中生存的动植物提供水、空气、土壤等资源。基于此目的，环境工程管理遵循以下几个原则。

（1）全过程控制原则

环境工程管理是人类针对环境问题而对自身行为进行的调节，环境工程管理的内容应当包括所有对环境产生影响的人类社会经济活动，全过程控制就是指对人类社会活动的全过程进行管理控制。因此，无论是人类社会的组织行为、生产行为，或是人群的生活行为，其全过程均应受到环境工程管理的监督控制。这里所说的全过程，可指逻辑上的全过程和时序上的全过程。比如某种环境政策的制定、工程项目的实施，均有它自己的全过程。一个产品的生命全过程包括：原材料开采、生产加工、运输分配、使用消费、废弃处置。

产品是联系人类生产和生活行为的纽带，也是人与环境系统中物质循环的载体，因此，对产品的生命全过程进行控制，是对人类社会行为进行环境管理的一个极为重要的方面。目前的环境管理大多只注重于产品生产过程中产生的环境问题或者人类的开发建设行为和生产加工行为对环境的污染和破坏，而产品在发挥完其功能后成为废弃物，对环境造成的污染和破坏则缺乏相应的管理。从这个意义上讲，现行的环境管理在内容上不够完整。

全过程控制意味着管理方法的综合，其特点主要有：

① 管理内容的综合集成。环境管理主要是对人类社会行为进行管理，目的是对环境系统进行保护和建设以提高自然资源的产出能力和保障环境质量。环境管理对人类社会行为的调控依据是环境系统状况对人类行为的反应和变

化。因此，环境工程管理涉及跨学科、跨行业的管理，不仅要掌握人类社会的演变规律，还要掌握自然环境的演变规律，特别是环境演变和人类社会经济行为之间的关系。环境管理的内容是对环境进行监测、观察、研究和对人类社会行为的调查、研究的综合体和集成。

②　管理对象的综合集成。环境管理的对象是人类社会的经济发展行为，从层次上看，有政府行为、企业行为和公众行为；从性质上看，涉及生产行为、消费行为、文化行为等，其中大多数的行为都会对环境产生影响。因此环境管理的对象也是一个综合集成的体系。

③　管理手段的综合集成。对于环境-经济这个复杂的系统来讲，其中的许多关系都会呈现出较大的随机性和模糊性，因此无法运用简单的综合办法。环境-经济系统是一个开放的系统，使得情况复杂多变，包含了大量不确定性的信息，对此系统的管理需要多种手段协同进行。

（2）双赢原则

双赢原则是指在处理利益冲突的双方或多方关系时，必须注意使双方或多方都获利。双赢原则在环境工程管理的应用是指在处理环境与经济的冲突时，必须追求环境保护和经济发展的两全，满足可持续发展的要求。在实现双赢的过程中，应当把规则或者法律制度摆在首要位置，其次是技术和资金。规则指的是法律、标准、政策和制度，它是协调冲突、达到双赢的保障。比如在工厂排污和附近农民发生纠纷的情况下，要协调工厂和农民的矛盾，只有依赖污染排放标准和相关法律，才能解决问题。技术和资金在体现双赢原则时也起着关键的作用，很多经济发展与环境保护的矛盾可以通过技术的革新化解。因此，在环境管理的过程中，要实现双赢，必须依赖法律标准和政策制度等的保障，同时还要大力发展环保技术，积极筹措资金。

1.4.6　我国环境工程管理存在的问题

（1）环境工程评估制度不够完善

我国的环境工程管理制度的起步比一些西方国家晚，甚至在一段时间内，该制度还是一片空白。改革开放以来，经济发展和生态文明之间的矛盾越来越尖锐，而造成这种现象的重要原因是缺乏有效的环境工程管理制度。在解决环境问题的过程中缺少一个详细严谨的指标作为评估依据，导致了评估效率较低、评估结果可信度不高，从而大大提高了环境工程管理的难度，同时阻碍了我国环境工程管理工作的推进。政府与社会的监督力度也不够，环境管理工作不规范，如环境管理中的"一票否决"制度形同虚设，管理制度的可操作性差，环境管理站网与实验室管理信息化程度低，服务功能不强。

（2）重要环境因素的评估不充分

目前，对于重大环境因素的评估体系还没有建立起来，评估指标不全面、缺乏系统性的局面未从根本上改变，这样在制订大环境因素目标与指标时存在较大的困难和不足，项目实施过程中因为指标不完善导致资金、方法、职责、机构、监控手段及相关程序文件方面无法配合实施。

（3）缺乏优秀的环境工程管理人才

环境工程管理对管理人员的素质要求较高，既要具备一定的专业能力，也要拥有相应的管理知识。环境工程项目技术含量高、专业性强，要做好工程项目的管理，离不开工作人员过硬的环保、工程造价以及财会等知识。由于环境工程管理工作涉及的学科众多，在我国环境工程管理过程中，仍然缺乏大量的专业人才。

（4）环境工程从业人员在岗后续培训不足

环境工程理论知识和技术更新迭代很快，尤其在信息化大背景下，信息技术已经在环境工程中获得应用，但由于缺乏资金，环境工程从业人员在岗后续培训未跟上环境工程技术形势发展的需要，导致从业人员的知识结构陈旧，这对于环境工程整个行业的发展是极其不利的。

（5）环境工程管理意识不强

公众对环境工程管理的意识相对淡薄。例如居民知道企业的污染行为，并不清楚如何向相关职能部门反映情况，维护自身的合法权益。政府和企业对环境工程管理不够重视，没有将环境保护工程上升至关乎经济社会可持续发展的高度，缺少环境工程管理的危机感和紧迫感，没有对环境工程作出精准科学的决策，使得现行的环境工程缺乏可操作性。

（6）环境工程管理不够规范

环境工程管理制度起作用的前提是根据环境污染现状，结合环境工程做好预测和管理。但现实的环境工程施工流程和管理缺乏科学的管理体系，导致对环境工程污染情况的预判与实际情况不符合，使得环境工程在污染防治过程中也难以发挥其功能和作用。

（7）社会各界不重视管理工作

社会的关注是确保环境工程正常进行的关键，也是促进环保行业持续发展的动力。目前来说，与发达国家相比，我国在环境工程方面投入较少，并不重视这个行业未来的发展动向，从而导致环境工程管理和规划工作不够，导致环境污染严重，给人们的生活带来严重的影响。

参考文献

［1］ 李雪铭，刘凯强，田深圳，等．基于DPSIR模型的城市人居环境韧性评价——以长三角城市群为例［J］．人文地理，2022，37（01）：54-62.

［2］ 赵翔，贺桂珍．基于CiteSpace的驱动力-压力-状态-影响-响应分析框架研究进展［J］．生态学报，2021，41（16）：6693-6705.

［3］ Shi J，Huang W，Han H，et al.Pollution control of wastewater from the coal chemical industry in China.Environmental management policy and technical standards ［J］. Renewable and Sustainable Energy Reviews，2021，143：110883.

［4］ He G，Lu Y，Mol A P J，et al. Changes and challenges: China's environmental management in transition ［J］. Environmental Development，2012，3：25-38.

［5］ Liu S，Wang X，Guo G，et al.Status and environmental management of soil mercury pollution in China: A review ［J］. Journal of Environmental Management，2021，277：111442.

第 2 章

环境工程管理体系与风险评价

―――――

2.1　引言

对环境资源和环境质量进行有效的管理，其前提条件是需要了解环境现状，因此需要开展环境质量监测和评估，获取相关的数据。根据环境管理的内容可以划分为：大气环境管理、水环境管理、土壤环境管理、固废环境管理等。根据区域类型不同可分为：城市环境管理、农村环境管理。本章主要介绍环境工程管理体系和环境风险管理与评价。

2.2　环境工程管理体系

2.2.1　自然资源环境管理

目前世界各国都在政府内部设立专门的环境行政管理机构。在 1972 年联合国人类环境会议期间，只有 11 个国家设有国家级的环境部或局，这些国家大多是西方工业发达的国家。此后形势发生了很大的变化，到 1995 年约有155 个国家建立了国家级的环保机构，其中非洲已有 30 多个国家、亚洲已有20 多个国家成立了环境部或局。环境行政管理机构的任务之一就是对自然资源的管理。广义讲，自然资源是自然环境的同义词，是除去了人类的自然环境。实际上环境也包括了资源，比如水资源、土地资源等，都是环境的组成部分，因此有时候也将自然资源归属于自然环境。自然资源是人类社会经济活动的原材料，又是劳动的对象，是形成物质财富的源泉，是人类社会生存发展不可或缺的物质，是社会经济发展的基础。随着社会生产力的提高，人们开发自然资源的能力增强，并与人口膨胀和环境污染等问题相互交织在一起，导致了资源、环境、人口与社会经济发展的多重矛盾。自然资源可持续利用和良性生态系统循环是人类社会实现可持续发展的首要条件。尽管市场在一定程度上对资源配置起到作用，但仍需政府制定资源环境管理方案和实施相应的计划，这是政府的社会义务，也是政府公共管理的基本职能。

按照自然资源的一般性质可以将其分为不同类型：环境资源、生物资源、矿物资源。环境资源是指人类和生物生存的自然环境条件，比如土地资源、太阳能、空气、水资源等，这类资源的特点是具有一定的稳定性、地区性。生物资源属于可再生资源，具有再生能力，比如动物、森林、草原和微生物资源等。矿物资源是经过漫长的地质年代形成的，这类资源的特点是数量有限，本身在短期内不可再生，所以又称不可再生资源。

在土地资源管理方面我国仍然存在土地类型复杂多样、山多平原少、人多地少、土地结构不平衡、农业用地和建设用地矛盾突出等问题。因此，需要建立清晰的土地生态产权制度、土地生态补偿机制，加强耕地特别是基本农田保护，抓紧完善和严格执行节约、集约用地标准，严格控制工业用地，规范土地使用权转让收支管理。

在森林资源管理方面仍存在诸多问题，比如森林资源总量不足、质量不高、分布不均、采伐困难、林地流失和超额采伐、森林经营水平低、森林资源管理基础薄弱、监测体系不健全。针对上述森林资源管理问题，需要加快森林资源管理体制改革，严格执行采伐限额制度，严格落实责任制和规范执法人员的行为，完善森林资源的监测、监督体系，遵循生态价值规律，实行生态效应补偿。

在水资源管理方面面临着水体污染和水土流失日益严重、地下水超采现象普遍、河湖萎缩和功能退化等问题。针对上述水资源管理问题，需要完善管理体制和组织结构，加强水资源的统一管理，制定水资源保护规划，建立并完善水资源有偿使用的制度，发挥经济手段对水资源保护的作用，构建和完善水资源管理法律体系，发展水资源的安全保障和循环再利用系统，加强水利工程建设和积极开发新水源。

2.2.2 区域环境管理

区域环境管理是针对不同物理空间对环境管理所作的分类。区域具有一定的面积且具有相对独立的自然生态系统，区域的大小具有相对性。例如，相对于地球而言，一个国家和地区就是一个区域；相对于国家而言，一个省、市或地区就是一个区域。我国的环境区划包括了四个级别，依次为省级行政区、地级行政区、县级行政区、乡级行政区。我国环境管理机制具有很强的属地特征，采用传统的行政区划作为环境管理行政单元，这种管理方法存在诸多问题，比如跨区域管理困难、缺乏部门协调等。区域环境管理重点是关注人类的社会行为对环境所造成的影响和所受到的制约。

根据对象不同，区域环境管理可以分为城市环境管理、农村环境管理、流域环境管理、海洋环境管理、开发区环境管理等内容。不同的区域具有不同的环境特征和环境问题，这决定了区域管理的复杂性。开展区域环境管理的原则主要包括：以新带老原则、先重后轻原则、先急后缓原则。以新带老原则是指实行新项目管理与老污染治理相结合，通过建设项目的环境管理促进区域污染治理。先重后轻原则是指环境问题要分清主次轻重，按照先重点后一般的顺序解决区域环境问题，重点问题优先考虑和解决，一般的环境问题放在稍后的顺序解决。先急后缓原则是指急迫的问题放在优先的位置和顺序来考虑和解决，非急迫的问题应服从于急迫的问题，放在稍后的顺序加以考虑和解决。

我国环境管理制度发展与变革的方向从属地控制转变到区域管理，因为构建合理的区域环境管理与合作机制至关重要。区域环境管理是指政府、社会组织和公民根据生态平衡等客观规律的要求，对跨越了传统的自然地理界线、现实中单个主权实体或管理实体管辖范围的环境问题，根据区域间环境的实际情况，如环境现状、经济发展水平、社会背景条件和环境保护能力等，采取各种手段，以实现地区间环境问题的综合治理和环境保护利益的平衡发展。区域环境管理是以行政区划作为归属边界，解决某个区域环境问题的一种环境管理，有一定空间独立性。区域环境管理与合作有助于从区域的角度出发解决跨区域的环境污染问题以及所引发的利益冲突和纠纷。同时区域管理可以从整体上协调，有助于在区域内有效配置环保投资使其效益最大化，并推进整个区域的协调发展。

城市环境管理是通过调整城市环境中的物质流和能量流，使城市生态系统得以良性运行。城市环境管理的基本途径和方法主要包括：污染物浓度指标管理、污染物总量指标管理、环境综合治理。污染物浓度指标管理是指控制污染物的排放浓度，其控制指标一般分为综合指标、类型指标、单项指标。综合指标一般是指污染物的产生量和频率等。类型指标一般分为化学污染指标、生态污染指标和物理污染指标。单项指标一般有多种，比如 pH、水温、色度、臭味、溶解氧、生化需氧量（BOD）、化学需氧量（COD）、挥发类、重金属类等。环境中任何一种指标含量超过一定限度，都会导致环境质量恶化。污染物总量指标管理是基于环境容量，对污染物的排放总量（包括地区的、部门的、行业的，以及企业的排污总量）进行控制。

农村环境管理主要集中在农业生产环境管理与生活环境管理两个方面。我国的农村环境管理是全国环境管理的短板，已经成为统筹推进"五位一体"总体布局的一大障碍。相比城市环境污染，中国农村地区的环境污染具有明显的特殊性：污染主体分散性强、随机性大、治理成本高、防治难度大、不易被监测。农村环境管理存在诸多问题，比如面源污染与点源污染共存，生活污染和工业污染叠加，各种新旧污染相互交织，工业及城市污染逐渐向农村蔓延的趋势加速，重建设、轻管理，重环境基础设施和硬件建设、轻环境保护意识等问题。目前，中国农村环境管理还比较薄弱，地方政府重视程度不够，缺乏必要的环境公共投入和政策扶持；农村环境管理机构不健全、农村环境保护法律法规不完善、农村环境监测数据不完善、环境管理体制条块分割导致监管漏洞或真空，政府主导型的环境管理模式也与农村环境保护存在不兼容性。

2.2.3 部门环境管理

部门环境管理一般与生产系统或部门的环境管理有关系，如工业环境管理、农业环境管理等。环境资源的自身属性及其用途的多样化决定了环境保护需要多个部门的协同配合和合作。我国的环境管理实行的是统一管理与分级、分部门管理相结合的体制。《中华人民共和国环境保护法》第十条规定，国务院环境保护主管部门对全国环境保护工作实施统一监督管理，县级以上地方人民政府环境保护主管部门对本行政区域环境保护工作实施统一监督管理。统管部门是指国务院环境保护行政主管部门和县级以上地方人民政府环境保护行政主管部门。对于水资源管理，统一管理是指由国家各级环境保护部门统一行使水污染防治监督与管理职权，即由国家环境行政主管部门和地方各级人民政府的环境行政主管部门对水污染防治实施统一的监督与管理。分管部门是指依法分管某一类污染源防治或者某一类自然资源保护管理工作的部门。目前，条块分割的环境管理体制下，各部门之间管理机构重叠、职能交叉、权限不清，缺乏有效的跨部门环境管理协调机制。

政府管理通常是按一定的行政区划分区管理的，但是许多环境问题，如流域水污染、酸雨污染、海洋环境污染、生物多样性减少等，并不是严格限定在某一行政辖区范围内的，要解决这些问题的一个重要措施是设置相应跨行政区环境管理机构。根据各区域的环境污染状况设立流域环境管理机构，或在环境污染情况相似且存在跨区域污染问题的区域设置统一的行政管理协调机构。根据国外环境管理的先进经验，需要在完备法律体系的基础上，构建一个高规格、跨部门的环境管理协调机构，并采用多种形式的协调手段，建立健全部门协调管理体系；同时加强各部门间的合作和交流，建立起法治化、规范化的行政协助制度,并通过资源整合机制,充分发挥各种社会力量的作用,有助于环境政策的优化以及提高政府各相关部门执法的公正性和有效性。

当前,并没有专门的法律针对有关环境部门与其他部门之间合作和协调的准则或规定进行详细的说明,相关的规定只是分散地出现在各类环境保护的法律法规之中。例如,《大气污染防治法》的第五条规定:"县级以上人民政府生态环境主管部门对大气污染防治实施统一监督管理;县级以上人民政府其他有关部门在各自职责范围内对大气污染防治实施监督管理。"与之相对应的跨部门协同环境管理制度主要是全国环境保护部际联席会议制度。该制度是环境保护的部际协调机制,该会议的成员由国家发展改革委、生态环境部等各部委的主要负责人组成,通过定期联席会议的形式行使职权,通报主要环保工作,协调重大环境问题和履行国际环境条约,从而承担环境保护的部际协调职能。地方主要省市也建立过环境保护联席会议制度,一般由政府相关领导主持,环境保护行政主管部门发起,其他各部门的负责人参与,就当地的环境保护、宣传、治理等工作进行探讨和协商。我国跨部门环境管理协调机制存在的问题:环境管理机构的设置不合理、部门间职能的交叉和重叠、法律制度不完善、部门保护主义的干涉、无高规格的协调机构、缺乏有效的协调手段、行政协助制度的缺失。

2.2.4 环境规划与管理

环境规划是环境管理的一种手段和工具,是人类为使环境与经济、社会协调发展,而对人类自身活动和环境所做的时间、空间和内容的合理安排,其研究的对象是"社会-经济-环境"复杂生态系统,应符合可持续发展要求。环境规划是从整体和战略的高度上对一定时期内环境保护目标和措施所作出的规定,其目的是在发展经济的同时保护环境,使经济与环境协调发展,维护系统的良性循环。环境规划是环境管理的首要职能,在环境管理中,环境决策、环境预测和环境规划相互联系,但存在本质的差别。环境预测是环境决策的具体安排,在逻辑关系上环境预测位于环境决策之后。环境预测是环境规划的前期准备,是使环境规划建立在科学分析基础上的前提。因此,环境规划是环境预测与环境决策的产物,是环境管理的重要内容和主要手段。因此,从环境管理职能来看,环境规划是环境管理部门的一项重要职能。

环境规划和环境管理密切相关,二者都需要政府和组织根据法律、法规或者相关规定做出某种行动计划,具有一定的强制性和目的性,要求人们遵照执行。此外,环境规划职能是环境管理的首要职能,二者具有共同的核心(环境目标）和相同的理论基础，比如现代管理学、生态学、环境经济学、环境法学等。环境管理着重于协调环境与经济社会发展目标，通过全面环境规划，运用经济、法律、技术、行政、教育等手段，限制人类损坏环境质量的行为，达到经济发展与满足人类的基本需要，同时不超出环境的容许极限。环境管理是基于特定环境目标而实行的管理活动。环境目标可根据环境质量保护和改善的需要，采用多种表达形式（如环境标准、保护特定景观的美学价值等）。环境规划的核心也是环境目标决策，涉及目标的辨识和目标实现手段的选择。

2.2.5 环境管理标准

环境管理标准的提出最早可以追溯到1989年英国标准化协会所提出的环境管理体系标准，该组织在1992年正式颁布了《环境管理体系规范》（BS 7750—1992）。1992年联合国环境与发展会议之后，国际标准化组织为促进可持续发展战略的实施，统一协调世界各国环境管理标准，减少世界贸易中的非关税贸易壁垒，开始着手实施环境管理的标准化。1993年6月联合国和国际组织（国际标准化组织，ISO）成立环境管理技术委员会（ISO/TC 207）。与之相应的，国际标准化组织在1996年提出了7个与环境管理体系和环境审核相关的标准（如表2.1所示），即环境管理系列标准（ISO 14000）的部分标准，它包含了环境管理体系（ISO 14001~14009）、环境审核（ISO 14010~14019）、环境标志（ISO 14020~14029）、环境绩效评价（ISO 14030~14039）、生命周期评价（ISO 14040~14049）、术语和定义（ISO 14050~14059）、产品标准中的环境指标（ISO 14060）。

表2.1　ISO 14000系列标准的构成

分技术委员会	性质和任务	标准号
SC1	环境管理体系(EMS)	14001~14009
SC2	环境审核(EA)	14010~14019
SC3	环境标志(EL)	14020~14029
SC4	环境绩效评价(EPE)	14030~14039
SC5	生命周期评价(LCA)	14040~14049
SC6	术语和定义(T&D)	14050~14059
WG1	产品标准中的环境指标	14060
	备用	14061~14100

环境管理体系（ISO14001~14009）是唯一能用于第三方认证的标准，最新版本于2015年发布。环境管理体系的认证包括两个阶段：建立并实施ISO 14001环境管理体系阶段；认证取证阶段。第一个阶段可分为五个部分：人、财、物方面的准备，初始环境评审，环境管理体系策划工作，编制体系文件，运行环境管

理体系。第二个阶段包括三个部分：内审和管理评审，环境管理体系认证审核阶段，确认是否批准组织的认证注册和颁发认证证书。内审的目的是通过审核找出可改进的地方，不断完善组织的环境管理水平，提高组织的环境绩效。内审要注意审核过程的一致性和可靠性，需要建立系统的审核程序来保障审核过程，一般而言，典型的内审流程包括十个流程或步骤：制定年度内审方案、按方案安排的内审日期成立内审小组、制定内审计划、编制内审检查表、按内审计划进行内部现场审核、编制内审报告、调查内审发现的不符合原因、根据原因制定不符合项的纠正措施、实施纠正措施、跟踪验证措施的落实情况及其有效性。

ISO 14000吸收发达国家在环境管理上的成功经验和先进的管理理念，要求企业不断改善环境业绩，有利于经济社会的可持续发展。ISO 14000是市场经济的产物，它将环境与企业管理融为一体，运用市场机制，突破了环境管理的单一模式；它将环境管理单纯依靠强制性的政府行为，转变为引导企业自觉参与的市场行为。ISO 14000没有规定统一的环境指标，而是以各国的环保法律、法规作为基础，重点在建立环境管理体系并持续改进，这对发展中国家有很大的适用潜力，并为之提供一个环境管理软件。我国的GB/T 24000系列标准等同采用ISO 14000标准，由中国标准化研究院作为主要起草单位，是针对环境主题领域的指南。我国环境问题突出，应建立自愿性认证和强制性认证相结合的机制，对污染严重及环境危害大的企业，必须由政府实行强制性的生态认证，并进行严格的环境监督。

2.3　环境风险管理与评价

环境风险评价需要基于环境污染物检测的数据进行有效评估。环境监测是环境管理与保护的重要基础，是保护环境资源和降低环境风险的重要手段。例如，通过对水环境中污染物的监测，分析水质情况，明确不同水源地中的特征污染物，有利于尽快查找出污染源，及时提出科学的可行性防治对策，对尽快实施针对特定有毒污染物质排放控制措施、降低环境健康风险具有重要的现实意义。

2.3.1　污染物的监测方法

我国江河湖海面积辽阔，水资源丰富，因此需对水环境的质量（特别是各类化学污染物质的浓度）进行检测，用于评估环境质量和降低环境风险。通过对水环境中污染物的监测，弄清水文水质情况，找出各地水环境中特征污染物和污染源，及时提出科学可行的防治对策，实施针对特定有毒污染物质排放控制的措施，提高清洁生产水平，更好地保护水体生态安全和人民群众的身体健康，具有无法估量的经济效益和社会效益。

水质监测就是检测水体中所含污染物的种类、浓度及其归趋。水质监测主要目的是及时准确地判断水体成分是否偏离正常水质指标，有效预防环境污染事件的发生，从而达到降低环境风险的目的。各种水体（比如工业废水、河水、湖水、海水等），检测的环境污染物主要包括有机农药、氮、磷、钾、重金属元素、卤族元素等。与具体的污染物检测相比，在大多数情况下，水质监测更加关注水体的温度、色度、浊度、pH、电导率、生化需氧量（BOD）、化学需氧量（COD）、总有机碳（TOC）、总需氧量（TOD）等指标。

对于污染物的检测方法，主要基于传统的光谱、质谱检测法。传统的检测方法主要包括：气相或液相色谱、气-质联用或液-质联用、基质辅助激光解吸飞行时间质谱（MALDI-TOFMS）、傅里叶变换质谱（FT-MS）、紫外可见吸收光谱、红外吸收光谱、核磁谱、拉曼光谱、分子发光光谱（如荧光或磷光光谱）、原子吸收/发射光谱、诱导等离子体质谱、X射线吸收光谱等。有时候对样品测量要求不高，比如只需要确定一类污染物的时候，很多经典的分析方法都能满足实际需求。这类分析方法主要分为重量法和滴定法，其中滴定法按照原理的不同可以分为酸碱滴定、络合滴定、沉淀滴定、氧化还原滴定等。

传统的检测分析方法中的光谱或色谱法，基本原理是利用待测污染物在电场、磁场、光场（电场-磁场叠加）中发生不同程度的能量吸收、吸收-辐射等性质，获得环境污染物的结构、浓度、化学形态等信息。例如，利用能量激发环境污染物中原子的振动与转动、电子的跃迁等，从而能获得其完整的或者分子碎片的信息。这种检测类似于"微扰理论"和"黑箱理论"，通过对系统加入特定的扰动，间接获得所需的信息。例如质谱分析主要测量离子质荷比（质量-电荷比）；在测量前使环境污染物分子碎片化，形成不同质荷比的带电离子，经加速电场的作用，形成离子束，进入质量分析器。紫外可见吸收光谱或者紫外可见分光光度法主要利用波长为200~800nm的光或电磁波与环境污染物作用，吸收峰的位置、强度、峰形代表着环境污染物的结构和浓度信息，特别适合有机污染物的分析，其吸收规律满足朗伯-比尔定律（Lambert-Beer law）。与紫外吸收光谱的检测原理相似，红外吸收光谱利用波长为0.75~1000μm的光或电磁波与环境污染物作用，发生共振吸收（振动、转动和平动）。拉曼光谱是红外光谱的补充表征手段，它的测试原理是环境污染物（分子振动和晶格振动）对光的非弹性散射。

总之，相比于质谱检测法，光谱法可供选择的种类更多，其检测原理都是基于光与环境污染物之间的作用，可能是散射、吸收或者透过，检测的对象可能是本征态或者激发态下电子、原子或分子产生的吸收或发射光谱。然而，上述传统检测方法皆需大型设备、可靠的光源或者磁场，操作过程复杂，样品预处理时间长，无法实现实时、在线和户外工作。

除了上述传统的分析方法外，在环境分析化学领域，最近发展出的新型传感检测方法主要包括：电化学传感检测法、荧光传感检测法、比色传感检测法、光电传感检测法、电化学发光传感检测法、场发射传感检测法。上述传感检测方法的分类主要依据信号转化的基本原理不同，比如电化学传感检测法是将环境污染物的浓度信号转化为电信号，而电信号又可分为电流、电压、电阻、电容，因此电化学传感器相应地可以分为电流传感器、电压传感器等。这些新型的传感检测方法能实现便携化、轻型化、集成化、检测步骤人性化等目标，这些是传统分析检测方法不具备的。总体而言，绝大多数传感分析仪器还处于研发之中，真正实现商用化的传感器仍然很少，比如便携式pH计、葡萄糖检测仪、室内有毒有害易燃易爆气体的传感探头等。

传感分析方法是一类新型的分析手段，基于各种传感器实现定量分析检测。广义的传感器不仅包括上文提到的电化学传感器、荧光传感器、电化学发光传感器、光电传感器等，而且还包括电信、人工智能等领域所用到的光纤传感器、光栅传感器、固态图像传感器、电阻传感器、电容传感器、压电传感器、热点传感器、超声波传感器、红外辐射传感器、智能传感器等。这种广义上的传感器并不是仅针对某种化学物质，有时候甚至针对某个事件或者场景，比如用于人脸识别的传感器。因此，传感器检测的对象可以是宏观的，比如某种信息、画面或者场景等，也可以是微观的，比如质量、电阻、电流、吸光强度、荧光、磷光等。用于环境污染物检测的传感器属于后者，检测的对象是微观或介观尺度下的环境污染物质，即从单分子到特定浓度的污染物。

典型的传感检测系统一般包括三部分（图2.1）：待测物、传感器、转换

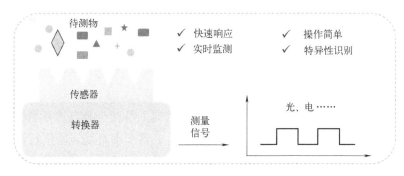

图2.1　传感检测的基本原理和结构

器。在不同的书籍中，传感器又被称为传感元（sensing elements）、识别元（recognition elements）、探针（probe）、感受器或敏感元。传感检测的基本原理是将传感器与某种或者某类环境污染物作用（特异性地识别），这种相互作用所产生的信号会随环境污染物浓度变化而变化，在一定范围内呈线性增加或降低，并将此信号转化为可观测信号，从而实现定量检测的目的。

传感检测的基本要求是传感器与环境污染物之间有特异性的作用，这种相互作用导致传感器在检测环境污染物前后的结构或理化性质发生变化，比如荧光发射强度和电荷传递性能降低或增强，从而通过直接或间接的线性关系获得环境污染物的浓度信息。与基于质谱、光谱的传统检测法相比，在相同的检测要求下，新兴的传感检测法不仅能缩短分析时间、降低检测成本，而且操作步骤简单，能做到实时、在线检测。根据环境污染物的类别，传感检测法可分为葡萄糖传感器、重金属传感器、氧活性物种传感器、pH传感器等。例如，便携式多参数水质测定仪在使用配套试剂的情况下，不需要配制标准溶液和绘制标准曲线，能直接在线检测多种目标污染物，像便携式多参数水质监测仪可准确测量水体的浊度、余氯、总氯、六价铬、氰化物等34种水质监测指标。

随着传感器技术的发展和迭代，传感器检测的目标物和应用范围迅速扩大，逐步从环境、化学分析领域到生物医学领域，从单一的气体到水体中复杂的离子或有机物，从生物体外到生物体内，从化学传感器到生物传感器。特别是，纳米材料的可控制备和精确表征，以及分子生物编辑和筛选技术的发展，促进了传感分析技术的变革。例如，通过指数富集的配体系统进化技术（SELEX）筛选出对环境污染物具有特异性识别能力的适配子，利用DNA杂交反应、抗体-抗原识别过程，提高生物传感器的选择性和灵敏度。此外，将生物材料和纳米材料复合，不仅能利用生化反应的高效性、高选择性，而且能利用纳米材料比表面积大、催化活性高、易功能化等优势，从整体上提高传感检测的性能，包括选择性、灵敏度、检出限、稳定性和重现性等。

2.3.2　环境风险管理

环境风险是由自然原因和人类活动引起的对人类社会及自然环境的负面影响。为了预防环境风险和环境污染事件的发生，需要对环境风险进行评估，并以此为基础，综合考虑社会、技术、经济和政治等因素，依据相关的法律、法规和条例，通过积极有效的控制技术和手段，进行削减风险的费用和效益分析，确定可接受风险程度和可接受的损害水平，采取科学合理的管理措施和应对方案，降低或消除环境风险水平，保护人体健康与生态系统安全，这就是环境风险管理（environmental risk management，ERM）。狭义的环境风险管理是指环境风险评估的后续过程，根据环境评估的结果采取相应的应对措施，以经济有效地降低环境危害。值得注意的是，环境风险管理的目的不是零风险，而是环境风险的可控性。以饮用水中污染物管理为例，我国国家标准规定饮用水中砷、镉、铬、铅、汞的浓度应不高于 0.01mg/L、0.005mg/L、0.05mg/L、0.01mg/L、0.001mg/L（GB 5749—2022《生活饮用水卫生标准》）。考虑重金属离子毒性累积性，最佳浓度应为 0。但实际上环境风险的管理需要在技术、成本和经济效益等诸多交织的因素中实现整体平衡和权衡。

环境风险管理总是与环境风险评价、环境风险管理的对象、管理的目标、管理的手段等内容息息相关，它们是环境风险管理的组成部分；环境风险管理属于决策制定、实施（事前的防范和事后的补救）的过程。

环境风险管理的对象可以是环境具体的某类污染物或者某个场地或者某个区域（比如城市环境风险管理）。环境风险的产生往往跟释放到环境中（如大气、土壤、水体）的污染物联系在一起，比如有机物、重金属、细菌和病毒；不同行业由于工艺过程的差异，场地中污染物的性质、迁移特征、潜在污染区域都有所不同。

最近人造新型污染物——被联合国环境署定义为"新污染物"（emerging pollutants）——成为环境风险管理或治理的热点。它们的出现会导致重大的环境风险，因为这些污染物具有如下特征：

① 危害严重性。新污染物多具有器官毒性、神经毒性、生殖和发育毒性、免疫毒性、内分泌干扰效应、致癌性、致畸性等多种生物毒性，其生产和使用往往与人类生活息息相关，很容易对生态环境和人体健康造成严重影响。

② 风险隐蔽性。多数新污染物的短期危害不明显，即便在环境中存在或已使用多年，人们并未将其视为有害物质，而一旦发现其危害性时，它们已经通过各种途径进入环境介质中。

③ 环境持久性。新污染物多具有环境持久性和生物累积性，可长期蓄积在环境中和生物体内，并沿食物链富集，或者随着空气、水流长距离迁移。

④ 来源广泛性。《中国现有化学物质名录》中收录的化学物质 4.5 万余种，这些化学物质在生产、加工使用、消费和废弃处置的全过程都可能存在环境排放，还可能来源于无意中产生的污染物或降解产物。

⑤ 治理复杂性。对于具有持久性和生物累积性的新污染物，即使达标排

放，以低剂量排放进入环境，也将在生物体内不断累积并随食物链逐渐富集，进而危害环境生物和人体健康。因此，以达标排放为主要手段的常规污染物治理，无法实现对新污染物的全过程环境风险管控。此外，新污染物涉及行业众多，产业链长，替代品和替代技术不易研发，需多部门跨界协同治理。

2023年3月1日起，生态环境部等六部委联合制定的《重点管控新污染物清单（2023年版）》正式施行，其中规定了针对14种（类）新污染物的环境风险管控措施。

环境风险管理的目标是采用成本最低、技术合理可行原则管控和降低环境风险。管理的手段或方法会随着管理的对象而发生变化，对于即将实施的项目需要按照国家相关标准和要求进行建设和生产。一般需要采取如下措施来防控环境风险：

① 选址、总图布置和建筑安全防范方面：项目所选地址与周围居民区、环境保护目标之间应设置一定的卫生防护距离，项目所选地周围的工矿企业、车站、码头、交通干道等应设置安全防护距离和防火间距。总平面布置符合防范事故要求，有应急救援设施、救援通道、应急疏散及避难所。

② 危险化学品贮运安全防范方面：当贮存危险化学品数量构成危险源时，其贮存地点、设施和贮存量都应该满足相关要求，且符合国家相关规定，例如我国《危险化学品安全管理条例》规定了危险化学品从生产、储存、经营、运输、使用和废弃处置6个环节应实施全过程监督管理。

③ 工艺技术设计安全防范方面：应设有自动监测、报警、紧急切断及紧急停车系统，防火、防爆、防中毒等事故处理系统，应急救援设施及救援通道，应急疏散通道及避难所。

④ 自动控制设计安全防范方面：应设有可燃气体、有毒气体检测报警系统和在线分析系统设计方案。

⑤ 电气、电信安全防范方面：应设有爆炸危险区域、腐蚀区域划分及防爆、防腐方案。

⑥ 建立消防及火灾报警系统、紧急救援站或有毒气体防护站。

2.3.3 环境风险评估技术

环境风险评估的出现标志着环境保护战略由事故后被动治理转向事故前预测和有效管理。环境风险评估是一个基于科学研究的技术过程，为环境工程管理的有效实施提供可靠的支撑，与环境检测技术相辅相成，为环境工程管理服务。环境生态风险评估主要调查污染物对生态系统及其组分造成的风险，并预测风险出现的概率及其可能出现的负面效果，提出应采取的措施和手段。

以水生态风险评估为例。

水生态风险评估过程一般包括提出问题、分析问题和风险表征三个阶段。第一个阶段主要任务是筛查排序；一方面需要排除环境风险较小的污染物，另一方面需要识别具有潜在重大环境风险的污染物，并对其进行分类。一般做法是：通过比较水体和沉积物中化学物质的环境预测浓度与急性慢性生态风险基准，并通过使用生物浓缩因子（有机毒物在生物体内浓度与水中该有机物浓度之比）计算水生生物中的化学物质浓度。第二个阶段涉及对风险水平高低的确定，主要针对受污染物影响后的水生物种在水环境中的分布情况，利用已有的数据，量化第一阶段认定的污染物潜在风险。第三个阶段是划定相关风险区域并对相关数据进行风险量化和表征。

环境风险评估包括微观和宏观两方面，二者所涉及的对象和范围不同，前者可能是单个或者某一类化学品，后者可能是某个流域环境。微观领域的环境风险评估主要基于环境污染物的参数和环境行为，比如蒸气压、水溶解度、正辛醇/水分配系数、亨利常数、土壤/沉积物吸附系数等。这些通过实验和理论计算皆可得到，一般把通过实验获得化学物质环境行为参数的过程称为"湿实验"（wet experiments），把通过纯理论计算获得化学物质环境行为参数的过程称为"干实验"（dry experiments）。环境计算化学在环境污染物的毒性和环境风险评估等方面显示出独特的优势，正受到广泛的关注；利用环境计算化学可以实现对污染物的理化性质、环境行为和毒理学效应的预测，从而获得其定量构效关系。此外，污染物源解析所用到的化学质量平衡和多元统计分析类方法，也属于理论计算范畴。当然，上述理论计算需要有实验数据作为基础和支撑，不仅仅是验证计算结果的合理性，而且是作为计算的基础用于构建模型，例如环境计算化学所用到的环境介质的属性参数、化学品的排放量、物理化学性质以及环境行为参数等方面的信息。常见的多介质环境模型可以分为四类：第一类是不考虑时间因素的封闭模型，第二类模型是研究开放体系，第三类涉及非平衡体系，第四类涉及非平衡、非稳态的环境系统，即考虑了化学物质在不同介质中随时间变化的情形。

宏观上的环境风险评估主要指水生态评估模型。目前，不同国家对水质健康评价所选用的方法和标准存在较大差异。一般包括三大类：欧盟水框架指令（EU Water Framework Directive，WFD）、生物完整性指数（IBI）、预测模型。

WFD 评价指标是欧盟理事会和欧洲议会于 2000 年 10 月 23 日签署并颁布执行的一个法律文件，是欧盟批准的最宏大、系统和全面的水政策。WFD 评价指标含有 26 条和 11 个附件，评价的目的在于实现水资源可持续利用。WFD 评价指标的三大要素包括：生物质量要素、水文形态质量要素和物理化学质量要素。WFD 评价方法特别之处在于：流域水文、生物及物理化学三要素的质量同时达到良好状态，才能实现其流域生态质量的良好状态，任何要素受损都会导致该流域水生态环境状况评价为非优。WFD 更强调流量和水流动力学等流域的水文参数，真正体现了多要素综合评价的意义。WFD 强调了流域概念和功能分区的概念，根据各要素单独评价结果，再依据其评价结果评价河流生态状况，具体的评价流程如图 2.2 所示。WFD 的评价体系包含监督监测、运行监测和调查监测，以实现不同的管理需求。生态状况的评价遵循最低评价原则，即以生物要素及物理化学要素监测结果中评价较低的一方，对水体的生态质量状况做最终判定，因此较好地处理了理化评价结果和生物评价结果不一致的情况，是多指标综合评价的一种较好的方式。我国河流监测体系尚未成熟，缺乏基础数据和背景数据的积累，还不适合在这个阶段完全引入 WFD 的评价方法。

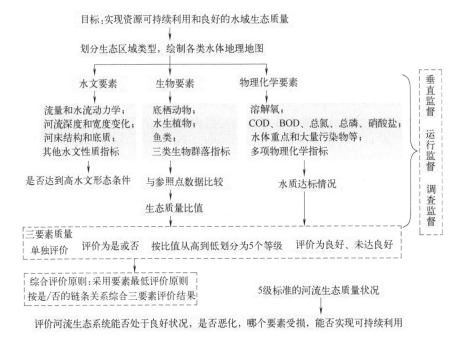

图 2.2　WFD 技术体系框架

生物完整性指数（index of biotic integrity，IBI）评价是美国学者在 1999 年提出的评估方法，目的是保护水生生物的健康状况，维持水体中生物生存的良好状态。IBI评价方法涉及生物完整性概念，它是指在一个地区的天然栖息地中群落所具有的种类组成、多样性和功能结构特征，以及该群落所具有的维持自身平衡、保持结构完整和适应环境变化的能力。如果挑选出与周围环境关系密切、受干扰后反应敏感、可代表目标生物群落的结构和功能的生物，就能用于反映此区域的水生态健康水平，这是IBI评价的基本原理。如图2.4所示，IBI评价方法中生物要素包含着生藻类（具有一定的适应结构而固着生长在基质上的藻类）、底栖动物和鱼类三个生物类群。着生藻类反映的是环境变化的短期效应，底栖动物和鱼类能反映环境变化的长期效应。在充分达到既定评价目的前提下，评价类群可以根据现场采样条件以及人员、仪器的配备情况酌情增减。

IBI评价体系的物理要素更注重与水生生物生境或栖息环境直接相关的物理生境参数，如底质类型、栖境复杂性、河岸稳定性等。该评价方法以生物的完整性表征水生态的完整性（如图2.3所示），分析使生物完整性受损的环境压

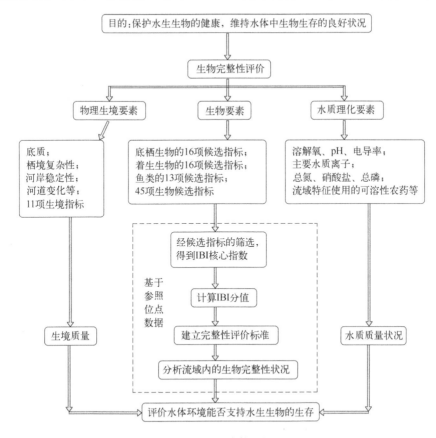

图2.3　IBI技术体系框架

力因素，一般需要调查11项生境指标、45项候选生物指标、多项化学指标，因此IBI评价方法具有较高的稳定性、较强的针对性。IBI评价方法中所监测的物理生境要素和水质理化要素不参与水生态环境质量的评价，更多的是为维持和改善水体生物完整性提供其生存环境质量的信息和影响分析数据，用于分析该区域生存环境的质量是否对完整性造成影响和破坏。IBI评价方法可利用单次的调查数据来进行评价，也可得到比较准确的评价结果。IBI在流域范围的评价已经得到了广泛的应用，但IBI评价的整个流程及评价的准确性都依赖参照位点的确定，所以不存在参照状态的河流不能使用IBI评价。

IBI适用于流域、区域尺度，或者支流、溪流尺度的评价。使用IBI评价必须存在满足参照状态的位点（确定依赖生境调查数据）、具备单次监测数据、能获得生境监测数据。

IBI选择原则：

① 指数评价结果与压力干扰因素（生境和水质参数）存在显著相关性；

② 尽可能包含多样性和耐污性两方面的信息；

③ 评价结果能表现出与预期响应一致的趋势。

开展IBI评价所需的工作量，主要取决于监测位点的数量及调查周期。确定参照状态（获得参照位点数据）是IBI评价的必要前提条件，也是用于比较并监测环境损伤的基础。根据评价的目的，可以采用特定位点参照状态和生态区参照状态。

IBI评价所用的生态区参照状态或特定位点参照状态是指将排放的"上游"位点作为参照状态，这一位点是相对均质区域，未受干扰（接近自然状态）。特定位点参照状态减少了源于生境差异的复杂情况，排除其他点源和非点源污染造成的损害，有助于诊断特定指标排放与损害之间的因果关系，并提高精确度。但是该类型参照状态的有效性比较欠缺，不适合广域（流域及其以上范围）的监测和评价。相对于特定位点的参照状态，生态区参照状态更适用于水域或流域范围的趋势性监测，评价资源利用损害或影响，并制定相应的水质标准及监测策略。人类活动比较频繁的地区，很难找到没有受到干扰的位点，尤其是受到人类行为改变较大的系统，通常找不到合适的参照状态。在此种情况下，可以借助历史数据或简单的生态模型确立参照状态，也可以根据现有的最佳状态以及环境治理目标作为参照状态。IBI评价方法所需的参照位点数量与调查区域的大小和准确度有关，河流尺度的监测只需设立几个参照位点即可开展有效评价，但数量越多评价的准确度和代表性越好。目前IBI还衍生出其他评价方法，诸如鱼类生物完整性指数（F-IBI）、浮游植物完整性指数（P-IBI）、大型底栖动物完整性指数（B-IBI）等。

预测模型评价方法最早在澳大利亚和英国建立，并在其河流和溪流评价中得到了广泛应用，在特定区域的评价中适用性和准确性都得到了验证。预测模型的建立需要多年积累的、全面的监测数据，以筛选足够数量的参照位点和选择合理的环境变量，否则评价的准确性不足。预测模型是一个开放的评价系统，这使得预测模型评价体系所需的环境变量信息更多，一般需要水体水文要素（比如河流深度、长度和宽度）、气候要素（比如年气温变化、平均气温）、地理要素（比如海拔、经纬度）、生境要素（比如卵石比例、河岸植被）和化学要素（比如排放物、电导率）等。预测模型评价方法要素指标的构成较IBI体系更复杂，获取难度也更大；预测模型评价方法只通过单一底栖动物表征河流健康状况，若河流健康状况受到的破坏未能体现在该物种的变化上，则得不到真实的评价结果。预测模型评价针对不同的区域需要根据区域环境和底栖动物组成的特征构建模型，其评价技术流程见图2.4。预测模型评价的目的是反映河流水生态环境质量和受干扰样点生物多样性丧失的程度，基于环境变量和生物应变量的响应关系来预测生物多样性的状态。

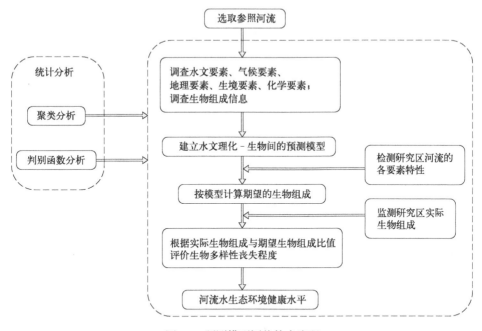

图2.4 预测模型评价技术流程

从指标来看，我国水生态环境质量评价体系选择的常规水质评价指标仍然以物理和化学指标为主，缺乏对生物及其完整性的评价，不能综合反映水环境质量状况。从评价方法看，缺少流域尺度的评价方法研究，对国外评价方法缺少方法适用性的分析；缺少对于影响评价准确性的关键因素——参照状态确定方法的研究，尤其是应用于流域尺度的评价中；缺乏水质理化要素、生物要素和生境要素间关联的深入分析，难以确定指示性的水质理化和生境评价指标。更重要的是，目前还没有建立起系统的评价技术体系，缺乏对流域水生态环境评价工作的支持。

2.3.4 环境风险与补偿

环境管理和环境监测的主要目的是预防环境污染事件发生，优化环境资源开发与经济发展之间的关系。生态保护补偿制度作为生态文明制度的重要组成部分，是落实生态保护权责、调动各方参与生态保护积极性、推进生态文明建设的重要手段。

（1）聚焦重要生态环境要素，完善分类补偿制度

健全以生态环境要素为实施对象的分类补偿制度，综合考虑生态保护地区经济社会发展状况、生态保护成效等因素确定补偿水平，对不同要素的生态保护成本予以适度补偿。主要包括两个措施：

① 建立健全分类补偿制度。具体而言，加强水生生物资源养护，针对江河源头、重要水源地、水土流失重点防治区、蓄滞洪区、受损河湖等重点区域开展水流生态保护补偿；健全公益林补偿标准动态调整机制，鼓励地方结合实际探索对公益林实施差异化补偿；完善天然林保护制度，加强天然林资源保护管理；完善湿地生态保护补偿机制，逐步实现国家重要湿地（含国际重要湿地）生态保护补偿全覆盖；完善以绿色生态为导向的农业生态治理补贴制度；完善耕地保护补偿机制，因地制宜推广保护性耕作，健全耕地轮作休耕制度；落实好草原生态保护补奖政策。

② 逐步探索统筹保护模式。具体而言，在保障对生态环境要素相关权利人的分类补偿政策落实到位的前提下，政府应结合生态空间中并存的多元生态环境要素系统谋划，依法稳步推进不同渠道生态保护补偿资金统筹使用，以灵活有效的方式一体化推进生态保护补偿工作，提高生态保护整体效益。有关部门要加强沟通协调，避免重复补偿。

（2）围绕国家生态安全重点，健全综合补偿制度

坚持生态保护补偿力度与财政能力相匹配、与推进基本公共服务均等化相衔接，按照生态空间功能，实施纵横结合的综合补偿制度，促进生态受益地区与保护地区利益共享。其措施包括：

① 加大纵向补偿力度。结合中央财力状况逐步增加重点生态功能区转移

支付规模。中央预算内投资对重点生态功能区基础设施和基本公共服务设施建设予以倾斜。继续对生态脆弱脱贫地区给予生态保护补偿，保持对原深度贫困地区支持力度不减。各省级政府要加大生态保护补偿资金投入力度，因地制宜出台生态保护补偿引导性政策和激励约束措施，调动省级以下地方政府积极性，加强生态保护，促进绿色发展。

② 突出纵向补偿重点。对青藏高原、南水北调水源地等生态功能重要性突出地区，在重点生态功能区转移支付测算中通过提高转移支付系数等方式加大支持力度，推动其基本公共服务保障能力居于同等财力水平地区前列。建立健全以国家公园为主体的自然保护地体系生态保护补偿机制，根据自然保护地规模和管护成效加大保护补偿力度。

③ 改进纵向补偿办法。根据生态效益外溢性、生态功能重要性、生态环境敏感性和脆弱性等特点，在重点生态功能区转移支付中实施差异化补偿。引入生态保护红线作为相关转移支付分配因素，加大对生态保护红线覆盖比例较高地区的支持力度。探索建立补偿资金与破坏生态环境相关产业逆向关联机制，对生态功能重要地区发展破坏生态环境相关产业的，适当减少补偿资金规模。研究通过农业转移人口市民化奖励资金对吸纳生态移民较多地区给予补偿，引导资源环境承载压力较大的生态功能重要地区人口逐步有序向外转移。继续推进生态综合补偿试点工作。

④ 健全横向补偿机制。巩固跨省流域横向生态保护补偿机制试点成果，总结推广成熟经验。鼓励地方加快重点流域跨省上下游横向生态保护补偿机制建设，开展跨区域联防联治。推动建立长江、黄河全流域横向生态保护补偿机制，支持沿线省（自治区、直辖市）在干流及重要支流自主建立省际和省内横向生态保护补偿机制。对生态功能特别重要的跨省和跨地市重点流域横向生态保护补偿，中央财政和省级财政分别给予引导支持。鼓励地方探索大气等其他生态环境要素横向生态保护补偿方式，通过对口协作、产业转移、人才培训、共建园区、购买生态产品和服务等方式，促进受益地区与生态保护地区良性互动。

（3）发挥市场机制作用，加快推进多元化补偿

合理界定生态环境权利，按照受益者付费的原则，通过市场化、多元化方式，促进生态保护者利益得到有效补偿，激发全社会参与生态保护的积极性，主要措施包括：

① 完善市场交易机制。完善市场交易机制需要加快自然资源统一确权登记，建立归属清晰、权责明确、保护严格、流转顺畅、监管有效的自然资源资产产权制度，完善反映市场供求和资源稀缺程度、体现生态价值和代际补偿的

自然资源资产有偿使用制度，对履行自然资源资产保护义务的权利主体给予合理补偿。在合理科学控制总量的前提下，建立用水权、排污权、碳排放权初始分配制度。逐步开展市场化环境权交易。鼓励地区间依据区域取用水总量和权益，通过水权交易解决新增用水需求。明确取用水户水资源使用权，鼓励取水权人在节约使用水资源基础上有偿转让取水权。全面实行排污许可制，在生态环境质量达标的前提下，落实生态保护地区排污权有偿使用和交易。

② 拓展市场化融资渠道。拓展市场化融资渠道需要研究发展基于水权、排污权、碳排放权等各类资源环境权益的融资工具，建立绿色股票指数，发展碳排放权期货交易。扩大绿色金融改革创新试验区试点范围，把生态保护补偿融资机制与模式创新作为重要试点内容。推广生态产业链金融模式。鼓励银行业金融机构提供符合绿色项目融资特点的绿色信贷服务。鼓励符合条件的非金融企业和机构发行绿色债券。鼓励保险机构开发创新绿色保险产品参与生态保护补偿。

③ 探索多样化补偿方式。探索多样化补偿方式需要支持生态功能重要地区开展生态环保教育培训，引导发展特色优势产业、扩大绿色产品生产。加快发展生态农业和循环农业。推进生态环境导向的开发模式项目试点。鼓励地方将环境污染防治、生态系统保护修复等工程与生态产业发展有机融合，完善居民参与方式，建立持续性惠益分享机制。建立健全自然保护地控制区经营性项目特许经营管理制度。探索危险废物跨区域转移处置补偿机制。

参考文献

[1] 陈秋红，黄鑫. 农村环境管理中的政府角色——基于政策文本的分析 [J]. 河海大学学报，2018（20）：54-61.

[2] 刘洋，万玉秋，等. 关于我国跨部门环境管理协调机制的构建研究 [J]. 环境科学与技术，2010（33）：200-204.

[3] 姚建. 环境规划与管理 [M]. 北京：化学工业出版社，2020.

[4] 刘宏，肖思思. 环境管理 [M]. 北京：中国石化出版社，2021.

[5] Elefsiniotis P, Wareham D G. ISO 14000 environmental management standards：their relation to sustainability [J]. Journal of Professional Issues in Engineering Education and Practice, 2005, 131（3）：208-212.

[6] Shi J, Huang W, Han H, et al. Pollution control of wastewater from the coal chemical industry in China：Environmental management policy and technical standards [J]. Renewable and Sustainable Energy Reviews, 2021, 143：110883.

［7］　He G, Lu Y, Mol A P J, et al. Changes and challenges: China's environmental management in transition ［J］. Environmental Development, 2012, 3: 25-38.

［8］　He G, Lu Y, Mol A P J, et al. Changes and challenges: China's environmental management in transition ［J］. Environmental Development, 2012, 3: 25-38.

［9］　阴琨, 王业耀. 水生态环境质量评价体系研究 ［J］. 中国环境监测, 2018, 34: 1-8.

［10］　Chen A, Wu M. Managing for sustainability: the development of environmental flows implementation in China ［J］. Water, 2019, 11 （3）: 433.

［11］　Qu J, Dai X, Hu H Y, et al. Emerging trends and prospects for municipal wastewater management in China ［J］. ACS ES&T Engineering, 2022, 2 （3）: 323-336.

［12］　Li W, Hu M. An overview of the environmental finance policies in China: Retrofitting an integrated mechanism for environmental management ［J］. Frontiers of Environmental Science & Engineering, 2014, 8: 316-328.

［13］　Gan X, Zhao H, Quan X. Two-dimensional MoS_2: A promising building block for biosensors ［J］. Biosensors and Bioelectronics, 2017, 89: 56-71.

［14］　Gan X, Zhao H, Chen S, et al. Three-Dimensional Porous H x TiS_2 Nanosheet-Polyaniline Nanocomposite Electrodes for Directly Detecting Trace Cu （Ⅱ） Ions ［J］. Analytical chemistry, 2015, 87 （11）: 5605-5613.

［15］　Ho W K H, Bao Z Y, Gan X, et al. Probing conformation change and binding mode of metal Ion-Carboxyl coordination complex through resonant surface-enhanced Raman spectroscopy and density functional theory ［J］. The Journal of Physical Chemistry Letters, 2019, 10 （16）: 4692-4698.

［16］　Tan B, Zhao H, Du L, et al. A versatile fluorescent biosensor based on target-responsive graphene oxide hydrogel for antibiotic detection ［J］. Biosensors and Bioelectronics, 2016, 83: 267-273.

［17］　Fan Y, Gan X, Zhao H, et al. Multiple application of SAzyme based on carbon nitride nanorod-supported Pt single-atom for H_2O_2 detection, antibiotic detection and antibacterial therapy ［J］. Chemical Engineering Journal, 2022, 427: 131572.

［18］　Gan X, Zhao H, Wong K Y, et al. Covalent functionalization of MoS_2 nanosheets synthesized by liquid phase exfoliation to construct electrochemical sensors for Cd （Ⅱ） detection ［J］. Talanta, 2018, 182: 38-48.

［19］　Wang D, Gong C, Gan X, et al. Highly sensitive colorimetric detection of Cr （Ⅵ） in water through nano-confinement effect of $CTAB-MoS_2/rGO$ nanocomposites ［J］. Journal of Environmental Chemical Engineering, 2023, 11 （3）: 109802.

［20］　Gan X, Zhao H, Schirhagl R, et al. Two-dimensional nanomaterial based sensors for heavy metal ions ［J］. Microchimica Acta, 2018, 185: 1-30.

［21］　Gan X, Zhao H. Understanding signal amplification strategies of nanostructured electrochemical sensors for environmental pollutants ［J］. Current Opinion in Electrochemistry, 2019, 17: 56-64.

第3章

环境工程管理的理论基础

3.1　引言

　　20世纪后半叶是我国环境保护制度从诞生走向发展和成熟的时期，在此期间取得了一系列成果。例如，将环境保护方针确立为我国的基本国策，初步建立了适应国情的和可持续发展的环境政策、法律、制度和标准四大体系；环境保护能力建设初具规模，环境保护资金投入持续增加；工业污染防治取得突破性进展，污染加剧的趋势从总体上得到一定程度的遏制；城市环境质量总体上保持稳定提高，部分城市环境质量显著改善；生态环境建设与保护稳步推进，开创出生产发展、生活富裕、生态良好的文明发展新局面。

　　在环境保护相关法律、制度完善的同时，环境保护理论知识框架不断深化和丰富。由于环境管理不同于其他人类社会内部管理活动，它的主要作用对象是一系列人类对自然环境的行为，以及作为这些行为物质载体和实质内容的物质流，实现人类行为、经济发展和环境保护相协调。因此，环境管理需要依赖自然科学、社会科学和工程科学，特别是自然和环境工程科学的研究成果作为其知识和技术基础。本章将简要介绍与环境工程管理相关的理论体系，比如系统论、控制论、信息论、行为科学理论、生态学理论、环境经济理论、管理学理论等，它们都是环境管理学的理论来源。

3.2　可持续发展原理

　　"可持续发展"最早在1987年世界环境与发展委员会出版的《我们共同的未来》报告中被提出，其基本定义为：既能满足当代人的需要，又不对后代人满足其需要的能力构成危害的发展。它是建立在社会、经济、人口、资源、环境相互协调和共同发展的基础上的一种发展，是科学发展观的基本要求之一。

1994年3月，国务院第16次常务会议讨论通过了《中国21世纪议程——中国21世纪人口、环境与发展白皮书》，首次把可持续发展战略纳入我国经济和社会发展的长远规划。可持续发展包括两层含义：需要和限制。需要是指世界各国人民的基本需要，应放在特别优先的地位来考虑；限制是指环境资源、容纳能力和承载能力有限以及当前的技术状况和社会组织对环境质量保护的有限性，如果它被突破，必将影响自然资源满足当代和后代人生存和发展的能力。可持续发展要求重视环境和自然资源的长期承载能力对发展进程的影响。可持续发展注重环境与经济的协调、人与自然的和谐，认为健康的经济发展应建立在生态可持续、社会公正和人民积极参与自身发展决策的基础上。可持续发展战略应该把经济发展同自然资源、人口、制度、文化、技术进步，特别是生态环境等因素结合起来。

基于不同的角度，可持续发展有着不同的定义。从经济学的角度讲，把可持续发展定义为：建立在成本效益比较和审慎的经济分析基础上的发展政策和环境政策，加强环境保护，从而导致社会福利的增加和可持续水平的提高。从生态学的角度讲，可持续发展是指：在保持能够从自然资源中不断得到服务的情况下，使经济增长的净收益最大化。从社会学的角度讲，可持续发展是指人类生活在永续的、良好的生态环境容量中，同时又要改善人类的生活质量。从社会伦理学的角度，把可持续发展定义为：能够保证当代人的福利增加，同时也不应使后代人的福利减少。

可持续发展追求的目标是，既要使人类的各种需要得到满足（个人得到充分发展），又要保护资源和生态环境，不对后代人的生存和发展构成威胁。衡量可持续发展主要有经济、环境和社会三方面的指标。总之，可持续发展以经济增长为手段，以自然资源为基础，以提高生活质量为目标。

3.2.1 可持续发展的基本原则

（1）协调原则

可持续发展的目标是促使社会、经济、环境协调发展，三者相互联系、相互制约，共同组成一个整体。为了实现可持续发展，需要协调人类社会经济行为与自然生态的关系，协调经济发展与环境的关系，协调人类的持久生存与资源长期利用的关系，努力做到经济发展与环境保护和谐统一，追求经济效益、生态效益、社会效益综合发挥作用，把系统整体效益放在首位。

（2）公平原则

可持续发展是一种机会利益均等的发展，既包括同代内区间的均衡发展，也包括代际间的均衡发展。其次，这种公平性还体现在整体和全局上的代内平等，不能以牺牲其他地区或国家来发展另一方，并且需要关注弱势对象，比如发展中国家。

（3）持续原则

资源的持续利用和生态系统的可持续性是人类社会可持续发展的首要条件。人类社会和经济发展不能超越资源与环境的承载能力，应当将当前利益与长远利益有机结合起来，促使人类赖以生存的物质基础得以持续利用，不能没有计划、无节制地开发环境资源。

（4）共同原则

不同国家和地区尽管存在制度、文化等多方面的差异，但是对整个地球环境的责任和担当是共同的，环境质量降低所带来的负面影响，无人能全身而退。可持续发展所要达到的目标是全人类的共同目标，需要各国一起共同努力。我国提出的人类命运共同体旨在追求本国利益时兼顾他国合理关切，在谋求本国发展中促进各国共同发展。当然，因国情不同，实现可持续发展的具体模式不可能是唯一的，任何国家或地区，协调、公平和持续的原则是共同的，只有全人类共同努力，才能实现可持续发展的总目标，将人类的局部利益和整体利益相结合。

3.2.2 可持续发展的内容

可持续发展的内涵随着人类社会的变迁而不断的丰富和发展。在具体内容方面，可持续发展涉及经济的可持续、生态的可持续和社会的可持续三方面的协调统一，要求人类在发展中讲究经济效率、关注生态和谐以及追求社会公平，最终达到人类的全面发展。

（1）经济与可持续发展

从人类社会发展的角度看，人类要走可持续发展之路，关键是要找到一个正确的经济发展模式，经济系统的生态化是必由之路。可持续发展不是为了单纯地保护环境资源而不发展经济，因为经济发展是国家实力和社会财富的基础，经济水平的提高，可为技术发展提供资金保障，继而也更有利于实现可持续发展。可持续发展需要注重经济发展的质量，而不是粗犷型的经济增长（数量）。可持续发展要求改变传统的以"高投入、高消耗、高污染"为特征的生产模式和消费模式，构建循环型和绿色经济，实施清洁生产和文明消费，以提高经济活动中的效益、节约资源和减少废物。从某种角度上，可以说集约型的经济增长方式就是可持续发展在经济方面的体现。

（2）生态或环境保护与可持续发展

可持续发展要求经济建设、社会发展与自然承载能力相协调。发展的同时必须保护和改善地球生态环境，保证按照可持续的方式使用自然资源和降低环境成本，使人类的发展控制在地球承载能力之内。因此，可持续发展强调了发展是有限制的，没有适度的限制就没有发展的持续性。生态可持续发展同样强调环境保护，但不同于以往将环境保护与社会发展对立的做法，可持续发展要求通过转变发展模式，从人类发展的源头和根本上解决环境问题。环境保护是可持续发展的重要方面，可持续发展的核心是发展，需要思考如何发展和转变发展模式，但要求在严格控制人口数量、提高人口质量和环境保护、环境资源有序利用的前提下进行经济和社会的发展。

（3）社会与可持续发展

可持续发展强调社会公平是环境保护得以实现的机制和目标。可持续发展指出世界各国的发展阶段和具体目标可不相同，但发展的本质相同，皆是为了改善人类生活质量，提高人类健康水平，创造一个保障人们平等、自由、教育、人权和免受暴力的社会环境。总之，在人类可持续发展系统中，生态可持续是基础，经济可持续是条件，社会可持续才是目的，追求以人为本的自然-经济-社会复合系统的持续、稳定、健康发展。这与科学发展观的思想一致，即"坚持以人为本，树立全面、协调、可持续的发展观，促进经济社会和人的全面发展"，"统筹城乡发展、统筹区域发展、统筹经济社会发展、统筹人与自然和谐发展、统筹国内发展和对外开放"。

3.3　环境生态学原理

类似于牛顿定律和热力学定律，生态学领域也存在三大定律。

生态学第一定律，又称为多效应原理或极限性原理，具体内容为：任何行动都不是孤立的，对自然界的任何侵犯都具有无数效应，其中许多效应是不可逆的。该定律最早由美国学者康芒纳提出，其原意为：任何生物均与其环境构成一个不可分割的整体，任何生物均不能脱离环境而单独生存。运用系统科学，生态学家研究了稳恒态、反馈、能量流等用于理解生态系统间的相互作用。在整体论思维的支配下，生态学重视种群，重视在群落中研究个体。

生态学第二定律，又称为相互联系原理或生态链原理：生态学每一种事物无不与其他事物相互联系和相互交融（如图3.1所示）。因此，生态学上强调保护生物物种的多样性，生物的多样性支撑系统的稳定性。

图 3.1 万物互联的示意图

生态学第三定律，又称为勿干扰原理或生物多样性原理：人类生产的任何物质均不应对地球上自然的生物、化学循环有任何干扰。人类只是生态系统的一部分，生态系统中每一存在物都有其内在的价值，人类无权破坏生态系统的完整性，因为生态系统的完整性会直接影响人类的生存质量。

3.3.1 极限性原理

生态环境系统中的一切资源都是有限的，并且环境对污染物的容纳量和自净能力也有一定的极限，这是由环境的有限承载力决定的，如果超过此限度，就会导致自然系统平衡被打破，造成环境质量衰退。因此，人类对自然资源的开发利用必须遵守极限性原理，即考虑环境容量和环境承载力。

环境容量（M）是指某一环境区域内对人类活动造成影响的最大容纳量，是一个动态量，由基本环境容量和变动环境容量共同决定。基本环境容量又称为 K 容量或稀释容量，可以通过环境质量标准减去环境本底值获得；变动环境容量也称为 R 容量或自净容量，是指该环境单元的自净能力。基本环境容量、变动环境容量同环境容量的关系如下：

$$M=K+R$$

环境容量是反映生态平衡规律，污染物在自然环境中的迁移转化规律，以及生物与生态环境之间的物质能量交换规律的综合性指标。环境承载能力为环境的固有表现性质，是指在一定时期内，能维持系统相对稳定的前提下，环境系统所能承受的人类社会、经济活动的能力阈值，它与环境系统的本身结构和外界的输入输出（人类社会的经济活动）有关系。根据目前地下水资源承载背景评价结果，全国2863个县级地区中，承载力较高的背景区主要集中在黄淮海平原、洞庭平原、长江下游平原、松辽平原、三江平原、成都平原、汾渭盆地、岭南丘陵等区域。承载力较低的背景区主要分布在西北内陆干旱半干旱区、山地丘陵区和西南高原区，这些地区包括川北高原、内蒙古高原、黄土高原、塔里木盆地、柴达木盆地及类似地区。目前承载力状态类别较好、中等和较差分别为2135个、386个和342个。承载力状况较差的县区占全国总县区的11.95%，占全国总面积的7.03%。这些地区主要分布在黄淮海平原和松辽平原的地方城市、河西走廊、陕北高原、关中盆地等地区。

3.3.2 耐受性法则

耐受性法则是美国生态学家谢尔福德提出的：环境因子在最低量时可以成为限制因子，但如果环境因子过量，超过生物体的耐受程度时，也可以成为限制因子（如图3.2所示）。即某种生物能够生长与繁殖，要依赖综合环境中全部因子的存在，其中一种因子在数量或质量上的不足或过多，超过了生物的耐受限度，该种生物就会衰退或不能生存。每一种环境因子都有一个生态上的适应范围大小，称之为生态幅，即最低点和最高点之间的幅度为生物的耐受性限度。

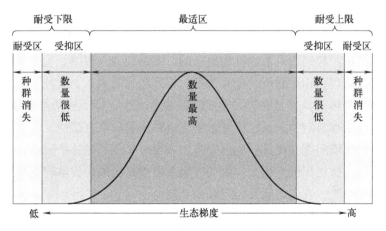

图3.2 生物种的耐受限度示意图

生态幅内存在一个适宜生存范围，在这个范围内生物的生理状态最佳、生育率最高、种群数量最多。不同种类生物对同一生态因子的耐受范围是很不相同的，即生态幅的宽窄不一样，这是由生物的遗传特性决定的，也是生物长期适应其所处环境或生态条件的结果。根据生物的生态幅的宽窄，相应地把生物分为广适应性或狭适应性生物，也即生态幅宽窄或耐受性高低的差别。

3.3.3 食物链原理

食物链是英国动物生态学家埃尔顿于1927年首次提出的生态学术语。它是指生态系统中各种动植物和微生物之间由于摄食关系而形成的一种联系，因为这种联系就像链条一样，一环扣一环，所以被称为食物链。食物链是物质、能量流动的渠道，各组分通过吃与被吃的关系彼此联系，有机物中贮存的能量在生态系统中逐层传递；每次转化都将有大量的化学潜能变为热能释放掉，满足熵增原理，因此，自然生态系统中营养级数目是有限的。在生态学中，食物链以能量和营养物质形成将各生物之间联系起来，多种食物链相互交错连接而形成的复杂营养关系，即食物网。食物链原理的目标是实现物质生产、物质循环、能量流动、信息传递和利用的过程。基于生态学的食物链原理以及物质能量多级利用原理，可以构建循环经济，提高产品的利用率和能量的转化率，有利于生态系统的稳定性，现代社会里的工业园也是依据此理念。此外，生态农业也是运用生态学的食物链原理以及物质能量多级利用原理，来构建农业生产结构，充分利用自然资源和生态环境，强调农业与生活废弃物的循环利用。

3.3.4 相互依存和相互制约规律

（1）物物相关规律
普遍的依存与制约关系也称为生态的"物物相关"规律。生态系统中各个组成部分之间存在相互联系、相互依存、相互制约的关系，这种影响不仅仅发生在同种生物体间，而且在异种生物之间也常发生，即不同群落或系统之间，也同样存在依存与制约关系，彼此影响。这种影响具有直接性、间接性和滞后性。在分析环境问题和提供环境修复解决方案时必须考虑这个规律。这与社会经济系统的运行规律极为相似，例如社会总资本是由单个资本有机联系起来组成的整体和系统，它们之间又相互联系和制约。

（2）相生相克规律
通过食物链相互联系与制约的协调关系，亦称"相生相克"规律。在生态系统中，每一种生物都占据着一定的生态位，具有特定的作用和功能。各生物种之间相互依赖，彼此制约，协同进化，具体表现形式之一就是食物链与食物网，被食者为捕食者提供生存条件，同时又被捕食者控制；反过来，捕食者又受制于被食者，彼此相生相克，使整个体系成为协调的整体。

3.3.5　生态位原理

联合国森林论坛（UNFF）第二次人工林专家会议首次提出了生态位概念，将其定义为一个特定的生物有机体在环境中所扮演的角色。在种群生态系统中，生态位是指群落中物种在时间、空间和营养关系方面所占据的地位，即生物在群体中的分布和功能。生态位理论认为，在同一自然或人工的生物群体中，不存在两个生态位完全相同的物种，它们必然要有某种空间、时间、营养、年龄等生态位的分离，因为它们的生态位越接近竞争越大。这与微观世界中泡利不相容原理相似，每一种微观粒子的状态都是由四个量子数唯一决定。

生态位的宽度描述了物种的适应性，即适应性强的物种占据较宽的生态位。生态位原理及其概念也被延伸到环境工程管理领域，特别是如何正确处理竞争关系，比如衍生出来的企业生态位用于说明企业在经济环境中对资源的竞争格局。应用生态位原理，就是把适宜的物种引入，填补空白的生态位，使原有群落的生态位逐渐饱和，以抵抗病虫害的入侵。在进行环境修复的时候，为了减少竞争，强化互补功能，应尽量选择生态位上有差异（包括在形态、生理、营养等结构上的差异）的生物物种，考虑各物种在时间、空间（包括垂直空间和地下空间）上生态位分化，尽量使引用的物种在生态位上互补，避免具有相同生态位的种间竞争排斥，以增强群落稳定性，增加生物多样性，提高群落生产力，从而能加快环境的修复速度。

3.3.6　河流连续体理论

河流连续体理论属于流域水生态系统理论，它是由淡水生态学、系统生态学、景观生态学交叉融通形成的学科。河流生态系统作为流域生态学的重要分支，主要关注系统中水文、水化学和光合作用对河流的基本结构和动力学的影响规律。河流连续体理论已经被广泛用于研究河流生态系统，特别是针对小、中型的溪流，人工干预较严重、缺少"河流-漫滩效应"的河流。该理论的具体内容如下：河流生态系统由源头集水区的第一级河流起，河水向下流经各级河流流域（第二、三、四等级河流流域），形成一个连续的、流动的、独特而完整的生态系统，称为河流连续体。

　　河流连续体理论认为河流生态系统内产生的生物要素随着生物群落的结构和功能而发展变化,从河流的源头到河口,生物群落形成了同步种相替代的连续体,因此可以作为连续的整体系统。通过简化,将上下游生态系统之间的关系表述为一种树枝状的结构。如图3.3所示,它描述了河流、河漫滩和河流生态系统之间的联系以及从源头到河口的生物群落结构的发展和演变,这种系统具有独特的结构,其能量和有机物主要来源是地表水、地下水输入中所带来的各种养分以及相邻陆地生态系统产生的枯枝落叶。河流上游的生态系统中能量的主要来源是叶片和植物的其他部分,进入河流的粗有机体越到河流的下游,河道变得越宽,总能量(太阳能)供给越多,初级生产力的水平显著增加,生态系统逐步从异养型(上游的河流)变成了自养型或者叫内部自给营养型。由于碎屑腐殖是河流生态系统动力的重要能源,因此微生物在处理流动水体的有机碳中起着关键作用。

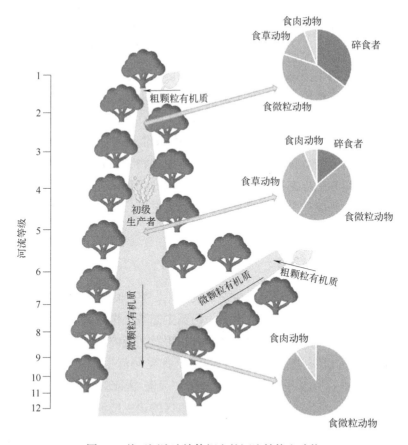

图3.3　基于河流连续体概念的河流结构和功能

3.4 系统论原理

解决某个环境问题的时候，把所研究的环境看成封闭的系统还是开放的系统，主要涉及系统论领域的知识。系统论是指用系统的观点、理论和方法来从事自然科学和社会科学研究，涉及控制论、自动化理论、信息论、集合论、图论、对策论、判定论等。系统论不仅被用于预测经济增长和科技发展趋势，也被广泛用于生产指标的最优分配、生产组织的最佳化等方面。系统论把世界看成系统和系统的集合，世界的复杂性在于系统的复杂性。系统论的主要任务是以系统为研究对象，从整体出发来研究系统和组成系统各要素的相互关系，从本质上说明其结构、功能、行为和动态，以把握系统整体，达到最优的目标。20世纪60年代以来，随着现代科技的迅速发展，系统论原理应用于社会、经济、军事等方面的工程建设取得显著成效，引起了世界各国的重视。我国关于系统论的研究和应用有较快的发展，著名科学家钱学森致力于系统科学的研究和创建工作，出版了《论系统工程》等著作，并提出组织管理社会主义建设的技术——社会工程的设想。

系统是指处于环境中有相互联系、相互依赖的基本要素构成的有机整体，这些要素具有一定结构形式和秩序，形成具有某种功能的有机整体。上述定义包括了系统、要素、结构、功能四个概念，表明了要素与要素、要素与系统、系统与环境三方面的关系。系统论认为，整体性、关联性、等级结构性、动态平衡性、时序性等是所有系统共同的基本特征。传统的经济系统模型不专门考虑环境的影响，它把人类的经济社会看作一个封闭系统，环境仅仅为系统提供了一个边界，且不受外部环境的影响，封闭系统表现为内部稳定的均衡特性。开放系统是指在系统边界上与环境有信息、物质和能量交互作用的系统。开放系统通过系统中要素与环境的交互作用以及系统本身的调节作用，使系统达到某种稳定状态。因此，开放系统常是自调整或自适应的系统。

系统论是研究系统的结构、特点、行为、动态、原则、规律以及系统间的联系，并对其功能进行数学描述的新兴学科。系统论的基本思想是把研究和处理的对象看作一个整体系统来对待，从系统的整体性观点出发，运用数学和逻辑方法，对系统进行最优规划、最优管理、最优控制，研究系统运动的规律。其中，数学方法是系统论研究一般系统运动规律的定量化方法，是用来揭示系统内部各子系统之间相互联系和制约关系的手段。逻辑方法则是系统论研究一般系统运动规律的定性思维方法，蕴含着思想方法论的成分。系统论可以分为线性和非线性理论，系统的非线性理论是系统科学研究的重点。系统科学认为，非线性是混沌或复杂系统的一个核心特征，它普遍存在于自然界，是一种常见的社会现象。非线性特性会产生非常明显的变化，比如自激振荡、分岔、突变和混沌等。

3.4.1 系统论的基本原则

（1）整体性

整体性是处理环境问题的一个科学的方法论和态度，是指在揭示要素和系统整体的关系和处理环境问题时，要从整体和全局出发，认识所研究的对象，要把研究过程看作一个完整的系统整体。在环境管理过程中，要将环境问题视为发展的、整体的问题。在一定的人力、物力、财力和技术等条件下，从产业结构调整和工业布局优化入手，从宏观政策调控角度出发，加快环境管理机构和体制改革，实现环境管理的合理组织、协调和控制，从整体上促进区域可持续发展战略目标的实现。系统的整体功能大于部分功能之和。

（2）关联性

关联性是指系统、要素、环境之间不是独立存在的，而是彼此相互联系、相互作用。因此，在处理系统中的某个要素时，须充分考虑该要素与其他要素之间的作用。把所研究和处理的对象，作为更大系统的要素来研究，分析系统的功能，研究系统、要素、环境三者的相互关系和变动的规律性。

环境问题的产生与人类社会发展息息相关，人类的社会活动和经济活动对环境的影响已经成为主要因素。因此，环境管理就必须将环境问题与社会、经济问题联系起来，从整体和全局研究它们之间的相互联系、作用和影响，实现人类环境与经济社会协调、稳定、可持续发展。

（3）有序性

系统各要素之间的联系具有一定次序。在一定的时间和空间里，系统各要素的运动和转化过程具有规律性，反映了系统结构与功能的关系。系统空间上的有序性是指系统结构的有序性，比如层次的有序性（从宏观到微观）。系统时间上的有序性是指系统发展具有时间先后顺序，这种变化和发展受系统内外各种因素的影响和制约，按一定规律发展和变化。这个与现代管理学科中分级管理、指标或功能分解原则相似。系统的有序性说明了通过对系统要素的有序组合，能实现系统整体功能优化。环境管理就是要求提高生态-经济-社会复杂系统在时间、空间以及功能等各方面的有序性，力争在原有系统要素不变的情况下，通过优化系统结构和分布，达到经济建设与环境保护协调发展。系统的有序性越高，系统的效能就越大。

（4）动态性

在大多数情况下，系统是一个动态开放的整体。此特性是系统与时间关系的反映，因此要以历史的、辩证的、发展的观念来考察和认识对象系统，处理好系统与环境的动态适应关系。要解决好当地环境问题，就要从环境问题产生的源头出发（比如历史背景和原因），要整体地、全面地、动态地看待环境现状和问题，在正确分析历史背景和现状的基础上，运用发展的观点认识环境问题，并对其进行科学的评判，以研究探讨环境问题的发展规律，才能正确地制定当今的环境战略和环境对策。

系统论所涉及的原则包括系统的整分合原则、系统的相对封闭原则、管理的弹性原则、管理的反馈原则。系统的整分合原则（整体大于部分之和原则，整体是有机体，而不是部分的简单加和）表明管理者需从系统原理出发，把规划与管理过程当成一个系统，并把此系统放在动态的社会环境和自然环境中考察分析。系统的相对封闭原则是指系统中各要素、各环节彼此相互影响和制约，构成一个闭合的循环系统。相对封闭原则包括管理总体过程的封闭性、管理制度的封闭性、管理信息系统的封闭性。相对封闭原则要求在任何一个系统内我们所实施的管理手段必须构成一个连续封闭的回路。管理的弹性原则是指管理者在对系统与外界联系进行深入研究的基础上，结合系统内部结构功能的特点，对影响系统运行的各种因素进行科学的分析和预测，在充分了解系统所有可能发展前景的情况下，对制定的决策目标、计划、战略都留有充分的余地，以增强管理系统的应变能力。管理的反馈原则是指管理者为保证及时、高效、准确地完成组织计划任务和目标，及时了解系统外部环境的变化及系统自身活动的进展，及时准确地掌握系统环境变化和系统状态变化，一旦发现系统状态及输出结果与原定方案和目标偏离时，能马上采取纠偏行动。

3.4.2　系统原理

"不谋万世者，不足谋一时；不谋全局者，不足谋一域。"很好地体现了利用系统论原理解决问题的思想。系统原理就是用系统的眼光来看待管理问题，用系统的方法来处理管理问题。现代管理不再是过去的小生产管理，它是一个多因素、多层次统一的矛盾系统，并不断地与外界进行物质、能量和信息的交换，同时还处于一个更大系统的统一范畴之内，所以不能孤立地对待每个单位、每个管理法规和每个人。在处理管理问题时，要对管理问题作整体分析，弄清其产生的原因、对系统内外有何影响以及可能的处理方法，通过综合比较择优。例如谷贱伤农，影响农民种粮的积极性，但是价格过高，消费者会降低购买量，企业或商家会降低进货量，最终后果还是农民损失。因此，需要根据市场供求规律，制定出合理的指导性价格是关系到生产者-消费者各方面利益能否协调好以及长期、稳定发展的重要问题。

3.5　环境经济学原理

环境科学与经济学融合发展过程中产生了环境经济学，其发展目标是保护自然环境，改善生态环境，防止污染和环境公害，保障公众健康，推进生态文明建设，使人类的生存与发展具有良好的环境质量，促进经济社会可持续发展。环境与经济的相互作用是环境经济学的理论基础。总之，环境经济学是运用经济学的原理和分析方法，分析环境-经济系统之间的关系，研究环境经济现象、问题、后果及其相关政策的一门经济学分支学科，也是环境科学和经济学之间交叉的边缘学科。环境经济学是研究如何充分利用经济杠杆来解决环境污染问题的学科。

环境管理的任务是协调环境保护与经济建设同步发展，实现经济效益、社会效益和环境效益的统一。在一定程度上，环境问题实质上是一个经济问题，特别是针对环境资源的开发、保护和利用的合理化过程。环境税、排污收费制度、生态补偿制度等就是环境管理与经济手段相结合的最典型例子，将环境因素融入现有税种中，比如在消费中增加污染产品税、提高资源税的税率，以调节人们的生产和消费行为，让人们逐渐关注产品的来源和去向，而不是仅仅关心商品的效用，从而有目的、有计划地降低人们的行为对环境的影响。因此，经济杠杆是目前解决环境污染问题最主要和最有效的手段。

环境经济学主要研究领域：一是估算对环境污染造成的损失，包括直接物质损失、对人体健康的损害和对人的精神损害；二是评估环境治理的投入所产生的效益，包括直接挽救污染所造成的损失效益和间接的社会、生态效益；三是制定污染者付费的制度，根据排污情况确定收费力度；四是制定排污指标转让的金额。这些研究领域，归结起来就是要通过经济、行政、法律、技术、教育等手段来实现环境的改善，继而达到环境保护的目的。而经济手段是当前最为重要的环境保护手段，这种手段在环境管理中要与行政、法律、教育等方法相互配合使用，以达到改善和保护环境的目的。具体来说，就是通过税收、财政、信贷等经济杠杆，调节经济活动与环境保护、污染者与受污染者之间的关系，引导经济单位和个人的生产及消费活动符合国家环境保护和维护生态平衡的要求。通常采用的方法有：征收资源税、排污收费、事故性排污罚款，实行废弃物综合利用的奖励，提供建造废弃物处理设施的财政补贴和优惠贷款等。税收是一项重要的宏观经济调控手段，属于市场激励型手段，它在环境保护工作中发挥着重要作用，有利于调节环境污染行为，减少污染物排放量，有利于资源优化配置。通过税制的一些优惠规定，如增值税、消费税，鼓励环境保护行为；消除不利于环境的补贴政策和环境收费政策，比如按照国务院关于限制"两高一资"（高污染、高能耗、资源性）产品出口的原则，取消或降低这类产品的出口退税率。

3.5.1　环境、资源与经济

狭义的资源一般是指自然资源，即自然界赋予的资源，可直接被人类利用，进入生产过程和消费过程，能提高人类当前或未来的福祉，比如土地、水、森林、渔业等资源。从资源的定义可知，环境也属于资源，因为环境（空气、水等）可以为生产发展提供必需的物质基础和保障，从而成为了生产要素。

在环境领域，资源一般特指自然资源。环境与资源具有密切的联系，相互依存，自然资源是环境的组成部分，是构成环境的重要要素之一，二者都具有经济价值。我们谈到环境，往往需要以资源作为特定的研究对象，因为资源承载着环境中的物质和能量，同时也影响着环境质量。环境经济学主要研究资源、环境与经济发展的关系，包括：资源和环境是如何影响经济的发展；在有限的资源和环境下，如何最大化其经济效用；以及如何平衡资源利用、经济发展和环境承载力之间的关系。环境经济学是运用经济学理论和分析方法研究环境与自然资源的供给、需求分配和保护等公共政策问题的经济学分支学科。

3.5.2　经济学基本原理

从某种意义上讲，经济学的本质任务是研究供需关系或者如何配置稀缺资源，因此经济学模型总是围绕着稀缺、成本和边际效应分析展开。供需关系的中间桥梁是商品的价格。在其他条件不变时，某种商品的需求量与其价格之间呈反方向变动，即需求量随着商品本身价格的上涨而减少，随商品本身价格的下降而增加。消费者对某种商品产生需求，必须具备两个条件：第一，消费者有购买的需要和欲望；第二，消费者有支付能力。

在长期的实践和理论建设中，经济学形成了自己的学科规律和原理：

① 取舍或抉择无处不在，这由物品的稀缺性所决定。

② 在做取舍的时候，总是会面临着机会成本，即为了得到某种东西往往需要放弃其他东西或者选择物品的某种用途而放弃其他用途。

③ 理性抉择的个体应当考虑边界量，即某个经济变量在一定的影响因素下发生的变动量。

④ 激励（成本或利益）会影响人们的行为。

⑤ 贸易或者交换能实现个体的最大价值。

⑥ 市场通常是组织经济活动的一种良方。

⑦ 政府有时而不是总能改善市场结果。应在市场对资源配置起决定性作用的同时更好地发挥政府作用，这是因为市场因其天然缺陷也会存在着失灵的风险。

⑧ 一国的生活水准由其商品与服务的生产能力决定。

⑨ 当政府发行了过多货币时，物价会飙升。

⑩ 社会面临通货膨胀与失业之间的短期交替关系，也就是说，政府增发货币一方面会导致通货膨胀，但是也会在短期内降低失业水平。

每个学科都有自身的研究方法，经济学也不例外，主要包括实证分析与规范分析、均衡分析与边际分析、静态分析与动态分析。

实证分析是一种根据事实加以归纳或演绎的陈述，着重于"是什么"；实证分析对经济现象、行为或活动及其发展趋势做客观分析，只考虑经济事物间相互联系的规律，并根据这些规律来分析和预测人们经济行为的效果，而不关注此现象的好坏。规范分析着重于"应该是什么"，以一定的价值标准为基础，提出某些分析或处理经济问题的标准，树立经济理论的前提，作为制定经济政策的依据，并研究如何才能符合这些标准。基于这一点，实证分析偏向于解释现象形成的过程，不掺杂主观评价；与之相反，规范分析附带主观评价。

均衡指经济中各种相反的、变动着的力量处于一种相对静止、不再变动的状态，此状态导致任何一个经济决策者都不能通过改变自己的决策来增加利益。均衡分析可分为局部均衡分析和一般均衡分析。局部均衡分析是假定在其他条件不变的情况下来分析某一时间、某一市场的某种商品（或生产要素）供给与需求达到均衡时的价格决定。一般均衡分析是一种更加全面和周全的分析方法，在分析某种商品的价格决定时，需在各种商品和生产要素的供给、需求、价格相互影响的条件下来分析某种商品的价格如何被决定。边际分析是利用边际概念对经济行为和经济变量进行数量分析的方法，具体而言是把追加的支出和追加的收入相比较，二者相等时为临界点，也就是投入的资金所得到的利益与输出损失相等时的点。例如，组织的目标是利润的最大化，就是追加的收入和追加的支出相等。

静态分析法是完全抽掉时间因素和经济变动过程，不考虑均衡和变动过程，在假定各种条件都处于静止状态下，考察一定时期内各种变量之间的相互关系，分析经济现象的均衡状态的形成及其条件，是对已发生的经济活动成果，进行综合性对比分析的一种分析方法。动态分析引入了时间因素，是把经济现象看作一个动态的过程，考察一个旧均衡状态过渡到一个新均衡状态的过程，探求其偏离正常发展趋势的原因并对未来的发展趋势进行预测的一种统计分析方法。与静态分析相比较，动态分析具有其独特的优势，主要包括：

① 它能系统了解经济运动的全过程，能较好地揭示经济运动的规律性，为实际政策的制定提供可靠的基础。

② 它能对静态分析进行有效的补充，对具有单一均衡位置的经济体系，它能依据时间过程探索经济变量的数值变动；对有多个均衡位置的经济体系，它能详细描绘由一个均衡位置到另一均衡位置的实际过程。

③ 它不仅适用于均衡体系，而且适用于连续失衡的经济体系。因而动态分析在现实经济生活分析中有着特别重要的地位。

无论何种制度的国家，都应选择适用于本国实际的经济学理论作为指导。经济学可以分为两大基本分支：微观经济学和宏观经济学。

微观经济学是现代经济学的一个重要分支，主要以单个经济体作为研究对象，包括消费者、生产者、投资者、单个要素所有者、单个市场等在经济运行中发挥作用的个体或团体。微观经济学只研究经济社会中单个经济单位的行为，即生产什么、怎样生产、为谁生产的问题，主要涉及的理论包括均衡价格理论、消费者行为理论、生产和成本理论、市场理论和生产要素报酬理论等。微观经济学的目标是通过研究某个经济单元的行为及其相互作用，揭示行业与市场的运行和引进，实现资源合理配置。

宏观经济学是研究整个社会或国家层面的经济活动，基于国民收入、投资和消费来分析整个国家或区域的经济规律，考察总体经济的运行状况、发展趋势和内部各个组成部分之间的相互关系，忽略了个体经济的差异性（不考虑业务和产品）。宏观经济学把所有经济活动主体分为家庭、企业和政府三类，将市场分为产品市场、货币市场、劳动市场，它的主要内容包含经济总量、总需求与总供给、国民收入总量及构成、货币与财政、经济周期与经济增长、经济预期与经济政策、国际贸易与国际经济等宏观经济现象。宏观经济学的目的是通过总量经济的研究，分析经济的变动趋势及总体经济环境与制度之间的各种联系，找出一条促进经济和谐发展的最优策略。

环境经济学的产生和发展与环境问题的演变进程、人类对环境-经济系统运作关系的认知改进，以及人类对社会长期可持续发展的诉求的提升密切相关。最早将环境经济学用于实践的科学家是艾伦·克尼斯（Allen Kneese）及其所在的研究所，针对已经和将要实施的环境法规、政策和项目进行成本、效益分析和政策评价，有效推动了公共决策的费用效益分析。

3.5.3　环境经济学

经济学在其发展过程中产生了多个经济学理论和分支学科。环境经济学就是其中的一个分支学科。环境经济学研究的范畴是影响人类生存和发展的所有自然和社会因素，运用经济学的原理和分析方法，解决经济发展与环境保护之间的矛盾，为人类的可持续发展保驾护航。环境经济学与传统经济学存在较大差异，因为环境经济学处理的对象主要是公共财产资源，比如大气和海洋、国家公园和野生动物保护区等公共物品，这些特征决定了使用的经济原则不同于用于研究市场中商品交易的经济学原则。当然，传统的经济学理论的部分模型在一定程度上能很好地用于处理环境问题。例如，新古典经济学理论的一个重要运用之一是针对不可再生能源的采集问题，可用于分析和理解石油煤炭资源的消耗以及可再生资源（比如农业土壤）等相关问题。我国的环境污染和环境破坏一般是在经济建设中产生的，因此环境问题的解决一定程度上受制于我国的经济实力和发展水平。环境保护与经济发展既相互促进，又相互制约。在此前提下，环境经济学成为解析环境-经济运作关系、调整人类环境经济行为的分析工具和决策支持工具。

环境经济学中的环境能为人类提供各种服务的资本，是人类的资源库，它与物质资本、人力资本、社会资本合并称为四大资本。环境经济学是研究人类经济活动和经济发展规律的理论，其核心思想是环境资源的优化配置与再生。社会经济的再生产过程包括生产、流通、分配、消费和废物处理等环节，它总是与自然环境发生着某种联系，比如物质和能量的交换，上述过程所产生的副产物和废物会进入环境，如果超过环境容量，就会造成环境质量退化。

社会经济的再生过程需要遵循客观的经济规律，同时应遵循自然生态规律，才能实现可持续发展。如果毫无节制地利用自然资源，那么在传统经济学中所定义的自由取用物品（比如清洁空气、干净河水和生态景观等），也会成为稀有之物。我国的环境经济政策是运用环境经济科学的理论与方法来调节、控制经济-环境系统的产物，它强调遵循客观经济规律，贯彻环境保护与经济开发协调发展的原则，注重合理地运用经济手段和杠杆控制人类行为对环境的负面影响，最终的目标是以最小的劳动消耗和投资取得最佳的经济效益、社会效益和环境效益。

新古典环境经济分析所涉及的外部成本和收益（称为外部性）为分析经济活动带来环境损害的成本以及经济活动改善环境带来的社会效应提供了一个经济框架。生态经济学的基本原则是人类经济活动受到环境承载力的限制，承载力是指可以保持自然资源可持续利用的人口水平和消费水平。

（1）经济效益理论

任何技术实践活动都需投入一定的资源（资本、劳动力、技术等生产要素）才能获得一定的产出，因此存在投入和产出效应的最大化，这是技术经济学所要研究的基本问题。另外，资源的稀缺性导致人类在发展经济、保护资源环境时总是要考虑最佳决策问题，实现经济效益的最大化。经济效益是指人类运用和配置资源的效应，包括资源运用效率与资源配置效率。资源运用效率就是传统概念中的生产效率，是指一个生产部门、一个区域或者一个生产单位利用既定的生产要素能生产出的最大产品量。经济效益的最大化涉及多方面的内容，主要包括：

① 在经济发展过程中所采取的技术经济政策是否正确；
② 生产力布局是否合理，因为它会影响生产要素的流动性；
③ 技术水平和管理水平是否相适应，因为这会影响生产效率。

提高资源配置效率也能产生经济效益，即在投入不变的条件下，通过资源的优化组合和有效配置，就能提高效率和增加产出。资源配置效率主要与外部的生产要素流动性有关，而资源运用效率与组织内部的管理方法和生产技术水平有关系。经济效益理论认为，既不是传统生产力理论中的"产出最大化"，也不是传统消费者理论中的"效用最大化"，而应寻求个人、集体和社会之间的经济效益的协调与统一。

（2）外部性理论

外部性理论发展经历了马歇尔的"外部经济"、庇古的"庇古税"和科斯的"科斯定理"三个阶段。这三个阶段被称为外部性理论发展进程中的三个里程碑。外部性是经济学中较难给予明确定义的术语，外部性亦称外部成本、外部效应或溢出效应，目前存在不同的定义，主要分为从外部性的产生主体角度来定义、从外部性的接受主体来定义两个方面。前者定义的代表者是萨缪尔森和诺德豪斯：那些生产或消费对其他团体强征了不可补偿的成本或给予了无需补偿的收益情形。后者定义的代表者是兰德尔：当一个行动的某些效益或成本不在决策者的考虑范围内的时候所产生的一些低效率现象。这两种定义在本质上是一致的，即在没有市场力的作用下，外部性表现为财经独立的两个经济单位的相互作用，某个经济主体对另一个经济主体产生一种外部影响，而这种外部影响又不能通过市场价格进行买卖。外部性的来源包括市场缺失和产权缺失。外部性可以分为正外部性（或称外部经济、正外部经济效应）和负外部性。

（3）物质平衡理论

环境经济学所提及的物质和能量运动规律也遵循热力学第一定律和第二定律。具体而言，根据物质守恒定律或热力学第一定律可知，生产和消费过程产生的废弃物并不会消失，而是存在物质系统之中，因此在规划经济活动时，必须考虑环境自身吸纳废弃物的容量（环境容量）。虽然环境中废弃物回收再利用可减少对环境容量的压力，然而完全回收利用的目标是无法实现的，因为这违背了熵增原理（热力学第二定律）。

物质平衡理论源于环境经济学家对环境与经济相互关系的考察。物质平衡理论的主要思想有以下几点：第一，一个现代经济系统由物质加工、能量转换、废物处理和最终消费四个部门组成，这四个部门之间以及由此四个部门组成的经济系统和自然环境之间存在着物质流动关系；第二，如果这个经济系统是封闭的，没有物质净积累，那么在一个时间段内，从经济系统排入自然环境的污染物或废弃物必然大致等于从自然环境进入经济系统的物质量；第三，上述思想也同样适用于一个开放的、有物质积累的现代经济系统；第四，现代经济系统中虽然越来越多地使用污染控制技术，但它只是改变了污染物的存在形式和形态；第五，为了兼顾经济发展和保护环境，最根本的方法是提高物质和能量的利用率和循环使用率，借此减少自然资源的开采量和使用量，降低污染物的排放量。

3.5.4 循环经济

循环经济本质上是一种生态经济，要求用生态学规律来指导社会的经济活动。按照自然生态系统物质循环和能量流动规律重构经济系统，使得经济系统和谐地纳入类似于自然生态系统的物质循环过程中，建立起一种新的经济形态。我国循环经济（图3.4）是以减量化、再利用、再循环为原则，以低消耗、低

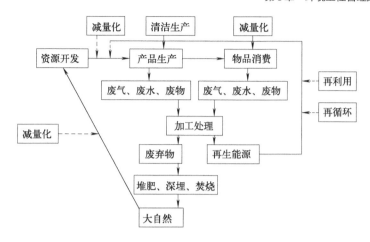

图3.4 循环经济发展方式

排放、高效率为基本特征，以资源高效利用和循环利用为核心，对促进经济增长方式转型、提高资源利用率、减少环境污染、保护生态环境具有重要意义。减量化是针对输入端，旨在减少进入生产和消费流程的物质和能量。再利用属于对过程的控制，目的是延长产品和服务的时间强度，尽可能循环利用物品，延长物品的使用寿命。再循环是针对输出端，要求通过将废弃物再次变成资源，以减小对环境的影响。

与传统的经济模式不同，循环经济强调经济系统与生态环境系统之间的和谐统一，通过对有限资源和能量的高效利用，减少废弃物排放来获得更多的福利，是将清洁生产和废弃物综合利用融为一体的经济。传统的经济模式下，人们的经济活动忽略生态环境系统的能量和物质的平衡，过分强调通过扩大生产来创造更多的福利。循环经济的第一法则是减少进入生产和消费过程中物质的量，从源头节约和设计产品，实现产品的再使用和资源化，即必须将重点放在预防废物产生，而不是废物产生后的治理。

循环经济必须满足"3R"原则，即减量化、再利用和再循环。循环经济最终是为了形成"低开采、高利用、低排放"的结果，循环经济具有如下特征。

（1）生态环境的弱胁迫性

循环经济是一种绿色发展方式，只需要少量的原料和能源投入就能达到既定的生产目的或消费目的，从而能有效降低对资源、生态和环境要素的占有量，从而缓解经济发展对资源、生态、环境要素的压力，降低经济发展对环境的依赖度。

（2）资源利用的高效性

随着经济规模的增大和经济发展速度的加快，物品的产率越发依赖于资源的供给量。而循环经济的出现有利于实现资源的减量化、产品的重复使用，从而提高有限资源的利用率。这一特征是由循环经济的再循环原则决定的，其含义包括两个方面：原级再循环和次级再循环。原级再循环是指废品被循环利用生产出同类型的新产品，比如废报纸回收生产新报纸。次级循环是将废品变成其他类型产品原料的过程。

（3）行业行为的高标准性

循环经济要求各个流程、生产元素和消费过程皆要满足一定的行业标准，符合生态和环境友好的要求，比如循环经济发展要求减少物料和能源的使用量、减少废物的排放量、延长产品的寿命或使用周期、提高产品的耐用性或质量等，从而对于行业行为从原来的单一的经济标准，转变为经济标准、生态标准和环境标准并重，并通过有效的制度约束，确保行业行为高标准地实现。

（4）产业发展的强持久性

传统经济发展中的资源环境生态要素占用成本不断提升，与之相反，循

图3.5　循环经济的运行方式

环经济产业走的是新型工业化发展道路，遵循一种健康、经济、可持续发展模式（如图3.5所示），其发展将更具竞争优势，从而会更有效地推进循环型产业的可持续发展。

（5）经济发展的强带动性

发展循环经济有利于提高产业经济的可持续性，因为它增强了产业之间及内部的关联性，从而推进了产业协作与和谐发展。例如，循环型第三产业的发展，也将对循环型农业、循环型工业、消费领域的循环利用、资源再生乃至整个循环型社会的建设与发展产生有效的带动作用，从而提升区域经济竞争力，并有效推进区域经济可持续发展战略的全面实现。因此，我国要实现可持续发展，循环经济和清洁生产是唯一的选择。

（6）产业增长的强集聚性

循环经济的技术特性和发展方式，客观上要求区域产业结构的重组与优化，从而推动资源利用效率高、生态环境胁迫性弱的产业部门的集聚，这将更有效地推进循环经济以及循环型企业的快速、健康发展。

从循环经济概念的引入到全国范围内的实施，仅用了6年时间。自20世纪90年代末以来，循环经济的产生、发展和繁荣的驱动力归结于中国政府治理理念的转变以及自然资源短缺和环境污染。由于我国的独特背景和实情，中国循

环经济的理念与德国、日本等国家相比，有着本质的不同。德国于1994年颁布了《循环经济与废弃物管理法》，并于1996年生效。日本在2000年以后颁布或修订了《建立循环型社会基本法》等8部相关法律，涵盖了资源利用法、废弃物处理法、家电回收法、建筑材料回收法、食品回收法、包装材料回收法、废旧汽车回收法、绿色采购法。我国在构建"循环经济""循环型社会"等理论框架和理念时，将减量化、再利用、再循环（3R）原则作为基本原则，具有更普遍的意义和适用范围。

参考文献

[1] Li R M., Yin Z Q, Wang Y, Li X L, Liu Q, Gao M M. Geological resources and environmental carrying capacity evaluation review, theory, and practice in China [J]. China Geology, 2018, 1: 556-565.

[2] Lu F, Hu H, Sun W, et al. Effects of national ecological restoration projects on carbon sequestration in China from 2001 to 2010 [J]. Proceedings of the National Academy of Sciences, 2018, 115 (16): 4039-4044.

[3] Fu B, Liu Y, Meadows M E. Ecological restoration for sustainable development in China [J]. National Science Review, 2023, 10 (7): nwad033.

[4] Li M S. Ecological restoration of mineland with particular reference to the metalliferous mine wasteland in China: a review of research and practice [J]. Science of the total environment, 2006, 357 (1-3): 38-53.

[5] Wang A. The role of law in environmental protection in China: recent developments [J]. Vt. J. Envtl. L., 2006, 8: 195.

[6] Beyer S. Environmental law and policy in the People's Republic of China [J]. Chinese journal of international law, 2006, 5 (1): 185-211.

[7] Zhao J, Shi L, Tang L, et al. Principles and application of sustainable development [J]. Contemporary Ecology Research in China, 2015: 499-533.

[8] Wang H, Qin L, Huang L, et al. Ecological agriculture in China: principles and applications [J]. Advances in Agronomy, 2007, 94: 181-208.

[9] Zhang B, Bi J, Yuan Z, et al.Why do firms engage in environmental management? An empirical study in China [J]. Journal of Cleaner Production, 2008, 16 (10): 1036-1045.

[10] Shi J, Huang W, Han H, et al.Pollution control of wastewater from the coal chemical industry in China: Environmental management policy and technical standards [J]. Renewable and Sustainable Energy Reviews, 2021, 143: 110883.

[11] Wang H, Qin L, Huang L, et al. Ecological agriculture in China: principles and applications [J]. Advances in Agronomy, 2007, 94: 181-208.

第 4 章

环境管理的政策和制度

4.1　引言

　　环境管理是一个具有目的性和对象性的管理过程；为了实现具体环境管理目标，管理主体所采取的必需、有效的手段包括法律手段、行政手段、经济手段和技术手段等。环境政策是国家为保护和改善人类环境而对一切影响环境质量的人为活动所规定的行为准则。环境政策是制定环境法的基础和依据，环境法则是环境政策的法定化形式。它们都体现了人民群众的意志和利益，都是保护环境的工具，但其表现形式和社会效力不同。我国的环境管理政策已从过去狭义环境管理的思想（对环境污染物的控制），向着大环境管理的思想转化，即环境治理和保护需要综合考虑经济和社会进步。对我国环境保护相关政策、法律和法规的梳理，有利于从全局上认识国家是如何从法律上调控和影响环境管理。本章主要从法律手段、行政手段和经济手段去探讨我国的环境管理政策和制度。

4.2　环境保护思想和战略的发展

　　环境政策是国家为保护和改善环境而对一切影响环境质量的人为活动所规定的行为准则。我国环境保护思想和战略的发展经历了三个阶段。

　　第一个阶段是1950~1979年，我国把环境问题当作一个技术问题，以治理污染物为管理手段的阶段，属于非理性战略探索阶段。在1972~1978年期间，我国工业化还处于初期阶段，环境问题开始逐步暴露，特别是城市环境问题，一些污染事件陆续出现。这也是民众的环境保护意识萌生、传播和普及的时期。一些发达国家也在20世纪40~70年代经历了严重、频繁的环境污染问题。1952年英国伦敦的烟雾事件、1948年美国多诺拉烟雾事件、1943年美国的洛杉矶光化学烟雾事件等也对当地市民的健康造成了严重危害。

第二个阶段是1980~1992年间，我国将环境问题当作经济问题对待，以经济刺激为主要管理手段的阶段，在这个时期建立了环境保护"三大政策"和"八项管理制度"的环境保护基本国策。1979年我国开始实行改革开放政策，经济发展进入了高速增长阶段；与此同时，《环境保护法》正式颁布，标志着中国环境保护开始迈上法治轨道。在1980~1990年期间，有多部与环境保护相关的法律相继颁布。比如1988年国务院环保委员会发布《关于城市环境综合整治定量考核的决定》及《全国城市环境综合整治定量考核实施办法（暂行）》，1982年制定《海洋环境保护法》，1984年制定《水污染防治法》和《森林法》，1985年制定《草原法》，1986年制定《矿产资源法》《土地管理法》《渔业法》，1987年制定《大气污染防治法》，1988年制定《水法》。最新的《环境保护法》是由第十二届全国人民代表大会常务委员会第八次会议于2014年4月24日修订通过，这部号称"史上最严厉环保法"的法律于2015年1月1日起施行。这部法律贯彻了《中共中央关于全面深化改革若干重大问题的决定》提出的"建设生态文明，必须建立系统完整的生态文明制度体系，实行最严格的源头保护制度、损害赔偿制度、责任追究制度，完善环境治理和生态修复制度，用制度保护生态环境"的精神，回应社会对"美丽中国"的殷切期待。

第三个阶段是指1992年之后，这个阶段的特点是把环境问题当作一个发展问题，以协调经济发展与环境保护关系为主要管理手段。1992~2000年，施行可持续发展战略，强化重点流域、区域污染治理。我国实施可持续发展战略是顺应1992年联合国通过《21世纪议程》的要求；与之相应的，1994年我国通过了《中国21世纪议程》，将可持续发展总体战略上升为国家战略，进一步提升了环境保护基本国策的地位。2001~2012年，我国实施环境友好型战略，重点控制污染物排放总量，推进生态环境示范创建。这一时期，我国经济高速增长，重化工业加快发展，给生态环境带来了前所未有的压力，中共中央、国务院审时度势，着力实施污染物排放总量控制。

2013年至今，我国实施生态文明战略，积极推进环境质量改善和"美丽中国"建设。自党的十八大以来，党中央把生态环境保护放在经济建设、政治建设、文化建设、社会建设、生态文明建设"五位一体"的总体布局中统筹考虑，生态环境保护工作成为生态文明建设的主阵地和主战场，环境质量改善逐渐成为环境保护的核心目标和主线任务，环境战略政策改革进入加速期。2015年9月，中共中央、国务院印发《生态文明体制改革总体方案》，提出到2020年构建系统完整的生态文明制度体系。经过上述阶段的发展，我国基本形成了符合国情且较为完善的环境战略政策体系，在生态文明和环境保护法制与体制改革、生态环境目标责任制、生态环境市场经济政策体系以及多元有效的生态环境治理格局下取得了重大成就，对环境保护事业发展起到了不可替代的支撑作用，为深入推进生态文明建设和实现"美丽中国"伟大目标提供了重要保障。

4.3　我国环境保护的基本方针

我国环境保护的基本方针也可以分为三个阶段。第一阶段从1970年提出"三十二字方针"开始，为起步阶段。所谓"三十二字方针"，就是指"全面规划、合理布局、综合利用、化害为利、依靠群众、大家动手、保护环境、造福人民"。此方针最早是在1972年中国代表团出席联合国人类环境会议所提出的，后于1973年第一次全国环境保护会议正式确立为我国环境保护工作的基本方针。"三十二字方针"在我国早期环境保护工作的千头万绪中，抓住了要领，指明了环境保护的工作重点和方向。实践证明，这一方针是符合中国当时的国情和环境保护的实际的，在相当长一段时期内对我国环境保护工作起到了积极促进作用。

第二阶段从1983年提出"三同步、三统一"方针开始。20世纪80年代后，我国进入经济高速发展和重大变革阶段，同时对环境保护制度也进行一系列的改革。1983年12月，国务院召开第二次全国环境保护会议，将环境保护确立为基本国策，提出"三同步、三统一"方针，即"经济建设、城乡建设、环境建设同步规划、同步实施、同步发展，实现经济效益、社会效益和环境效益相统一"。这一方针是在总结了环境保护工作经验，结合我国当时的国情，研究环境保护工作的特点和重点及各方面对环境保护的要求后提出来的，指明了当时解决我国环境问题的正确途径，是"三十二字"方针的重大发展，也是环境管理理论的新发展。"三同步"的基点在于"同步发展"。"同步发展"是制定环境保护规划、确定政策、提出措施以及组织实施的出发点和落脚点，明确指出要把环境污染和生态破坏解决在经济建设和社会建设过程之中。"同步规划"实质是根据环境保护和经济发展之间相互制约的关系，落实好"合理规划、合理布局"的要求，在制定环境目标和实施标准时，要兼顾经济效益、社会效益和环境效益，要采取各种有效措施，运用价值规律和经济杠杆，从投资、物资和科学方面保证规划落实。"同步实施"就是要在制定具体的经济技术政策和进行具体经济建设项目的工作中，全面考虑上述三种效益的统一，采用一切有效手段保证"同步发展"的实现。"三统一"的提出，主要在于克服传统的只顾经济效益的发展观点，强调整体综合的效益，它是贯穿于"三同步"始终的一条基本原则，也可以认为是各项工作的一条基本准则。

"三统一"原则充分体现了环境保护与经济社会协调发展的战略和思想，初步包含了协调发展和可持续发展的部分思想，指明了解决环境问题的正确途径。它要求放弃单纯追求经济增长的发展模式，强调发展的整体效益和综合效益，使经济的发展既能满足人们对物质经济利益的需求，又能满足人民对生存环境质量的需要。

"三同步、三统一"为20世纪80年代之后的环境管理政策和制度的制定奠定了基础，成为长期指导中国环境保护工作的根本方针。

第三阶段是指1992年之后实施的可持续发展战略。在1992年之后，由于可持续发展思想被全世界各国普遍接受，我国政府也将可持续发展作为国家发展的一个根本战略。在1996年召开的第四次全国环境保护会议上，我国将"三同步、三统一"的方针与可持续发展战略紧密结合起来，提出了推行可持续发展战略，贯彻"三同步"方针，推进"两个根本性"转变，实现"经济效益、环境效益、社会效益"的统一。

4.4　我国环境管理政策

所谓政策，就是指国家或地区为实现一定历史时期的路线和任务而设定的行动准则。环境保护是我国的一项基本国策，我国的环境管理基本政策可以归纳为三大政策："预防为主，防治结合"政策、"谁污染，谁治理"政策和"强化环境管理"政策。

我国环境政策和环境法既有内在的密切联系，又有外在形式上的区别。环境政策是制定环境法的基础和依据，环境法则是环境政策的法定化形式。它们都体现了人民的意志和利益，都是保护环境的工具，但其表现形式和社会效力不同。环境政策由政府机关制定，具体表现形式为规范性文件及决议、通知、决定、批文、一般性文件等；而环境法则只能由国家立法机关按规定程序制定，表现于法律法规之中。环境政策具有较强的操作性和指导性，谁违反了要追究行政责任；环境法具有法律的规范性和强制性，谁违反了就要依法追究法律责任。

(1)"预防为主、防治结合"政策

西方工业发达国家在经济发展过程中，大都走过了一条"先污染后治理"的道路。许多国家遭受了频繁发生的污染和破坏事故的惩罚，为治理污染、解决环境问题付出巨大代价。在此之前，人类还没有真正认识到环境在自身生存与发展中的价值，没有认识到环境的整体性，没有认识到环境问题会给人类带来的沉重代价以及治理环境问题的长期性、复杂性和艰巨性。

"预防为主、防治结合"的指导思想是指在国家的环境管理中，通过计划、规划及各种管理手段，采取防范性措施，防止环境问题的发生。预先采取措施，避免或者减少对环境的污染和破坏，是解决环境问题的最有效率的办法。应坚持科学发展观，把保护环境与转变经济增长方式紧密结合起来，积极发挥环境保护对经济建设的调控职能，对环境污染和生态破坏实行全过程控制，促进资源优化配置，提高经济增长的质量和效益。主要措施包括：把环境保护纳入国家、地方和各行各业的中长期和年度经济社会发展规划中，对开发建设项目实行环境影响评价和"三同时"制度，对城市实行综合整治。

（2）"谁污染，谁治理"政策

"谁污染，谁治理"政策是指对环境造成污染危害的单位或者个人有责任对其污染源和被污染的环境进行治理，并承担治理费用。从环境经济学的角度看，环境是一种稀缺性资源，又是一种共有资源，为了避免"共有地悲剧"，必须由环境破坏者承担治理成本。这也是国际上通用的污染者付费原则的体现。"谁污染，谁治理"政策旨在将污染成本从公众回归到具体的污染企业，通过减少污染物排放量，对市场失灵及社会不公正现象进行纠正，有利于明确治理污染的责任，减轻国家财政负担。该财政的主要措施有：对超过排放标准向大气、水体等排放污染物的企事业单位征收超标排污费，专门用于防治污染；对严重污染的企事业单位实行限期治理；结合企业技术改造防治工业污染。

我国现行的污染核查制度是由政府机构进行现场检查和对报告中的数据进行核查；西方发达国家一般由独立的第三方机构对污染企业的监测和报告进行核查。我国明确规定，在技术改造中要把控制污染作为一项重要目标，并规定防治污染的费用不得低于总费用7%。对历史上遗留下来的一批工矿企业的污染，实行限期治理，费用主要由企业和地方政府筹措，国家也给予少量资助。

（3）"强化环境管理"政策

"强化环境管理"政策是要求政府必须介入环境保护工作，担当管理者和监督者的角色，与企业一起进行环境治理。强化环境管理政策的主要目的是通过强化政府和企业的环境治理责任，控制和减少因管理不善带来的环境污染和破坏。其主要措施有：逐步建立和完善环境保护法规与标准体系；建立健全各级政府的环境管理机构及国家和地方监测网络；加强监督管理，加强执法力度；实行地方各级政府环境目标责任制；对重要城市实行环境综合整治定量考核。要把法律手段、经济手段和行政手段有机地结合起来，通过制度框架和政策措施的制定和创新，提高管理水平和效能，协调经济、社会发展与环境的关系。在建设社会主义市场经济过程中，注重和运用法律手段，扭转以牺牲环境为代价、片面追求局部和眼前利益的倾向。

低碳经济导向的环境管理政策，需要发展低碳经济，同时辅以先进的宏观环境管理政策与微观管理手段。中国环境与发展国际合作委员会在《中国发展低碳经济途径研究》中将低碳经济定义为一个新的经济、技术和社会体系。与传统经济体系相比，低碳经济要求在生产和消费中能够节省能源，减少温室气体排放，同时还能保持经济和社会发展势头、发展模式。低碳经济导向的环境管理政策重点强调工业生产、标准体系和社会环境管理方面的改革。具体而言，在工业生产方面，要积极开发清洁能源（风能、太阳能等），降低二氧化碳排放量，推广生态工业园模式，达到资源能源利用最大化，提倡生产者责任延伸，促进企业回收利用废弃产品，进行绿色审计；推广 ISO 14000 环境管理体系，鼓励企业选用清洁、高效、环保的生产流程与先进的工艺技术。在社会环境管理方面，进行废物回收，通过使用绿色标签等辅助手段推广绿色产品，鼓励公众监督政府与企业的环境行为，加强环境信息公开；政府出资普及住宅太阳能利用装置等，建设生态城市、生态村镇等。

4.5　我国环境管理制度

环境管理制度属于环境管理对策与措施的范畴，它是从强化管理的角度确定环境保护实践应遵循的准则和具体的实施办法，是关于污染防治和生态保护与管理思想的规范化指导，是一类程序性、规范性、可操作性、实践性很强的管理对策与措施，是国家环境保护的法律、法规、方针和政策的具体体现。我国的环境保护工作起始于 1937 年第一次全国环境保护会议确立的三十二字方针，在这个方针的指导下，国家和地方开始有组织地制定了环境保护政策、法规、标准，并逐步形成了具有中国特色的环境保护工作制度。

在本章中，将重点介绍环境影响评价制度、"三同时"制度、生态补偿制度、排污收费制度、排污许可证制度、排污权交易管理制度，上述这些制度主要与环境管理中经济手段、行政手段有关。

4.5.1　环境影响评价制度

环境影响评价是在进行某项活动前（如区域开发、新建、扩建或改建工程等），预测和评价该活动可行性及其对环境和人体健康等的影响，并制定出减轻不利影响的对策和措施，达到经济与环境的协调发展。在对建设项目进行环境影响评价时，不仅要对项目周围地区的环境状况进行必要的调查和测试，而且还要对项目周围地区及环境近期和远期影响进行分析和预测，确定对一个建设项目的污染和破坏应该控制在什么程度方能达到环境标准的要求，从而对该项目的环境保护管理提出适宜对策和作出合理的安排，比如对环境管理和监测机构的设置以及重点污染物和污染源的监测等。综上所述，环境影响评价是正确认识经济、社会和环境之间相互关系的科学方法，是正确处理经济发展与环境保护关系的积极措施，也是强化环境规划、管理的有效手段。当环境影响评价被写入环境保护的法律体系中形成环境影响评价制度，它才形成一种科学的方法和严格的管理制度。环境影响评价制度及相关的法律体系的建立和实施对经济发展和环境保护均有重大的意义。环境影响评价制度的确立是为了实施可持续发展战略，预防因规划和建设项目实施后对环境造成不良影响，促进经济、社会和环境的协调发展。

4.5.1.1 环境影响评价制度的内容

环境影响评价制度是指对环境的质量评价，包括自然环境质量和社会环境质量。按环境要素，自然环境质量包括大气环境质量、水环境质量、土壤环境质量和生物环境质量等；按理化性质，自然环境质量分为物理环境质量、化学环境质量和生物环境质量。物理环境质量是指人类所处的物理环境的品质，比如气候、水文、地质、地貌等质量，以及人为引起的热污染、噪声污染、微波污染等。化学环境质量是指人类周围化学环境的品质，环境要素的化学成分和性质以及由人为因素造成的化学污染（比如有机污染物、无机污染物等）。生物环境质量是指人们所处环境中的生物群落结构。不同地区的地理位置、地貌和气候条件不同，产生不同结构的生物群落。

环境影响评价制度主要包括以下几个方面：

① 环境影响评价的适用范围为新建、改建、扩建、技术改造项目和引进项目。

② 评价的时机，即建设项目环境影响评价报告书或报告表必须在项目的可行性研究阶段完成。

③ 负责提出环境影响报告书的主体，即开发建设单位。

④ 环境影响评价报告书或表的基本内容。

⑤ 环境影响评价的程序。

⑥ 承担评价工作单位和资格审查制度。

⑦ 环境影响评价的资金来源和工作费用的收取。

⑧ 其他配套措施，比如三同时制度等。

环境影响评价制度为项目决策、项目选址、产品方向、建设计划和规模以及建成后的环境监测和管理提供了科学依据。例如，某个工程项目或地区的开发，其水环境质量评价主要包括：自然环境状况调查、人口及社会经济状况调查、水质监测及污染源监测、污染源和水质的现状评价、水环境数学模型的建立及验证、污染源预测和水质变化预测、水环境质量影响评价、水环境经济损益分析、水污染控制措施、公众参与、水环境监察审核计划、编写环境影响报告书。尽管不同国家对环境影响评价的内容所做出的规定不尽相同（评价的对象、所包含的项目），但是环境影响报告书的目的和编撰过程大同小异。

4.5.1.2 环境影响评价制度的基本原则

按照以人为本，建设资源节约型、环境友好型社会和科学发展的要求，遵循以下原则开展环境影响评价。

（1）依法评价原则

环境影响评价过程中应贯彻执行我国环境保护相关的法律法规、标准、政策，分析建设项目与环境保护政策、资源能源利用政策、国家产业政策和技术政策等有关政策及相关规划的相符性，并关注国家或地方在法律法规、标准、政策、规划及相关主体功能区划等方面的新动向。

（2）早期介入原则

环境影响评价应尽早介入工程前期工作中，重点关注选址（或选线）、工艺路线（或施工方案）的环境可行性。

（3）完整性原则

根据建设项目的工程内容及其特征，对工程内容、影响时段、影响因子和作用因子进行分析、评价，突出环境影响评价重点。

（4）广泛参与原则

环境影响评价应广泛吸收相关行业专家、有关单位和个人及当地环境保护管理部门的意见。

4.5.1.3 环境影响评价制度的一般流程

环境影响评价工作大体流程如下。

（1）前期准备阶段

确定了开发建设活动后，建设单位应委托评价单位，评价单位应在踏勘现场、收集有关资料、征询当地环境主管部门的意见后，对项目进行筛选，审定评价的等级和内容。在此基础上，编制环评大纲（或环评实施方案），并报环境主管部门审查、批复。

（2）正式开展环评工作

评价单位根据环境主管部门批复的环评大纲（或环评实施方案）所确认的环评指导思想、评价标准、评价工作内容及其技术方法，正式开展环评工作。

（3）报告书的编制阶段

根据第二阶段的工作成果，编制环境影响报告书，并报环境主管部门审批。

（4）后评估阶段

在建设项目投产运行后，对环评报告书的主要结论进行后评估。

环境影响评价制度主要涵盖了水环境影响评价、土壤环境影响评价、大气环境影响评价等，其工作程序都是大同小异，主要包括三个阶段（如图4.1所示），前期准备、调研和工作方案阶段，分析论证和预测评价阶段，环境影响评价文件编制阶段。

（1）水环境影响评价

水环境影响评价包括了地表水和地下水环境影响评价，地表水环境影响评价的基本任务是在调查和分析评价范围地表水环境质量现状与水环境保护目标的基础上，预测和评价建设项目对地表水环境质量、水环境功能区、水环境保护目标及水环境控制单元的影响范围与影响程度，提出相应的环境保护措施、环境管理要求与监测计划，明确给出地表水环境影响是否可接受的结论。地面水环境影响评价工作分为三级，主要根据下列条件进行：建设项目的污水排放量，污水水质的复杂程度，各种受纳污水的地面水域的规模以及对它的水质要求等。地表水环境影响评价规划的基本流程包括三个阶段（如图4.2所示）：

第一阶段，研究有关文件，进行工程方案和环境影响的初步分析，开展区域环境状况的初步调查，明确水环境功能区或水功能区管理要求，识别主要环境影响，确定评价类别。根据不同评价类别，进一步筛选评价因子，确定评价等级与评价范围，明确评价标准、评价重点和水环境保护目标。

第二阶段，根据评价类别、评价等级及评价范围等，开展与地表水环境影响评价相关的污染源、水环境质量现状、水文水资源与水环境保护目标调查与评价，必要时开展补充监测；选择适合的预测模型，开展地表水环境影响预测评价，分析与评价建设项目对地表水环境质量、水文要素及水环境保护目标的影响范围与程度，在此基础上核算建设项目的污染源排放量、生态流量等。

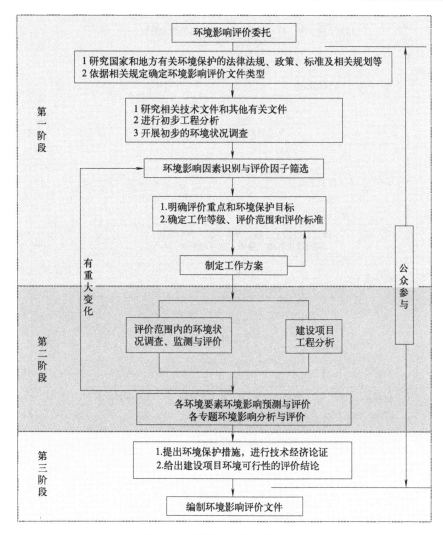

图4.1　环境影响评价工作程序图

第三阶段，根据建设项目地表水环境影响预测与评价的结果，制定地表水环境保护措施，开展地表水环境保护措施的有效性评价，编制地表水环境监测计划，给出建设项目污染物排放清单和地表水环境影响评价的结论，完成环境影响评价文件的编写。

（2）土壤环境影响评价

土壤环境影响评价应在建设项目建设期、运营期和服务期满后（可根据项目情况选择）对土壤环境理化特性可能造成的影响进行分析、预测和评估，提出预防或者减轻不良影响的措施和对策，为建设项目土壤环境保护提供科学依据。

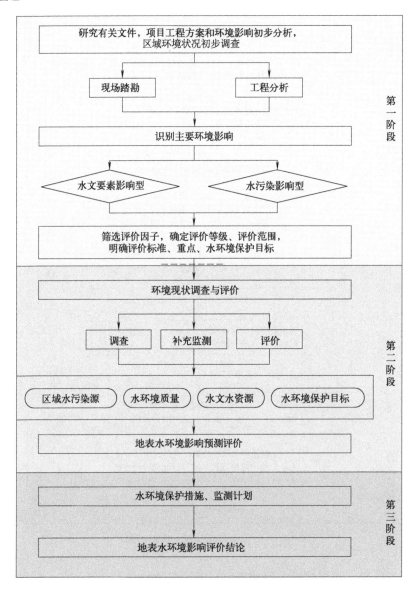

图4.2 地表水环境影响评价工作程序框图

如图4.3所示，土壤环境影响评价工作包括四个阶段：

第一阶段是准备阶段，收集分析国家和地方土壤环境相关的法律、法规、政策、标准及规划等资料；了解建设项目工程概况，结合工程分析，识别建设项目对土壤环境可能造成的影响类型，分析可能造成土壤环境影响的主要途径；开展现场踏勘工作，识别土壤环境敏感目标；确定评价等级、范围与内容。

第二阶段是现状调查与评价阶段，采用相应标准与方法，开展现场调查、取

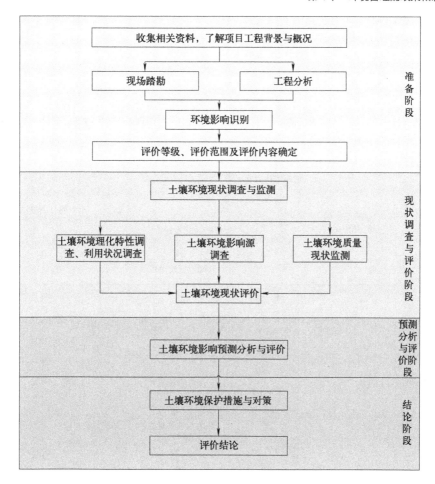

图4.3 土壤环境影响评价工作程序图

样、监测和数据分析与处理等工作，进行土壤环境现状评价。

第三阶段是预测分析与评价阶段，依据标准制定的或经论证有效的方法，预测分析与评价建设项目对土壤环境可能造成的影响。

第四阶段是结论阶段，综合分析各阶段成果，提出土壤环境保护措施与对策，对土壤环境影响评价结论进行总结。

（3）大气环境影响评价

大气环境影响评价是通过调查、预测等手段，对项目在建设施工期及建成后运营期所排放的大气污染物对环境空气质量影响的程度、范围和频率进行分析、预测和评估，为项目的厂址选择、排污口设置、大气污染防治措施制定以及其他有关的工程设计、项目实施环境监测等提供科学依据或指导性意见。其评价的程序包括三个阶段（图4.4）：

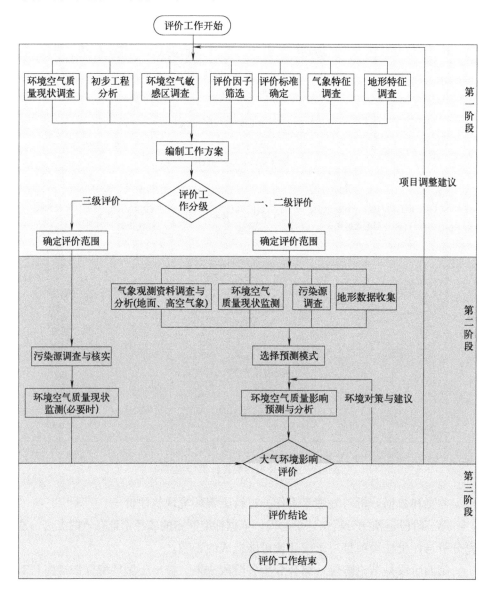

图4.4 大气环境影响评价工作程序

　　第一阶段主要工作包括研究有关文件、环境空气质量现状调查、初步工程分析、环境空气敏感区调查、评价因子筛选、评价标准确定、气象特征调查、地形特征调查、编制工作方案、确定评价工作等级和评价范围等。

　　第二阶段主要工作包括污染源调查与核实、环境空气质量现状监测、气象观测资料调查与分析、地形数据收集和环境空气质量影响预测与分析等。

第三阶段主要工作包括给出大气环境影响评价结论与建议、完成环境影响评价文件的编写等。

4.5.2 "三同时"制度

"三同时"制度是总结我国环境与资源保护和管理的经验，从我国的实际出发，为我国法律所确认的一项重要的、具有中国特色的法律制度，其目的是预防环境污染，防止产生新的环境污染物和破坏环境质量。"三同时"制度的重要性不亚于环境影响评价制度。它需要与环境影响评价制度共同实施，起到对环境保护决策的指导作用。

4.5.2.1 "三同时"制度的内容

1972年6月国务院批转的《国家计委、国家建委关于官厅水库污染情况和解决意见的报告》中第一次提到了工厂建设和"三废"综合利用工程要同时设计、同时施工、同时投产等相关要求，这是有关"三同时"制度的第一次清晰表述。1973年8月《关于保护和改善环境的若干规定（试行草案）》，明确提出了"三同时"制度，规定"一切新建、扩建和改建的企业，防治污染项目必须和主体工程同时设计、同时施工、同时投产"，"正在建设的企业没有采取防治措施的，必须补上。各级主管部门要会同环境保护和卫生等部门认真审查设计，做好竣工验收，严格把关"。从此，"三同时"制度在我国第一部关于环境保护的综合性法规中诞生了。后来，"三同时"被写入《环境保护法》。

《环境保护法》在第26条中规定："建设项目中防治污染的设施，必须与主体工程同时设计、同时施工、同时投产使用。防治污染的设施必须经原审批环境影响报告书的环境保护行政主管部门验收合格后，该建设项目方可投入生产或者使用"。简而言之，"三同时"是指扩改项目和技术改造项目的环保设施要与主体工程同时设计、同时施工、同时投产。从广义上讲，"三同时"的外延是从宏观上来保障经济建设和环境建设同步规划、同步实施与发展，以求达到环境效益与经济效益、社会效益的统一。环境影响评价的结论，成为"三同时"制度中污染防治工程设计的指导性依据，也是污染防治工程竣工验收的主要依据。把"三同时"和环境影响评价结合起来，才能做到合理布局，最大限度地消除和减轻污染，真正做到防患于未然。从最终环境效益分析，"三同时"制度是全面落实环境影响评价制度结论的唯一保证。另外，"三同时"制度又是对环境影响评价结论的验证。通过建设项目"三同时"环保工程竣工验收和必要的监测，对该项目作回顾性环评，对当初环评的结论予以验证，找出差距。因此，环境影响评价制度对"三同时"制度具有决策指导作用。

"三同时"制度的内容主要包括同时设计、同时竣工和验收、同时投产使用。具体内容如下：

(1) 同时设计

建设项目的初步设计，应当按照环境保护设计规范的要求，编制环境保护篇章，其内容包括：环境保护的设计依据、主要污染源和主要污染物及排放方式、计划采用的环境标准、环境保护设施及简要工艺流程、对建设项目引起的生态变化所采取的防范措施、绿化设计、环境保护设施投资预算等。依据批准的环境影响报告书（表）或登记表，在环境保护篇章中落实防治环境污染和生态破坏的措施以及环境保护设施的投资概算。

(2) 同时竣工和验收

建设项目竣工后，建设单位应当向相关环境保护行政主管部门提出该建设项目需要配套建设的环境保护设施竣工验收申请。环境保护设施竣工验收，应当与主体工程竣工验收同时进行。

(3) 同时投产使用

建设项目主体工程完工后的试生产阶段，其配套建设的环境保护设施（比如污水处理设备、水土保持设施）必须与主体工程同时投入试运行。试生产申请经环境保护行政主管部门同意后，建设单位进行试生产。建设项目试生产期间，建设单位应当对环境保护设施运行情况和建设项目对环境的影响进行监测。

建设项目试生产前，建设单位应向有审批权的环境保护行政主管部门提出试生产申请。环境保护行政主管部门应自收到试生产申请之日起30日内，对申请试生产的建设项目的环境保护设施以及其他环境保护措施的落实情况进行现场检查，并做出审查决定。对环境保护设施已建成以及其他环境保护措施已经按照规定要求落实的，同意试生产申请；否则，不予同意，并说明理由。逾期未做出决定的，视为同意。建设项目需要配套建设的环境保护设施经验收合格，该建设项目方可正式投入生产或者使用。

4.5.2.2 "三同时"制度的适用范围

根据《环境保护法》的规定，"三同时"制度适用于中华人民共和国领域和中华人民共和国管辖的其他海域的建设项目，具体包含以下几个方面。

(1) 新建、扩建、改建项目

新建项目是指原来没有任何基础，从无到有开始建设的项目。扩建项目是指为扩大产品生产能力或提高经济效益，在原有建设的基础上又建设的项目。改建项目是指在原有设施的基础上，为了改变生产工艺、产品种类或者为了提高产品产量、质量，在不扩大原有建设规模的情况下而建设的项目。

（2）技术改造项目

技术改造项目是指利用更新改造资金进行挖潜、革新、改造的建设项目。

（3）需重点关注可能对环境造成污染和破坏的工程建设项目

这方面的项目包括的范围特别广，对可能对环境造成污染和破坏的项目需重点关注，并严格执行"三同时"制度。

（4）确有经济效益的综合利用项目

1985年，国家经委《关于开展资源综合利用若干问题的暂行规定》中规定：对于确有经济效益的综合利用项目，应当同治理环境污染一样，与主体工程同时设计、同时施工、同时投产。

（5）其他有关环保的项目

《循环经济促进法》第二十条规定，新建、改建、扩建建设项目，应当配套建设节水设施。节水设施应当与主体工程同时设计、同时施工、同时投产使用。《水土保持法》第二十七条规定，依法应当编制水土保持方案的生产建设项目中的水土保持设施，应当与主体工程同时设计、同时施工、同时投产使用；生产建设项目竣工验收，应当验收水土保持设施；水土保持设施未经验收或者验收不合格的，生产建设项目不得投产使用。

4.5.3 生态补偿制度

简单地依靠宣传和法规的约束，往往并不能很好地解决环境问题和引导公民行为。随着国家经济实力的增强和区域发展不平衡，环境管理手段逐步从行政命令手段转向经济、行政和宣传教育等手段相结合，环境服务付费和生态补偿制度从无到有、逐步完善，吸收了国际上相关理念，形成了具有我国特色的生态补偿制度，逐步受到国内决策者和研究者的重视。生态补偿制度逐步成为保护生态环境、平衡上下游利益关系、贯彻全国主体功能区规划的新的政策工具。生态补偿制度的产生和发展也随着社会、经济的发展逐步完善，是时代的产物。

4.5.3.1 我国的生态补偿制度

生态补偿制度是人为调控自然生态系统的物质和能量平衡，保护生态环境，促进自然生态系统环境的修复和净化，同时促进经济发展的手段。生态保护补偿包括重点领域补偿、重点区域补偿和地区间进行补偿。我国的生态补偿机制能追溯到20世纪70年代，这个阶段的生态补偿制度仍然处于探索阶段，主要措施包括退耕还林、退牧还草、天然林保护等。早期我国学者认为生态补偿就是从资源利用所得到的经济收益中提取一部分资金，用于修复生态系统，以维持生态系统的物质、能量在输入、输出时的动态平衡。我国生态保护补偿顶层设计的总体框架是以"关于健全生态保护补偿机制的意见"为纲，以国家重点生态功能区转移支付、横向生态保护补偿办法、生态环境损害补偿制度、生态环境损害赔偿制度改革试点方案为目的的制度体系。

生态补偿制度兴起的标志性事件可以追溯到2005年《十六届五中全会关于制定国民经济和社会发展第十一个五年规划的建议》，其内容涵盖了"谁开发谁保护、谁受益谁补偿"原则，首次提出加快建立生态补偿机制。在早期，生态补偿制度制定的出发点主要以社会稳定、生态安全、区域协调发展为目标，以下级政府和生态利益人作为补偿对象，评估生态服务功能的价值，通过倾向性的政策扶持、财政转移支付、生态保护项目确立等方式，实现利益的二次分配。

此后，相关的政策也陆续出台，2013年十八届三中全会进一步明确了生态补偿制度的地位与作用，主张区域间建立横向发展的制度模式，并将生态补偿纳入市场机制，探索建立多元化的生态保护补偿机制，扩大补偿范围，合理提高补偿标准；2016年《国务院办公厅关于健全生态保护补偿机制的意见》指出：到2020年，实现森林、草原、湿地、荒漠、海洋、水流、耕地等重点领域和禁止开发区域、重点生态功能区等重要区域的生态保护补偿全覆盖，补偿水平与经济社会发展状况相适应，跨地区、跨流域补偿试点示范取得明显进展，多元化补偿机制初步建立，基本建立符合我国国情的生态补偿制度体系，促进形成绿色生产方式和生活方式。

因为生态补偿制度的公益属性，早期生态补偿制度执行主体通常为政府。这种做法的结果是：我国生态补偿涉及的资金数额庞大且来源单一，政府补偿手段常常局限于财政转移支付、政策支持，在应对多样化的补偿对象时，政府补偿往往呈现出间接性和强制性，从而导致补偿的低效与滞后。在20世纪80年代我国开始征收生态环境补偿费，主要针对环境破坏者做出行政性收费，实现生态功能和质量的补偿。经过多年实践探索和完善，20世纪90年代中后期，开始出现针对环境利益受损者或者环境保护者的补偿（广义生态补偿），该生态补偿机制具有激励性、利益驱动性、协调性等功能。十八届三中全会关于生态文明制度建设的内容，强调"建立系统完整的生态文明制度体系"，利用"实行资源有偿使用制度和生态补偿制度"等激发社会力量参与生态文明建设和生态补偿机制的构建，紧紧围绕建设美丽中国，始终把建设美丽中国作为加快生态文明制度建设的出发点和归宿点，必须建立系统完整的生态文明制度体系，实行最严格的源头保护制度、损害赔偿制度、责任追究制度，完善环境治理和生态修复制度，用制度保护生态环境。

4.5.3.2 国外的生态补偿制度

国际上通常把生态补偿叫作环境服务付费（payment for ecosystem services，PES）、生态系统服务付费或生物多样性补偿。生物多样性补偿让环境服务的提供者提供具有外部性或者公共物品属性的环境服务，或者定义为一种旨在补偿由于发展活动对生物多样性所造成额外的、无法避免的损害的保护活动，从而确保不存在生物多样性的净亏损。外部性是指一个经济主体的行为对其他人产生了影响，但并不为此承担相应的成本或获得相应收益。通常来说，理性人会根据自己的成本与收益做出决策并使市场效率达到均衡点，但外部性的影响会造成私人成本与社会成本或私人收益与社会收益之间的不一致，从而造成市场失灵。

PES产生的背景：

① 先前隐蔽的生态问题（如流域水质水量问题、生物多样性问题、碳排放与森林固碳等）逐渐显露出来，并成为和传统环境污染问题同等重要甚至更重要的社会问题；

② 国际市场化浪潮（推动市场配置资源）和配置生态环境资源的新古典经济学意识形态的流行；

③ 生态环境服务付费对解决生态保护和改善贫困的潜在影响和作用。在这种时代背景下，众多的国际发展机构（比如国际农业发展基金、英国国际发展部）投入大量资金研究生态服务付费制度。

国际农业发展基金组织定义了PES具备以下四个条件：

① 现实性，即PES是基于某种现实的因果关系（如种树有固碳和减缓温室效应的作用）和基于对机会成本的现实权衡；

② 自愿性，即付费方和接受费用方是充分知情、自愿的；

③ 条件性，即付费是有条件的、可监测的；

④ PES是促进资源的公平分配，不致使穷人受损。

美国是较早提出农业生态补偿的国家，该制度的发展经历了三个阶段：

第一阶段主要是政府主导和控制阶段，通过一些政策和立法来强制实施，由政府承担补偿服务费用。

第二阶段，生态补偿进入了政府和市场双重激励的过渡阶段，开始逐步将经济杠杆融入生态补偿改革当中，建立了一些税收、租金以及补贴等各项原则和标准，一方面得到了民众的广泛认可，另一方面也加强了社会各界对于生态保护的意识。

第三阶段，生态补偿的精细化运作阶段。由于生态补偿理论、生态立法等日趋完善，生态补偿的主体、类别、程序、内容等都得到了有效延伸，并且生态补偿的形式更加多样化和创新，利益相关方建立了良好的沟通桥梁和机制，使得生态补偿更加灵活、自愿，进一步繁荣了生态补偿制度。

欧洲的生态补偿制度可以追溯到1992年所采取的一系列的改革措施，比如降低农产品保证价格，对生产者补贴等措施。1995年欧盟又提出了七大决策：

① 降低行政价格，加强竞争力；
② 保障农民适当的生活水平；
③ 加强欧盟在国际贸易中的地位；
④ 聚焦食物质量与安全；
⑤ 将环保目标一体化列入共同农业政策；
⑥ 农村多样化、一体化发展战略；
⑦ 决策分权化，下放部分决策权。

欧盟成员国内部农业环境政策的执行机构，根据其在立法和执行方面的集权程度可分为三类：

① 联邦政府形式，如奥地利、德国、比利时；
② 区域分管形式，如意大利、英国以及西班牙；
③ 中央集中管理，包括法国、瑞典、爱尔兰、荷兰、丹麦、希腊和葡萄牙等。

国际生态补偿制度对我国相关制度的建设所提供的经验和借鉴主要包括：

① 政策法律框架下的项目运作是实现补偿的主要方式；
② 补偿政策的实现要与其他政策的调整相结合，因为单一的政策很难实现生态补偿目标。

4.5.4 排污收费制度

由于经济和技术发展水平的限制，现实中的任何生产和消费活动不可能实现污染的零排放。这种排污允许必须量化，保证有一定富余的环境容量，在此情况下，排污收费制度应运而生。排污收费制度是国内外环境管理工作所采用的一种主要经济手段，它的内容已经扩展到环境资源的诸多方面，比如气体、水、固体废物、噪声等污染的控制。排污收费制度在我国的实施对促进污染物治理、控制环境恶化、提高环境保护技术水平发挥着重要的作用，已经成为我国环境保护的一项基本制度。

排污收费的对象主要是排污者，即直接向环境排放污染物的单位和个体。我国的排污收费与国外相关政策最大不同之处是针对超出国家规定限额的排污行为。排污收费的目的是促进排污者加强经营管理，节约和综合利用资源，治理污染，改善环境。我国实行排污收费制度大体经历了三个阶段：排污收费制度的提出和试行阶段（1978~1981年）；排污收费制度的建立和实施阶段（1982~1987年）；排污收费制度改革、发展和不断完善阶段（1989年至今）。当前排污收费制度具有完善的内容和原则，具体包括以下几个方面。

（1）排污即收费原则

我国各种环境保护法律均对排污收费做出了详细的规定。例如，依照《大气污染防治法》和《环境保护法》的规定，向大气、海洋排放污染物等需按照排放污染物的种类、数量缴纳排污费。

《环境保护法》第四十三条规定："排放污染物的企业事业单位和其他生产经营者，应当按照国家有关规定缴纳排污费。排污费应当全部专项用于环境污染防治，任何单位和个人不得截留、挤占或者挪作他用。"此外，第五十九条规定："企业事业单位和其他生产经营者违法排放污染物，受到罚款处罚，被责令改正，拒不改正的，依法作出处罚决定的行政机关可以自责令改正之日的次日起，按照原处罚数额按日连续处罚。前款规定的罚款处罚，依照有关法律法规按照防治污染设施的运行成本、违法行为造成的直接损失或者违法所得等因素确定的规定执行。地方性法规可以根据环境保护的实际需要，增加第一款规定的按日连续处罚的违法行为的种类"。

《水污染防治法》第四十九条进一步规定，城镇污水集中处理设施的运营单位按照国家规定向排污者提供污水处理的有偿服务，收取污水处理费用，保证污水集中处理设施的正常运行。收取的污水处理费用应当用于城镇污水集中处理设施的建设运行和污泥处理处置，不得挪作他用。城镇污水集中处理设施的污水处理收费、管理以及使用的具体办法，由国务院规定。此外，第八十五条规定："有下列行为之一的，由县级以上地方人民政府环境保护主管部门责令停止违法行为，限期采取治理措施，消除污染，处以罚款；逾期不采取治理措施的，环境保护主管部门可以指定有治理能力的单位代为治理，所需费用由违法者承担。"这些行为包括：

① 向水体排放油类、酸液、碱液的；

② 向水体排放剧毒废液，或者将含有汞、镉、砷、铬、铅、氰化物、黄磷等的可溶性剧毒废渣向水体排放、倾倒或者直接埋入地下的；

③ 在水体清洗装贮过油类、有毒污染物的车辆或者容器的；

④ 向水体排放、倾倒工业废渣、城镇垃圾或者其他废弃物，或者在江河、湖泊、运河、渠道、水库最高水位线以下的滩地、岸坡堆放、存贮固体废弃物或者其他污染物的；

⑤ 向水体排放、倾倒放射性固体废物或者含有高放射性、中放射性物质的废水的；

⑥ 违反国家有关规定或者标准，向水体排放含低放射性物质的废水、热废水或者含病原体的污水的；

⑦ 未采取防渗漏等措施，或者未建设地下水水质监测井进行监测的；

⑧ 加油站等的地下油罐未使用双层罐或者采取建造防渗池等其他有效措施，或者未进行防渗漏监测的；

⑨ 未按照规定采取防护性措施，或者利用无防渗漏措施的沟渠、坑塘等输送或者存贮含有毒污染物的废水、含病原体的污水或者其他废弃物的。

（2）强制性原则

排污收费制度是环境保护部门根据环境保护法律法规的规定向排放污染物的生产者或经营者征收排污费，具有强制性。《中华人民共和国环境保护税法》（以下简称《环境保护税法》）的第二条规定："在中华人民共和国领域和中华人民共和国管辖的其他海域，直接向环境排放应税污染物的企业事业单位和其他生产经营者为环境保护税的纳税人，应当依照本法规定缴纳环境保护税"；第五条规定："依法设立的城乡污水集中处理、生活垃圾集中处理场所超过国家和地方规定的排放标准向环境排放应税污染物的，应当缴纳环境保护税。企业事业单位和其他生产经营者贮存或者处置固体废物不符合国家和地方环境保护标准的，应当缴纳环境保护税"。此外，第十六条规定："纳税义务发生时间为纳税人排放应税污染物的当日"。

（3）属地分级征收的原则

《中华人民共和国环境保护税法实施条例》第十三条规定："县级以上地方人民政府应当加强对环境保护税征收管理工作的领导，及时协调、解决环境保护税征收管理工作中的重大问题"。《环境保护税法》第十四条规定：环境保护税由税务机关依照《中华人民共和国税收征收管理法》和本法的有关规定征收管理。生态环境主管部门依照本法和有关环境保护法律法规的规定负责对污染物的监测管理。县级以上地方人民政府应当建立税务机关、生态环境主管部门和其他相关单位分工协作工作机制，加强环境保护税征收管理，保障税款及时足额入库。

（4）征收流程程序化和法定化原则

排污费征收必须依据法定程序进行，其流程顺序为：排污申报登记、排污申报登记核定、排污费征收、排污费缴纳，不按照规定缴纳，经责令限期缴纳拒不履行的按强制征收法定程序执行，非上述流程执行排污费将视为违法。

4.5.5　排污许可证制度

排污许可证制度是指任何单位向环境中排放污染物时，应向有关机关（比如环境保护行政主管部门）申报所排放污染物种类、性质、数量、排放地点和排放方式等，经审查同意并发给许可证后，方可排放。

排污许可证制度适用的对象包括：在中华人民共和国行政区域内直接或间接向环境排放污染物的企业、事业单位、个体工商户；上述这些对象可以统称为排污者。排污许可制度适用的排污者行为主要包括：向环境排放大气污染物，直接或间接向水体排放工业废水和医疗废水以及含重金属、放射性物质、病原体等有毒有害物质，在工业生产中因使用固定的设备产生的环境污染物或噪声污染，在城市市区噪声敏感建筑物集中区域内因商业经营活动使用固定设备产生的环境噪声污染等。

排污许可证制度基本原则包括：

（1）持证排污并按证排污原则

未取得排污许可证的排污者不得排放污染物。排污许可证的持有者必须按照许可证核定的污染物种类、控制指标和规定的方式排放污染物。

（2）总量控制原则

在实行污染物排放总量控制的流域、海域、区域，如果对排污者有污染物排放总量控制指标要求，需将该指标纳入排污许可证管理之中。排污者排放污染物不得超过国家和地方规定的排放标准和排放总量控制指标。

（3）持续削减原则

国家鼓励排污者采取可行的经济、技术和管理手段，实行清洁生产，持续削减其污染物排放强度、浓度和总量。削减的污染物排放总量指标可以储存供其自身发展使用，也可以根据区域环境容量和主要污染物总量控制目标，在保障环节质量达到功能区所要求的前提下，按法定程序实施有偿转让。

4.5.6　排污权交易管理制度

4.5.6.1　定义和概念

排污权是排污单位按照排污许可证中的污染物排放总量指标向环境直接或间接排放污染物的权利。排污许可证是环保部门根据排污单位的申请，依法针对各个排污单位的排污行为分别提出具体要求，并分配相应的排污证书，作为排污单位守法、环保部门执法以及监督的凭据。

排污权交易又称排污许可交易、可交易的许可证、可交易的排污权或买卖许可证交易，实质上是指排污指标的交易，其基本思想是：在满足环境要求的前提下，以排污许可证的形式，建立合法的排污权，并允许这种权利像商品一样被买卖，以达到控制污染物总量的目标。该制度的雏形是美国在20世纪颁布的《清洁空气法》，该法案的核心思想是规定了每种排放源所排污染物的浓度，即要求每个排放源所排污染物浓度都符合标准。总体而言，排污权交易是一种环境污染控制新手段。

排污权交易围绕指标交易展开。排污权交易总的过程主要包括：由政府部门根据当地经济发展现状、趋势、社会环境等因素确定该区域的环境质量目标和环境容量，并推算出各种污染物的最大允许排放量，即限定排放指标的供给。将最大允许排放量分成若干规定的排放量，即若干排放权；政府通过公开竞价拍卖、定价出售、无偿分配等方式，对排污权进行初始分配；政府通过建立排污权交易市场，使排污权能够合法、有序买卖；各排污企业得到初始排污权后，根据各自污染治理成本的差异、排污的需求量等因素，自主决定是否治理污染，还是在排污权二级市场上购入或卖出排污权，弥补最大允许排放量的缺口。

排污权交易是运用经济杠杆作用，调动排污者（特别是排污企业）的积极性，从而实现污染物总量的削减。通过排污权交易，有助于形成污染水平低、生产效率高、经济布局合理的局面，最终促使环境质量随经济增长而不断改善。排污权交易的效率由污染物总量水平和市场交易两个因素决定。总量水平决定了环境资源的稀缺度，即排放权的价值大小；市场交易发挥了经济刺激的作用，决定了减排的成本大小。排污交易权的实施有利于经济结构性调整和优化，促进经济效率的提高，使资源得到优化配置。根据中央减排工作要求，在发展经济的同时，必须保证"增产不增污"，因此建立排污权交易制度，可以更加规范、合理地将现有富余排污权转移或转让给低污染、高效率的新兴产业，既保证了对污染物总量的控制，又有利于具有不同污染物处理能力的企业之间进行自由交易，使得污染物治理成本实现最小化和商品效应实现最大化。

4.5.6.2 排污权交易指标

排污权交易指标从最开始的化学需氧量（COD）和SO_2两项，逐步发展为COD、SO_2、NH_3-N、NO_x四项指标。现在各个省（自治区、直辖市）的排污权交易指标也不尽相同，比如山西省排污权交易指标包括COD、SO_2、NH_3-N、NO_x、烟尘、工业粉尘，湖南省排污权交易指标包括COD、SO_2、NH_3-N、NO_x、Pb、As、Cd。一般地，交易指标包括三种：指标预留量、初始分配指标量和二级市场交易指标量。其中，指标预留量和初始分配指标量严重依赖于政府所制定的环境政策。政府确定排污总量，对排污权进行初始分配，并可以根据实际使用情况通过政府行为进行调节。初始分配指标量主要指新老企业从政府手中购得的排污权指标。二级市场交易指标量是企业之间的指标交易量。排污权初始分配应符合两项基本原则：总量控制的原则，公开、公平、公正的原则。初始指标的分配、交易指标量的核定、交易基准价格的制定、交易指标的后续监管等方面仍旧是难题，比如采用何种技术手段处理排污初始分配，使之更加贴近企业的实际排污情况。总之，排污权交易有利于降低政府的管理费用，让市场配置资源，给予市场主体更大的自由度和决定权，从而推动污染减排和经济效益的最大化。

4.5.6.3　排污权总量核算方式

排污权总量核算方式主要包括两种：容量总量核算和目标总量核算。二者使用的条件、目的和产生的结果皆不相同。容量总量核算是在满足该区域环境容量目标的前提下，根据一定区域的水文和气象条件，单位时间所能允许向水体、大气或土壤中排放的某种污染物的总量。此处环境容量是指在周围环境质量无下降的前提条件下，所具备的最大纳污能力，也是一种环境的自净同化能力。目标总量核算是根据控制区域某一时期既定的环境目标提出的污染物排放量和削减量的控制，主要受政府的政策和环境规划的制约。

4.5.6.4　排污权交易价格的形成

排污权交易价格主要受企业出让价、政府收购价、交易基准价和政府储备排污权价格等因素的影响。排污权交易价格体系可分为：一级市场价格、二级市场价格及有关税费。商品的价值决定价格，价格是价值的货币表现，价格在价值的范围内随供求关系上下波动。排污权二级市场价格由市场上买卖双方的供求关系决定，满足商品价格-供求变化规律，而拍卖的底价或最初基准价由政府确定。

排污权定价一般根据环境容量资源价格，通过直接市场法、替代市场法和假想市场法等核算方法决定。上述核算方法的具体内容如下。

（1）直接市场法

直接市场法主要包括市场价值或生产率法、人力资本法（收入损失法）、恢复费用法（重置成本法）和防护费用法，它们的前提条件是市场价格能反映资源的稀缺性。市场价值或生产率法把环境质量看作一个生产要素，其变化导致生产率和生产成本的变化，从而导致产品价格和产量的变化，实现对环境服务价值（货币化）的定量评估。人力资本法或收入损失法是指环境质量降低后，会影响劳动者的健康，提高医疗成本，降低劳动者生产效率。恢复费用法或重置成本法是指当环境质量受损时，需要用其他措施使其恢复到先前状态或者环境标准所规定的状态，这个恢复过程需要成本，即恢复费用或重置成本。防护费用法是指当人类的某种活动有可能导致环境污染时，需要采取相应的措施来预防或治理环境污染，所需费用称为防护费用法。

（2）替代市场法

当分析研究的对象本身没有市场价格衡量时，例如清新的空气和阳光并没有明码标价，人们往往需要寻找与之相关的具有市场价格的替代物来表征其价值，用这类商务或劳务的价格来衡量环境价值的方法称为间接市场法。间接市场法主要包括：资产价值法、旅行费用法、防护支出法等。资产价值法评估的主要依据是固定资产的价值要受其所处的环境好坏的影响，周围环境质量的变化使资产的未来收益受到影响，结果在其他因素保持不变时，资产出售的价格发生了变化。旅行费用法是一种评价无价格商品的方法，通过消费者的消费行为给无价格商品一定的价格。

（3）假想市场法

在某些情况下，如果连替代物的市场价格也无法找到，此时需要假想一个市场来衡量环境质量及其变动的价值，该方法的实施根据研究区域的实际情况，通过支付意愿（意愿调查法）的计算，获得环境价值。

4.5.6.5 排污权的分配方式

以市场交易为基础的排污权交易制度是为了发挥市场调节作用，以较低的成本实现对污染物排放总量的控制。在确定污染物排放总量后，排污权的分配方式主要有：政府免费分配、定价出售、公开拍卖及其复合模式。法律意义上的分配是指依据一定的法律原则、规则或既定的制度，在国家、集体、个人等特定主体之间，将特定数量的财产或权利归于某一主体支配的行为。在排污权交易体制下，排污者明晰了环境容量资源使用权（排污权），排污者就会从其利益出发，自主决定其污染治理程度，从而买入或卖出排污权。排污权的初始分配，是指在控制现存污染物总量情况下，由政府或者环境主管部门按照一定的原则或者规则将污染物排放量进行分配的过程，属于一种资源管理。例如，碳排放权初始分配的方式之一是政府免费分配、公开拍卖以及两者相结合的混合分配方式。定价出售模式，由管理机构确定排污权单价，企业提出购买申请，经管理部门审批后购入排污权。定价出售模式的优点是不需要确定初始的分配比例，而初始售价可以成为以后交易的价格信号。公开拍卖是与排污权交易目的最为一致的分配方式。公开拍卖的优点包括：分配效率高、政府的环境管理部门介入最少、市场化程度最高、寻租行为较难发现；产生明确的市场出清价格（均衡价格），为排污权市场参与者提供可参考的价格信号，有利于排污权市场机制的建立和完善；一定程度上避开了新老企业和不同行业之间的差异；得到了大多数理论研究者的认同，也得到了美国"酸雨计划"政策实践的有力支撑。混合分配方式是指多种分配方式和模型的组合，可以通过调整不同分配方式的比例来实现最优化。

政府作为环境容量资源的拥有者，确定一定区域的污染物总量控制目标，然后对这一目标进行分解，再以许可证的形式授予排污者一定数量的排污权，所有排污者所持有的排污权之和等于政府之前所设定的允许排放的污染物总量。排污权初始分配制度必须遵循环境公平原则、总量控制原则、信息公开原则、公众参与原则。政府免费分配模式是由管理部门按照一定的标准来分配初始排污权，企业无需为此付出成本。采用拍卖方式对排污权进行分配从公平性、有效性、收益等各方面都要优于政府免费分配和定价出售。

政府免费分配模式的分配规则主要有四种：环境质量反演法、历史排放量法、排放绩效法、产值排放系数法。

（1）环境质量反演法

环境质量反演法是利用扩散模式和当地气象资料、污染物浓度数据等，研究区域容许排放总量和环境容量，以此为依据，按责任分担率计算出各污染源的容许排放量（排污权）。环境质量反演法所需的数据基础包括：污染物扩散模式或者模型、污染源空间分布、污染物排放数据、水文/气象资料、地域资料等。

（2）历史排放量法

历史排放量是根据历史排放水平或产量进行分配及管理，当局在总量控制指标下，根据现存企业某一历史年份的排放量或产量等与排放量直接相关的其他因素直接进行分配。历史排放量法所需的数据基础是各污染源历史排放量或排放量直接相关的要素，比如产量、原料使用量等。

（3）排放绩效法

排放绩效是指生产单位产品所排放污染物的量。排放绩效法就是根据总量指标和预计的产量水平，计算单位产品的允许排放数量作为标准排放绩效，并根据标准排放绩效计算出某个确定的年份中各企业的排污权数量。

(4)产值排放系数法

产值排放系数法是基于经济指标的分配方法，根据单位产值污染物排放量和企业产值进行分配。

参考文献

[1] Zhang K, Wen Z. Review and challenges of policies of environmental protection and sustainable development in China [J]. Journal of Environmental Management, 2008, 88 (4): 1249-1261.

[2] He G, Lu Y, Mol A P J, et al. Changes and challenges: China's environmental management in transition [J]. Environmental Development, 2012, 3: 25-38.

[3] Zhang K, Zongguo W, Liying P. Environmental policies in China: evolvement, features and evaluation [J]. China Population, Resources and Environment, 2007, 17 (2): 1-7.

[4] Chunmei W, Zhaolan L. Environmental policies in China over the past 10 years: progress, problems and prospects [J]. Procedia Environmental Sciences, 2010, 2: 1701-1712.

[5] 吕忠梅.《环境保护法》的前世今生 [J]. 政法论丛, 2014: 51-61.

[6] 王金南，董战峰，蒋洪强，陆军.中国环境保护战略政策70年历史变迁与改革方向 [J].环境科学研究, 2019 (32): 1636-1644.

[7] 陈海.环境管理的原理与方法 [M]. 北京：中国环境科学出版社, 2011.

[8] 张艳梅，污水治理与环境保护 [M]. 昆明：云南科学技术出版社, 2020.

[9] 海热提，王文兴.生态环境评价、规划与管理 [M].北京：中国环境科学出版社, 2004.

[10] 李朝林，王文辉，罗海健. 固体废物管理与资源化处理技术 [M]. 哈尔滨：哈尔滨工业大学出版社, 2022.

[11] 吴春山，成岳.环境影响评价 [M]. 武汉：华中科技大学出版社, 2020.

[12] 张征.环境评价学 [M]. 北京：高等教育出版社.2004.

[13] 朱丹.中国生态补偿的制度变迁 [J]. 生态经济, 2017 (33): 135-139.

[14] 靳乐山，李小云，左停. 生态环境服务付费的国际经验及其对中国的启示 [J]. 生态经济, 2007 (12): 156-158.

第 5 章

环境质量评价与规划

————

5.1 引言

环境质量决定着人类是否能维持可持续生存和发展状况，环境质量评价不仅能正确反映过去和现在的环境健康状态（比如是否污染及其污染程度和范围），而且有利于指导环境管理工作，并对环境质量的变化趋势做出一定程度的预测，从而为保护环境、发展生产提供科学的规划和决策依据。环境规划作为环境质量评价的具体表现形式和实施手段，有利于环境质量长期向好发展，调节环境与经济社会之间的关系、人与自然的关系；环境质量评价和环境规划二者相辅相成。本章将重点介绍环境质量评价和环境规划相关内容。

5.2 环境质量评价

环境质量是指在特定时空内环境各要素（包括自然环境要素和社会环境要素，它们形成了环境内在结构和外部表现状态）对人类的生存、繁衍以及社会经济发展的适宜程度，它是对环境状态好坏的定量描述。环境质量是不断变化的，受自然因素或人为因素的影响。环境质量变化包括三个阶段：人为作用（主要影响因素）、环境参数变化、环境质量变异。环境质量评价（主要针对自然环境质量）是认识环境质量的一种手段和工具，是基于环境质量现状监测数据及区域相关环境背景资料，按照一定的评价标准、流程和方法对该区域范围内的环境质量进行说明与评定。环境质量现状评价既有现状评价的含义，也包含一定的回顾性评价成分。根据评价对象不同，环境质量评价的步骤略有差异，但是一般都是含有四个阶段：准备阶段、监测阶段、分析评价阶段、成果应用阶段。在后面的章节中，我们将重点介绍环境质量评价相关的基本概念，环境质量评价的流程，以及基于不同环境要素的环境质量评价（水环境、大气环境和土壤环境)。

5.2.1　环境质量评价的定义和类别

环境质量评价工作是建立在环境质量及污染状况的调查、监测、研究的基础上,按一定的目的要求和方法,总结环境质量的客观现实、内部规律,并加以评价分类。环境质量评价的主要目的包括:

① 通过环境质量评价为区域环境质量状况及其各个时期的变化趋势提供科学依据,为环境规划和管理以及制订环境保护和污染治理对策提供科学的依据,对控制环境污染和治理重点污染源提出要求。

② 为制定城市环境规划、城市建设规划方案提供依据。

③ 为制定区域环境污染物排放标准、环境标准和环境法规等提供依据。

环境质量评价是环境保护的一项先行工作,是一项基础工作,必须以《中华人民共和国环境保护法》等法律为依据,以国家公布的各项环境质量标准和污染物排放标准为尺度,进行此项工作。环境质量评价就是根据不同的目的要求,按一定的原则和方法,对某区域(比如县、市、省和国家)的某些环境要素的质量进行客观评价(单项的或综合的)和分级。评价过程中一般以国家颁布的环境质量标准或环境背景值为评价依据。环境质量的好坏应以环境是否适合于人类生存和发展作为判别的标准,主要考虑环境对人体健康的影响。某种意义上,环境质量优劣的判断具有主观特性,由人类设定的标准和要求所决定。环境质量主要指环境要素(水体、大气、土壤、生物等)受到污染影响的程度,包括物理的、化学的和生物的污染;广义的环境质量包括社会、经济、文化、美学等方面的内容,如环境要素的美学价值。我国在现阶段主要侧重于各行业排放污染物进入各环境要素所引起的化学环境质量的下降。

环境质量评价工作是建立在对区域环境污染状况和污染源全面调查的基础上,确定评价的对象、范围,明确评价的目的。通过分析对比,确定主要污染源和主要污染物及其排放特征;了解各主要污染物对环境要素的影响程度和范围;研究污染物的分布、迁移和转化规律,探讨环境质量的变化趋势。根据评价目的和经济状况确定评价精度,包括取样精度(密度)——对国家未规定分析方法的项目也应注意测试精度。

按环境要素,环境质量评价可划分为:单要素评价(比如土壤环境质量评价、大气环境质量评价、水环境质量评价等)和多要素综合评价。多要素综合评价是以单要素评价为基础,对环境的整体做出评价。按照区域类型,环境质量评价可分为城市环境质量评价、流域环境质量评价、海域环境质量评价等。按评价时间跨度分类,环境质量评价包括回顾性评价、现状评价和未来评价。

回顾性评价是根据一个地区过去的资料，对该地区在一定时期内的环境质量进行评价，分析过去一段时间内该区域环境质量的变化情况；回顾性评价是对已经建成的工程产生的环境影响进行评价，检验先前环境影响评价的可靠性，并及时整改现存的问题，保护环境质量，并为今后新建工程的环境影响评价提供参考依据。环境质量现状评价是对评价区域环境质量现状的调查和监测。例如，我国水利部门对三门峡水库、丹江口水利枢纽、新安江水库等许多水利水电工程建成后的环境影响做了初步评价，都属于回顾性评价。现状评价是对在建工程或已建工程的现状进行环境质量评价，以便了解目前工程的环境状况，针对不利影响提出措施，保持或提高环境质量。未来评价又称为预断评价，是根据一个地区的经济发展规划或建设项目的规模，预测项目对环境质量所带来的影响，并做出评价，对不利影响提出减免或改善措施，为决策部门提供科学的参考依据。

5.2.2　环境质量评价的流程

环境质量现状评价的工作内容很多，每个评价项目的评价目的、要求及评价要素不同，其评价程序及方法也可能略有差异。比较全面的区域环境质量评价应包括对污染源、环境质量和环境效应三部分的评价，并在此基础上作出环境质量综合评价，提出环境污染综合防治方案，为环境污染治理、环境规划制定和环境管理提供参考。

（1）准备阶段

首先应明确评价的目的、范围、方法，评价的深度和广度，并制定出评价工作计划。组织各评价相关部门分工协作，充分收集现有的数据资料，并对已掌握的资料作初步分析和筛选，确定出评价区域的主要污染源和主要污染因子，同时也应做好评价工作的人员及物资的准备。

（2）监测阶段

根据已确定的主要污染源和主要污染因子，选取监测点位及监测项目，开展环境质量现状监测工作。具体监测方法应按照国家规定的监测标准进行。在监测工作中，应注意监测数据的代表性、可比性和准确性。在条件允许的情况下应取得尽量多的监测数据以保证监测结果的科学性。

（3）分析评价阶段

根据已获得的污染物监测资料、生物学监测资料和环境医学监测资料，应选用适当方法，对该区域的不同季节、不同时段的环境污染程度进行定量和定性的分析，对比环境质量标准及相关标准评价该区域环境质量状况，并分析说明造成环境污染的原因、重污染发生的条件，以及污染对人、动植物的影响程度。

（4）成果应用阶段

环境质量评价的结论对于环境管理部门、规划部门具有重要意义，是制定相关环境规划、环境政策及实施环境管理的依据。根据环境质量评价的结果，可以制定出控制和减轻地区的环境污染程度的具体措施。对评价中凸显的重要环境问题，可以通过调整国民经济发展战略、调整工业布局及产业结构、进行污染治理等措施来加以解决。

5.2.3 水环境质量评价

水环境质量评价或者水环境评价基本内容主要包括天然水体的本底值，河流挟带的悬浮物与泥沙，水中污染物的含量、成分及其时空变化的分析评价。天然水体的本底值或天然水体的化学成分含量，是指在无人类干扰因素状态下，由于水循环过程中降水与径流不断溶解大气中、地表面及浅层地下的各种化学成分而形成矿化的天然水，矿化成分主要有重碳酸根、硫酸根、氯化物，钙、镁、钠、钾离子（占天然水离子总量的95%~99%），少量的铜、锰、铅、汞等微量元素，以及少量的硝酸盐类、有机物。

不同的自然环境，水有不同的矿化成分。常用的水一般以三种常见的阴离子（以mmol/L计的酸根）作为分类标准，以金属阳离子为分组依据。天然水化学通常分为重碳酸水、硫酸水和氯化水几类，将阳离子（以mmol/L计）按Ca^{2+}、Mg^{2+}、Na^+分成三组，根据它们的含量关系来判定水的类型。一般地，Ⅰ型水是指水中的Ca^{2+}、Mg^{2+}浓度（Ca^{2+}、Mg^{2+}称为水的硬度）之和小于水中的HCO_3^-浓度；Ⅱ型水是指水中Ca^{2+}和Mg^{2+}浓度之和大于HCO_3^-浓度，小于HCO_3^-与SO_4^{2-}浓度之和，Ⅱ型水比Ⅰ型水的硬度更大；Ⅲ型水是指水中Ca^{2+}和Mg^{2+}浓度之和大于HCO_3^-与SO_4^{2-}浓度之和，或Na^+浓度小于Cl^-浓度，海水和高矿化地下水属于此类水质，其总硬度和永久硬度均大于Ⅱ型水。上述三种类型基本上涵盖了天然水体，少数水体例外，比如火山水中没有HCO_3^-，呈弱酸性；水的硬度和矿化度也不是一成不变的，会随着季节稍有改变；汛期河水的矿化度和总硬度相对较低，枯水期则相反。

除了水质的硬度外，水中污染物的类型和浓度也是一个重要指标。水污染物可分为无机污染物、有机污染物。一般地，无机污染物指各种重金属以及酸、碱、无机盐类等（如硝氮、氨氮、磷酸盐、氯化物等）。有机污染物指酚、多环芳烃和各种人工合成的具有生物累积性的毒性物质，如多氯农药、有机氯化物、石油类污染物质等。

水环境质量评价就是对水环境品质的优劣给出定量或定性的描述，其评价程序如图5.1所示。它是用于认识水环境质量并找出水环境质量存在的主要问题的手段和工具。通过水环境质量评价能找出评价地区的主要污染源和污染物，解决优先防治的污染物及防治区域的问题，定量评价水环境质量的水平，通过技术经济比较，提出技术上合理、经济上可行的防治污染途径和方法，为新的社会经济发展规划及环境保护做出可行性研究等，为水环境工程、水环境管理、水环境标准、水环境污染综合防治和水环境规划提供基础数据，为国家制定环境保护政策提供信息。水环境质量评价的根本目的就是为各级政府和有关部门制定经济发展规划、资源开发政策，为大型工程项目及区域规划提供环境保护的依据。

水环境评价的重要内容是如何科学合理地在相应水域划定具有特定功能、满足水资源合理开发利用和保护要求并能够发挥最佳效益的水功能区。我国的水域功能划分方法大致有以下几种：

① 为流域的综合治理而进行的功能区划，如河北省生态环境厅完成的白洋淀的环境功能分区；

② 为水系水资源保护规划制定的功能区划，如珠江水利委员会完成的珠江水系水资源功能分区；

③ 为水域的水质规划而进行的功能分区，比如湘江、黄河、图们江、汨罗江、沱江、大鹏湾、深圳特区的水库等；

④ 地方生态环境局同有关部门制定的地面水环境质量区域等级标准。

我国水环境质量评价可分为单因子评价和综合评价两类。单因子评价法将各水质浓度指标值与评价标准逐项对比，以单项评价最差项目的级别作为最终评价级别；这类评价方法的优点是简明，可直接了解水质状况与评价标准之间的关系。综合评价法是用各种污染物的相对污染指数进行数学上的归纳和统计，得出一个较为简单的代表水体污染程度的数值；这类评价方法能够了解多个水质指标及其与标准值之间的综合对应关系，但有时会忽略高浓度污染物的影响。

水环境功能区划分的基本原则和方法归纳为：系统分析，定性判断，定量决策，综合评价。我国的水功能区划分已经形成了地区特色，并取得了一些成功经验，这些经验在全国范围内推广并以之作为水质目标管理的有力手段，则有必要探讨这项工作的原则、程序、方法，以便在地区间、同一流域之内、河流的上中下游之间能够协调一致，以利于对全国的水质实施保护和监督管理。如图 5.1 所示，水环境质量评价一般包括现状评价和影响评价两部分。影响评价主要是评价社会经济活动对水环境质量的影响；现状评价包括地表水体质量评价和地下水环境质量评价。

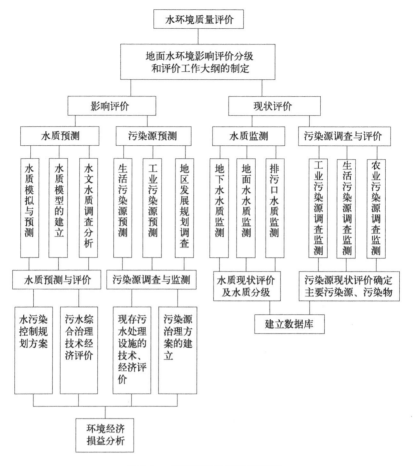

图 5.1　水环境质量评价的程序

5.2.4　大气环境质量评价

　　大气环境质量，特别是城市大气环境质量，出现了日益恶化趋势，逐渐受到广泛的关注。根据实际监测结果对大气环境质量进行客观综合评价，对于正确认识大气环境污染现状和规律以及有效进行大气污染的控制和治理具有重要意义。由于大气环境污染程度是连续变化的，因此对大气环境质量进行综合评价时适宜应用模糊集理论方法，此方法虽较简便直观，但运用此模型进行评价时易使评价结果分级不清，甚至脱离实际情况。特定地点或地区的大气环境质量一般随时间而变化，这种变化是由诸因素造成的，尤其是气象条件、地形和污染物排放方式。基于这种情况就需要在一个长时间间隔内进行大量监测，以确保监测结果具有客观代表性。分层采样是一种较为客观评定大气环境质量的方法，它可以减少所需的监测次数。大气分层采样的基本目标是减少监测的次数并且达到所需的精确结果，或者提高测定的精确性而不需要增加监测次数。为此，在所研究的区域内，必须了解那些可能导致环境大气质量被高估和低估的条件，包括污染源、地形和气象条件对大气扩散的影响。

大气环境质量评价主要是以国家或地区规定的环境质量标准为依据。大气中各种污染物的容许量是根据它们对人体健康的影响来制定的，因此用以作为大气质量评价标准，便于统一对比，也有利于评价指数的建立和应用。在评价工作中，除注意污染物在环境中的含量外，还需注意接触时间的长短，这是因为即使大气中污染物浓度相同但污染持续时间不同，对人体健康的影响就不同。在评价大气质量时，对不同的污染物常按不同时期找出其相应的标准浓度，比如分别找出小时、日、年的平均容许浓度以及瞬时或某一时期内的最大容许浓度等。

大气环境质量评价是环境质量评价中的一种类型，为单要素环境质量评价。它是确定大气污染程度的一种手段，是大气质量管理的重要组成部分。大气质量评价工作，主要在人口众多、大气污染显著的城市地区进行，并成为城市环境质量评价、城市污染综合防治措施制定的重要组成部分。大气质量评价的内容主要是污染评价，即评价大气的污染程度。人类向大气排放的污染物虽然种类繁多，但是普遍性的主要污染物只有五六种。这些大气污染物一般称为基本污染物，包括二氧化硫（SO_2）、二氧化氮（NO_2）、可吸入颗粒物（PM_{10}）、细颗粒物（$PM_{2.5}$）、一氧化碳（CO）、臭氧（O_3）。这几种污染物在大气中的相互作用，对人体健康的影响、危害易于查明，便于掌握。所以，在进行大气质量评价时，大都选用这些污染物作评价参数。当建设项目 SO_2 和 NO 年排放量大于或等于 500t/a 时，评价因子应增加二次 $PM_{2.5}$。例如，油气田大气环境质量评价所考虑的污染物主要有 SO_2、NO_2、CO、烃类（HC）、硫化氢（H_2S）、总悬浮颗粒物（TSP）等。可选取其中的几种或全部作为监测项目。选取部分项目时，可根据工程分析中所确定的污染负荷百分比确定。污染源排放出的污染物对大气的污染程度主要取决于大气的稀释扩散能力，而大气的稀释扩散能力在时间上有一定的周期性变化。为正确了解污染物浓度的时空分布，除合理布置采样点外，还应正确地选择监测时间和频率。

大气环境质量评价按一定方法进行，通常有指数法、概率统计法、模式法和生物指标法。大气环境质量评价的程序主要包括四个步骤：调查准备阶段、环境污染监测阶段、评价与分析阶段、污染综合防治规划阶段。具体而言，调查准备阶段需要结合本地区实际情况，根据评价任务的要求，确定评价范围、评价方法、评价的深度和精度，制定出评价的工作计划。大气环境质量评价的主要任务是做好污染源调查评价工作、大气污染监测的准备工作、气象观测的准备工作。环境污染监测阶段是大气环境质量评价的主要阶段。该一阶段工作的质量直接决定了评价的准确度；该阶段的主要监测内容是定区、定点、定时对大气污染状况进行调查与监测，同时进行气象观测和污染源的动态调查。评价与分析阶段是根据监测数据进行大气污染现状评价。大气污染物扩散模式的研究，在有条件的地方，要进行大气污染生物学评价和污染环境卫生学评价。由这三种评价的综合分析，可得到符合实际的大气环境质量评价的结论。污染综合防治规划阶段是减轻或消除大气污染、改善大气质量、保护环境的规划阶段，主要是制定环境管理办法和环境规划。

5.2.5 土壤环境质量评价

随着现代农业的发展，为提高土壤单位面积产量而不断增加的化肥和农药的投入量，为了缓解和解决水资源紧张而采用的污水灌溉和土地处理系统，为提高土壤有机质含量而施用的污泥等，这些过程和措施都使土壤环境中污染物质的累积量逐渐增加，最终导致土壤环境污染，降低了土壤环境质量。

土壤环境质量是指土壤环境（或土壤生态系统）的组成、结构、功能特性及其所处状态的综合体现与定性、定量的描述。它包括在自然环境因素影响下的自然过程，环境地球化学背景值、净化能力、自我调节功能与抗逆性能、土壤环境容量等相对稳定而仍在变化中的环境基本属性，以及在人类活动影响下的土壤环境污染和土壤生态状态的变化。其中，人类活动的影响是土壤环境质量变化的主要动力，是影响现代土壤环境质量变化和发展的最重要因素。

土壤环境质量评价是在研究土壤环境质量变化规律的基础上，按一定的原则、标准和方法，对土壤的质量及其对人类健康的适宜度进行评定；土壤环境质量评价是对土壤环境质量的好坏做出定性或定量的评判。对土壤环境质量进行评价的目的，在于认识与保护土壤环境，并提出控制和减缓土壤环境不利变化的对策和措施。

土壤环境质量评价一般可分为下述三类：

① 评价土壤环境本身的质量优劣，称为土壤原生环境质量评价。

② 评价土壤环境受污染后质量下降的状况，称为土壤环境污染评价。

③ 以土壤肥力或作物产量为尺度对土壤环境质量进行评价，称为土壤资源质量评价。

目前，大多数的土壤环境质量评价是指土壤环境污染评价。土壤环境质量评价要围绕土壤环境特征与土壤环境背景开展，其目的是掌握土壤物质化学组成情况，对土壤污染物的来源、污染程度及其影响因素、土壤污染的发展趋势进行分析，最后是评价土壤环境质量并预测其变化趋势，保证土壤良好地实现生产植物产品和净化污染物的双重功能。土壤环境质量评价必须建立在充分调查研究的基础上，其一般工作程序如图5.2所示，内容一般包括六个方面：土壤的形成条件、类型及其环境特征的调查与资料收集，区域土壤背景值的调查与资料收集，土壤污染源的调查与评价，土壤环境质量评价，土壤中化学物质的存在状态及迁移转化规律的研究，土壤环境质量预测。

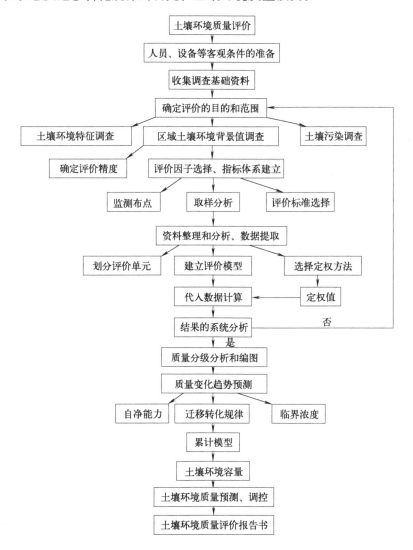

图5.2 土壤环境质量评价的一般工作程序

土壤环境质量评价的工作程序，具体而言包括以下几方面。

（1）土壤的形成条件、类型及其环境特征的调查与资料收集

其主要任务是调查评价区内土壤的形成条件，土壤类型及其分布，各类型土壤的剖面结构，土壤的物理化学与生物特性及土壤的利用状况，包括农林牧用地、作物的产量与质量、施用化肥农药的种类及用量等。

（2）区域土壤背景值的调查与资料收集

土壤的化学组成和环境质量背景因土壤类型、土壤成因而异，一般采用区域土壤环境背景值作为评价土壤环境质量的标准。此外，土壤中指标的目标值和干扰值也是两个常用的标准，前者是土壤环境质量仍然保持良好的污染水平的指标值，后者是指土壤环境质量受到严重影响的指标值，其取值随土壤类型、动植物种类等变化而不同。因此，应尽可能收集评价区内有关土壤环境背景值的资料；对于无背景资料的地区，应进行区域土壤环境背景值的调查。

（3）土壤污染源的调查与评价

调查待评价区土壤中各种污染源及其排放特点，通过污染源评价，找出土壤的主要污染源与污染物，以便分析确定土壤环境质量评价的因子与监测项目，同时，它也是评价预测和控制土壤环境污染的主要内容之一。

（4）土壤环境质量评价

土壤环境质量评价包括监测布点、取样分析、评价标准选取、资料整理、数据提取、建立评价数学模型、定权方法及定权值的选择、评价结果的系统分析、土壤环境质量分级分区、编图等内容。通过综合评价，可掌握土壤环境质量的现状及其空间变化规律；构建土壤环境质量评价指标体系是进行土壤环境质量评价的基础。目前指标体系的构建方法主要包括德尔菲法、层次分析法、主成分分析法、压力-状态-响应模型、随机森林模型及多种方法耦合分析等。

（5）土壤中化学物质的存在状态及迁移转化规律的研究

由于我国是一个农业大国，研究土壤中化学物质（尤其是污染物质），特别是它们在土壤环境中的赋存状态及迁移转化规律，这不仅影响到土壤环境质量预测，而且决定着我国农业的发展水平和农村人口的生活质量。

（6）土壤环境质量预测

在上述工作的基础上，根据化学物质在土壤中的迁移转化规律，研究土壤环境的自净能力和土壤污染物对作物生长状况的影响，调查化学物质在植物体内累积量是否超过规定的安全量，是否达到危及人们健康的临界浓度，确定土壤中化学物质含量与在作物中累积量或人体健康之间的相关关系，建立土壤化学物质累积过程和土壤环境容量的计算模型，从而预测土壤环境质量的变化趋势，以便及时、合理地防止土壤环境质量的恶化。

5.3　环境规划

　　治理环境问题不仅仅是通过物理、化学、生物等工程技术手段处理污染物，而是需要结合污染物的预防、治理和管理，做到经济发展、资源利用和污染预防等统筹兼顾和合理规划，这就是环境规划和管理的内容。联合国人类环境会议宣言曾明确指出：人的定居和城市化工作必须加以规划，以避免对环境的不良影响，并为人类取得社会、经济和环境三方面的最大利益。环境规划是人类为使环境与经济和社会协调发展，而对自身行为和所处环境所做的时间和空间上的合理安排，是规划管理者针对环境保护目标和措施做出长远性的规定，是为了平衡经济发展和环境保护之间的矛盾，实现社会的可持续稳定发展。环境规划是人类为协调人与自然的关系，使人与自然达到和谐而采取的主动行动。

5.3.1　环境规划的类别

　　环境污染的有效治理需要从单一的末端治理路线，转变为末端治理与环境评价规划相结合的路线，这是环境规划对于保护环境和促进社会经济发展的意义。环境规划是人类为了使环境和经济社会协调发展，而对人类自身活动和环境所作的合理安排；其目的是调控人类的活动，以便于减少污染，防止环境资源的破坏，实现社会的可持续发展。

　　环境规划可分为污染防治规划和生态环境规划两大类。污染防治规划则可以按照水、大气、固体废物、噪声及其他物理污染等要素划分不同内容的规划。按照时效，环境规划可分为近期、中期和长远环境规划；按照环境要素，环境规划可分为大气污染综合防治规划、水质污染综合防治规划、土地利用综合防治规划、噪声污染综合防治规划等；按照区域类型，环境规划可分为城市环境规划、区域环境规划、流域环境规划等；按照行政区划类型，环境规划可分国家环境规划、省市环境规划以及区、县环境规划等。总之，环境规划总是包括两方面的内容：根据环境保护的要求，对人类社会经济活动提出相关的约束要求；根据社会发展和人民生活水平，制定国家环境规划。各地区也应根据当地经济发展和环境特点以及环境污染所存在的问题，制定出当地的环境规划，以解决经济发展可能带来的环境问题。

5.3.2　环境规划的原则和主要特征

　　环境规划的原则主要包括：可持续发展原则、遵循经济规律和生态规律的原则、预防为主和防治结合的原则、系统性原则、针对性原则。环境规划的主要特征包括科学性、整体性、综合性、区域性、动态性、信息密集。

环境规划的科学性主要体现在生态规律的要求上，要求遵从环境容量和环境承载力的限制。

环境规划的整体性体现在：环境规划需要从全局和整体性上考虑保护环境、发展经济；环境规划各要素和组成部分之间是一个有机的整体，同时各要素和组成之间也具有自身独特的规律和表现形式。环境规划系统是诸多相互联系、相互影响的要素所构成的统一整体。

环境规划的综合性反映在它涉及的领域广泛、影响因素众多、对策措施多样化和部门协调复杂。

环境规划的区域性体现在不同区域的环境问题具有其属地性质，因此环境规划必须因地制宜。不同区域的环境及其污染物控制的结构、主要污染物的特征、社会经济发展方向和发展速度、控制方案、评价指标体系的构成和指标权重、技术条件和环境基础数据等方面往往存在明显的差异。

环境规划的动态性体现在影响环境规划的因素较多，且随时间处于动态变化过程，因此环境规划的制定和反馈要有随社会经济发展方向、政策和速度变化的能力。

环境规划信息密集性体现在环境规划的制定和决策需要收集和整理不同部门关于环境、经济、技术等多方面的信息。

5.3.3 环境规划的基本要素及其架构

环境规划系统的基本要素包括环境规划的目标、环境规划的主体、环境规划的手段、环境规划的原则和程序、环境规划的保障五个方面。

（1）环境规划的目标

环境规划的目标必须符合环境本身的规律和发展趋势，不能与客观环境的规律和发展趋势相矛盾。环境规划的目标应当以环境保护优先，以规划区域的环境特征和功能为基础，遵从规划区域环境容量和环境承载力的要求。环境规划目标应当满足人们生存发展对环境质量的基本要求，应当满足技术可行、经济合理的要求。环境规划目标一般可分为总体目标、具体目标和环境指标三个层次。总体目标往往是对全国、某一或某些地区、城市环境质量所要达到的指标的要求。具体目标是为实现总目标的要求，依据规划区环境特征以及环境功能所确定的目标。

（2）环境规划的主体

环境规划的主体是环境规划的核心因素之一，决定着规划的质量。环境规划包括两方面的内容：根据环境保护要求，对人类经济社会活动制定约束要求，如制定正确的产业发展政策、确立合理的生产规模、优化产业结构的布局、采用先进工艺等；根据经济社会发展对环境发展和环境保护的目标，对环境保护与经济建设进行长远的安排与合理的部署。

（3）环境规划的手段

环境规划的手段是规划者基于对环境的属性和规律的把握，为实现既定的目标而采用的工具、方法和措施。环境规划的手段主要有环境调查、环境评价（包括环境污染评价、环境质量评价、环境影响评价等）、环境功能分区、环境预测等。

环境调查的目的是掌握和了解某个区域的环境现状，发现和识别环境问题；环境调查是编制环境规划的基础，是对环境状况预先从不同角度（自然、经济、社会等）进行资料搜集的过程，包括环境特征调查、生态调查、污染源调查、环境质量调查、环境管理现状调查等内容。环境特征调查包括社会环境特征、经济社会发展规划和环境污染因素等调查。生态调查包括环境自净能力、土地开发利用情况、气象条件、绿地覆盖率、人口密度、经济密度、建设密度、能耗密度调查等。污染源调查包括工业污染源、农业污染源、生活污染源、交通运输污染源、噪声污染源、放射性和电磁辐射污染源调查等。环境质量调查包括环境保护部门及工厂企业历年的环境质量报告和环境监测资料。环保措施效果调查包括环保设施运行率、达标率、环保措施削减污染物效果以及综合效应。环境管理现状调查包括环境管理机构、环境保护工作人员业务素质、环境政策法规实施和环境监督实施情况等。

环境评价是在环境调查分析的基础上，运用数学方法，对环境质量、环境影响进行定性和定量的评述（一般以定量描述为主），旨在获取各种信息、数据和资料。在环境规划中，环境评价的内容包括自然环境评价、社会经济评价、环境质量评价、污染源评价。自然环境评价是通过自然、社会、经济背景分析，确定当前主要环境问题及其产生的原因，并确定环境区划和评估环境的承载能力。社会经济评价是从人口、经济活动和城市基础设施三方面（是主要影响因素）评价区域的社会经济活动对环境质量的影响。环境质量评价是环境规划与管理的一项基本工作，其目的是正确认识规划区的环境质量现状、环境质量的地区差异和环境质量的变化趋势，突出超标问题，明确环境污染的时空界限，指出主要环境问题的原因和潜在环境隐患等。污染源评价突出重大工业污染源评价和污染源综合评价，根据污染类型进行单项评价，按等标污染负荷（把某种污染物的排放量稀释到相应排放标准时所需的介质量）排序，确定评价区的主要污染物和主要污染源。

（4）环境规划的原则和程序

环境规划的基本原则包括六个方面。

第一，坚持全面规划、合理布局、突出重点、兼顾一般的原则；坚持可持续发展，使环境保护与经济发展相协调。

第二，坚持经济效益、社会效益、环境效益相统一的原则。遵循生态规律和经济规律，使有限的资金发挥更大的作用。

第三，坚持预防为主、防治结合的原则。依靠科技进步，大力发展清洁生产和推广三废综合利用，将污染消灭在生产过程中，积极采用适宜规模的先进经济的治理技术。

第四，坚持系统性原则。把环境规划对象看作综合体，用系统论的观点和系统论的方法进行环境规划。

第五，坚持实事求是、因地制宜的原则。环境目标应符合国民经济计划总要求，要从实际出发，规划措施要切实可行，具有可操作性。

第六，坚持强化环境管理的原则。运用经济、法律、行政手段促进环境保护事业发展，充分体现中国特色的环境管理思想、制度和措施。

环境规划具体的程序如图5.3所示，包括规划的编制、规划的申报和审批。规划的编制又包括接受任务与组织规划编辑、完成规划文本的编制；规划的申报和审批又包括初级申报和审核、终级申报和审批、环境规划文本。

（5）环境规划的保障

环境规划需要利用环境管理的手段和措施来保障其顺利实施，在我国的环境管理工作中，所采用的保障手段通常包括行政手段、法律手段、经济手段、宣传教育手段、科学技术手段。

① 行政手段　主要包括制定和实施环境标准、颁布和推行环境政策。

根据《中华人民共和国环境保护法》的规定，国家环境标准由国务院环境保护行政主管部门即国家环境保护总局制定，地方环境标准由省、自治区、直辖市人民政府制定。国务院环境保护行政主管部门根据一定时期内国家的环境保护目标，拟订环境保护工作的基本方针、指导原则和具体措施，并予以推行。

② 法律手段　法律是一种社会行为规范，它告诉人们应当做什么或不应当做什么。与其他形式的社会行为规范相比，法律规范最显著的特征具有强制性，即通过国家机器的保障，强制执行。

在我国，环境保护法律规范主要包括：

a. 宪法　我国宪法对环境保护的规定是制定其他环境保护法律法规的基础；

b. 环境保护基本法　《中华人民共和国环境保护法》是我国环境保护的基

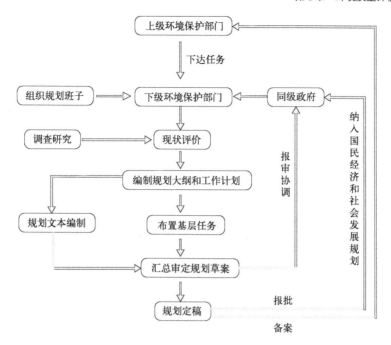

图5.3 环境规划的工作程序

本法，它规定了我国环境保护的目的和任务，确立了我国环境管理体系，提出了有关个人或组织应遵循的行为规范以及违法者应承担的法律责任；

c. 环境保护单行法，包括水污染防治法、大气污染防治法、环境噪声污染防治法、固体废物污染环境防治法、海洋环境保护法以及土地管理法、水法、森林法、草原法、野生动物保护法、渔业法、矿产资源法、煤炭法、水土保持法等，是我国针对特定环境要素保护的需要所作的具体法律规定；

d. 环境保护行政法规和部门规章，它们是为了贯彻落实环境保护基本法、环境保护单行法而由国务院及国务院各部门制定的。

③ 经济手段

经济手段是指运用价格、税收、补贴、押金、补偿费以及有关的金融手段，引导和激励社会经济活动的主体主动采取有利于保护环境的措施。在市场经济中，如果商品供不应求，价格就会上涨；如果商品供过于求，价格就会下跌。因此，价格是反映一个物品稀缺程度的信号。在当前的环境管理中，环境和自然的价值虽然在认识论上已被肯定，但一时还无法在价格上加以体现时，可运用一些经济手段加以补充和调控，以间接调整对环境与自然资源的利用。

在我国，现行经济手段主要包括：

a. 排污收费制度 根据我国有关政策和法律的规定，排污单位或个人应根据排放的污染物种类、数量和浓度，交纳排污费；

b. 减免税制度　国家规定，对自然资源综合利用产品实行五年内免征产品税、对因污染搬迁另建的项目实行免征建筑税等；

c. 补贴政策　财政部门掌握的排污费，可以通过环境保护部门定期划拨给缴纳排污费的企事业单位，用于补助企事业单位的污染治理；

d. 贷款优惠政策　对于自然资源综合利用项目、节能项目等，可按规定向银行申请优惠贷款。

④ 宣传教育手段

环境宣传教育可以提高人们的环境保护意识；通过环境宣传教育，不但要使全社会充分认识到环境保护的重要性，而且应当使全社会懂得环境保护需要每一个社会成员的参与。只有全体社会成员共同参与，才能从根本上保证环境得到保护。每个社会成员都是物质产品的消费者，其消费方式的选择将会对环境产生不同的影响。如果社会成员都能够从自我做起，在做出选择时充分考虑环境保护的要求，在行动中切实贯彻国家的环境保护政策和法律，久而久之就会在全社会逐渐形成自觉的环境保护道德规范。通过环境宣传教育，提高公众的环境保护意识，还有助于增强企业和公众参与环境管理的能力。在西方国家，公众参与环境管理十分普遍，许多国家规定了公众参与环境影响评价的形式和程序，并作为环境影响评价不可或缺的组成部分。但在我国，公众参与环境管理还有待加强，其中原因之一就是公众缺乏必要和足够的环境保护意识和相应的科学知识。

⑤ 科学技术手段

政府环境管理中的科学技术手段是指，国家建立合理的制度，制定有关的政策和法律，提高环境保护的科学和技术水平。其目标是，提高促进人与自然和谐以及环境与经济协调的决策科学水平，提高保障代内和代际的人与人之间（包括国家之间、地区之间，部门之间）公平的管理科学水平，提高满足人类消费需要且环境友好的新材料、新工艺的科学技术水平；提高治理生态环境破坏、治理环境污染的科学技术水平等。

参考文献

[1] 刘丽来，孙彩玉，盛涛.环境保护概论 [M]. 哈尔滨：哈尔滨工业大学出版社，2022.

[2] 陈晓宏，江涛，陈俊.水环境评价与规划 [M]. 中山：中山大学出版社，2001.

［3］ 王敏. 水文化与水科学 [M]. 哈尔滨：黑龙江科学技术出版社，1991.

［4］ Lahdelma R, Salminen P, Hokkanen J. Using multicriteria methods in environmental planning and management [J]. Environmental management, 2000, 26：595-605.

［5］ He J, Bao C K, Shu T F, et al. Framework for integration of urban planning, strategic environmental assessment and ecological planning for urban sustainability within the context of China [J]. Environmental Impact Assessment Review, 2011, 31 (6)：549-560.

［6］ Wu J, Chang I S, Lam K C, et al. Integration of environmental impact assessment into decisionmaking process：practice of urban and rural planning in China [J]. Journal of cleaner production, 2014, 69：100-108.

［7］ Tao T, Tan Z, He X. Integrating environment into land-use planning through strategic environmental assessment in China：towards legal frameworks and operational procedures [J]. Environmental impact assessment review, 2007, 27 (3)：243-265.

［8］ Zhang L, Liu Q, Hall N W, et al. An environmental accounting framework applied to green space ecosystem planning for small towns in China as a case study [J]. Ecological Economics, 2007, 60 (3)：533-542.

第6章

水环境管理

6.1 引言

　　水是一切生物体维持生命不可或缺的物质。水是机体物质代谢必不可少的介质，细胞必须从组织间液摄取营养，而营养物质溶于水才能被充分吸收，物质代谢的中间产物和终产物也必须通过组织间液运送和排出。人类或者其他生物的生命活动中所涉及的生化反应皆离不开水的参与。没有水就无法维持血液循环、呼吸、消化、吸收、分泌、排泄等生理活动，体内新陈代谢也无法进行。

　　地球上大气水、陆地水和海洋水通过物理作用形成了水循环，它们和所有生物共同构成了一个完整的生态圈。地球上海水水量约占总水量的97.41%；其次是陆地水体水量，约为总水量的2.59%。陆地水（淡水）的存在状态多种多样，主要包括湖泊、水库、河流、冰川、积雪和永久冻土中的固态水等。然而99%以上的淡水并不能被人类直接利用，需要进行不同程度的处理。水资源是人类工农业生产、经济发展和环境改善不可替代的自然资源。当前可用的水资源仍然短缺，而且受到不同程度的污染；气候条件变化也会导致水资源的时空分布不均。因此天然水资源量不等于可利用水量。

　　水资源的无序开采、污染、浪费，以及经济发展所带来的对水资源需求量和消耗量的增加，严重破坏了水生态系统的平衡。例如，被持续排放到水环境中的大量污染物，导致了水体和土壤的功能破坏；污染物在环境中持续积累，水体质量下降，严重威胁着人类用水安全。

　　科学有效地进行水环境管理，能积极解决水污染问题，对环境保护发挥着重要作用。水污染防治应当坚持预防为主、防治结合、综合治理的原则，优先保护饮用水水源，严格控制工业污染、城镇生活污染，防治农业面源污染，积极推进生态治理工程建设，预防、控制和减少水环境污染和生态破坏。目前，我国有关水环境管理的法律法规采用的是分散立法形式，既有单独的水污染管理

108

法，也有单独的水资源管理法。在对水环境进行管理的过程中，需要建立完善的水环境管理制度，强化公民的环境保护意识，并充分发挥市场机制的作用，以提高水环境管理的执行力度，提高水环境管理效率。通过对水环境进行保护和管理，为社会发展提供健康安全的水资源，从而促进各行各业的发展，推动整个社会经济的不断发展。

6.2　水环境污染与健康

自然环境是人类赖以生存和发展的物质基础，水环境是自然环境的重要组成部分。水环境质量与人类的生产、生活关系最为密切。

水环境包括地球表面上的各种水体，如海洋、河流、湖泊、水库以及赋存于土壤、岩石空隙中的地下水。水体或水域是水汇集的场所。对地表水体而言，水环境质量包括水的质量、底质（水体底部沉积物）的质量和水生生物的质量。底质质量能反映河流在一段时间内的污染情况，水生生物质量则可反映出污染物在生物体内的累积情况。因此，水环境是环境要素中最复杂的一个系统，需要进行有序管理。

6.2.1　水污染源

水环境的污染和治理已成为当今世界的主要环境问题之一，我国面临的水环境问题主要有洪涝灾害、干旱缺水、河流干涸、河口淤积、水体污染、水土流失、地下水位持续下降、海水倒灌等。我国的污水排放量大，很多河流的指标严重超标（比如COD、氨氮、亚硝酸盐氮、挥发性酚）；许多城区湖泊出现富营养化趋势，有机污染加重，水质下降。沿岸海域也遭受到前所未有的严重污染，大片滩涂荒废，海产品数量、质量下降，赤潮频繁出现。

水环境同其他环境要素（如土壤环境、生物环境、大气环境等）一起构成了一个有机综合体，它们之间彼此联系、相互影响、相互制约，因此当改变或破坏某一区域的水环境状况时，必然引起其他环境要素发生变化。因此，加强对水环境的保护，是环境保护工作和环境科学研究的主要内容之一。

《中华人民共和国水污染防治法》为"水污染"下了明确的定义：水体因某种物质的介入，而导致其化学、物理、生物或者放射性等方面特性的改变，从而影响水的有效利用，危害人体健康或者破坏生态环境，造成水质恶化的现象称为水污染。除了污染物外，水体温度的异常变化也会造成水的使用价值降低或丧失。一般造成水体污染的原因包括两类——自然因素和人为因素，或者说水体污染源分为自然污染源和人为污染源两大类型。人为因素或污染是指由于人类的生产和生活活动向水体排放各类污染物质或能量,当其数量达到使水体、底质的物理、化学性质或生物群落组成发生变化,从而降低了原水体的使用价值时,即引起水体污染。一些自然原因也会造成水体污染。例如,某一地区的地质化学条件特殊,某种化学元素大量富集于地层中,由于地面径流使这种元素溶解于水或掺混于水流中被带入水体,造成水体污染。地下水也会因同样的原因受到污染。

目前环境受到污染的主要因素是人为因素或污染源,污染源主要包括工业污染源、生活污染源和农业污染源。

(1)工业污染源

由于产品、工艺、原料等差异,不同生产企业所排放废水的水质、水量差异很大。工业废水是水体最主要的污染源,具有量大、面广、成分复杂、毒性大、不易净化、难处理等特点。工业废水中的重金属(如汞、铅、镉、铬、镍等)离子,具有毒性大、难降解、易生物富集等特性。有些重金属与有机物反应生成毒性更大的有机重金属络合物。比如甲基汞,可对人体的肝、肾和脑组织产生较大的损害,其本质原因在于汞还能与人体中一些重要酶类结合,使酶失去活性,造成人体物质代谢失调。铅中毒会造成骨髓造血系统和神经系统的损害,伴随着头晕、疲乏、记忆力减退和失眠等症状。镉能累积在人体的肾、肝之中,破坏肾脏中酶系统的正常功能,损伤肾小管以及引起骨骼软化。铬的化合物可引起皮炎、鼻中隔穿孔等,并有致癌、致畸、致突变的潜在可能性。此外,海上石油开采、运输过程的泄漏以及排出压舱水等引起水体的石油污染日趋严重。漂浮于海水水面上的油膜阻断了空气中氧扩散到水体中,对海洋生物的生长产生不良影响。受石油的粘污,鱼卵不能孵化,幼鱼和海鸟等死亡。核燃料后处理、核试验以及放射性同位素应用等,都会释放出放射性物质,它们损伤机体的功能,引起白血病、癌症和缩短寿命。

(2)生活污染源

生活污染源主要是指生活中各种洗涤水,一般固态污染物含量小于1%,其成分主要是无机盐类、需氧有机物类、病原微生物类及洗涤剂。生活污水的最大特点是含氮、磷多,细菌含量高,用水量具有季节变化规律。上述有机物对水体的污染主要途径是消耗水中的溶解氧。在好氧条件下,好氧微生物把有机物分解为简单无机物,同时由于微生物的呼吸作用消耗了水中的溶解氧。当有大量易生物分解的有机物进入水体时,势必引起水中溶解氧含量急剧下降,从而影响鱼类和其他水生生物的正常生长。当溶解氧浓度低于3mg/L时,厌氧微生物大量繁殖，使有机物的好氧分解过程转入厌氧分解，产生的甲烷、硫化氢等不但对鱼类有毒，而且使水体发臭，影响水体的使用。大量含氮、磷等营养物质的污水不断进入湖泊、河口、海湾等缓流水体，导致藻类及其他浮游生物迅速繁殖，水体溶解氧量下降，水质恶化，严重时鱼类及其他生物大量死亡的现象称为富营养化。由于水体营养条件不同，生物群落也随之发生变化，水面往往呈现蓝色、红色、棕色、乳白色等，其颜色由优势的浮游生物的颜色所决定。此现象在江河湖泊中称为"水华"，在沿海称为"赤潮"。

（3）农业污染源

农业污染源包括牲畜粪便、农药、化肥等。农业污水的有机质、植物营养素、病原微生物、农药、化肥含量高。农药包括有机氯、有机汞、有机磷等。滴滴涕（DDT）、六六六等已成为全球性污染。有机磷可导致肝脏肿大、肝功能异常和引起神经传导生理功能紊乱，而且有"三致"作用。有机毒物中的酚类和氰化物，是我国许多河流的主要污染物之一。酚属高毒物，在高浓度时可使蛋白质沉淀，低浓度时可使蛋白质变性，主要作用于神经系统。低浓度时引起蓄积性慢性中毒，可使人发生头晕、贫血等症状。河水中酚浓度高能使鱼类中毒死亡，浓度低也使鱼带有酚味。含酚浓度为 0.001mg/L 的水，加氯处理时，生成具有臭味的氯酚。

6.2.2 水污染物的危害

造成水体的水质、生物、底质质量恶化的各种物质称为"水体污染物"。水体污染会导致优质水源短缺，供需矛盾日益紧张；水体污染造成人的死亡率及疾病增加，比如中毒、癌症、免疫力下降等；对渔业造成损害，迫使渔业资源减少甚至物种灭亡；废水浇灌农田或储存于池塘、低洼地带造成土壤污染，严重地影响地下水；破坏环境卫生，影响旅游，加速生态环境的退化和破坏；加大供水和净水设施的负荷及营运费用，使水处理成本提高；工业水质下降，导致生产产品质量下降，造成工业损失巨大。水污染对人体健康、农业生产、渔业生产、工业生产以及生态环境的负面影响，都会表现为经济损失。例如，人体健康受到危害将减少劳动力，降低生产效率，增加医药费的支出；对生态环境的破坏意味着环境治理和环境修复费用将大幅提高。

随着工业发展，水体中的污染物质不断增加，其中化学性污染物是当代最重要的一大类，种类多、数量大、毒性强，有一些是致癌物质，严重地影响着人体健康。水体中的污染物，按物质的属性划分为三大类：无机污染物、有机污染物和其他物质，或者分为化学性污染、物理性污染和生物性污染。

水中无机污染物主要是重金属和无机盐，重金属污染主要由工业生产中产生的含有重金属的废水排入江河湖海造成，这些工业包括纺织、电镀、化工、化肥、农药、矿山等。重金属在水体中一般不被微生物分解，只能发生化学形态之间的相互转化、分解和富集，重金属在水中通常呈化合物形式，也能以离子状态存在，但重金属的化合物在水体中溶解度小，往往沉于水底。由于重金属离子带正电，因此在水中很容易被带负电的胶体颗粒所吸附，随水流迁移或沉降。海洋中重金属来源和排放数量随着其种类不同存在一定程度的差异，比如海洋中的汞主要来自工业废水和汞制剂农药的流失以及含汞废气的沉降，每年约有1×10^4吨含汞污染物排入海洋中，而铅的排入量也约为1×10^4吨。上述重金属污染的危害中，汞对鱼和贝类生物危害较大，吸收含汞污染物的浮游生物被鱼、贝捕食后，汞污染能吸附在鱼鳃和贝类生物的吸水管上，使其神经系统受损，造成游动迟缓、形态憔悴。当水中汞的浓度较高时，还能影响海洋植物光合作用，会造成海洋生物死亡。通过食物链作用，人体摄入汞之后，尤其是甲基汞，会对人的肝、肾造成严重的损害，最终导致死亡。近年来，镉对海洋的污染范围日益增大，特别在河口及海湾更为严重。镉一旦进入人体后很难排出，当浓度较低时，人会倦怠乏力、头痛头晕，随后会引起肺气肿、肾功能衰退及肝脏损伤，在各种镉化合物中，氧化镉的毒性最大。镉的毒性作用除干扰铜、锌和钴的代谢外，还直接抑制某些酶系统，特别是需要锌等元素来激活的酶系统。由于镉与硫基、羧基、羟基等结合，其亲和力比锌大，因此体内一些含锌酶被镉取代就会丧失其应有的功能。慢性镉中毒会导致骨痛病（骨软化症）和肾近曲小管的再吸收发生障碍，比如蛋白尿。

除了重金属污染，放射性核素也是影响水环境质量的主要因素之一。根据其来源，放射性核素包括天然放射性核素和人工放射性核素；放射性核素具有半衰期长（比如锶-90和铯-137的半衰期长达30年左右）、危害性大等特点。人工放射性物质主要来源于采矿、选矿和精炼厂的废水以及核试验、核反应堆、核电站、核动力船舰的废水。这些放射性污染物主要是释放出α、β、γ等射线损害人体组织，并能在人体内蓄积造成长期危害，引起贫血、不育、死胎、恶性肿瘤等各种放射性病症，严重者造成死亡。

无机盐主要来源于酸和碱的中和产物。水体中的酸主要来源于矿山排水及多种工业废水。水体中的碱主要来自造纸、化学纤维、制碱、制革、炼油等工业废水。酸、碱废水相互中和产生各种盐类，所以酸、碱污染必然伴随着无机盐的污染。酸和碱污染物会影响水体的pH，破坏水体的生态平衡，也会影响水环境质量。在无机盐中，有些具有很强的毒性，比如氰化物。水体中的氰化物主要来自化学、电镀、煤气、炼焦、选矿等工业排放的含氰废水。含氰废水对鱼类和其他水生生物都有很大毒性。与无机盐污染相似，固体污染物质所造成的水体质量下降，也属于物理污染。固体污染物质来源于水力冲灰、洗煤、冶金、屠宰、化肥、化工、建筑等工业废水，这些废水中都含有悬浮状的污染物，大量悬浮物排入水中，造成水的外观恶化、浑浊度升高，颜色改变。悬浮物沉于河底淤积河道，危害水体底栖生物的繁殖，影响渔业生产；沉积于灌溉的农田，则会堵塞土壤孔隙，影响通风，不利于作物生长。

农药的使用大多采用喷洒形式。一些高毒性的有机物（比如滴滴涕）以微小雾滴形式散布在空间，洒在农作物和土壤中的液态有机物也会再度挥发进入大气。这些有机物会被空中尘埃吸附，在空中飘荡和停留的平均时间长达数年。在这期间，吸附上述有机物的颗粒物会随着雨水一起降到地表和海面。例如，在焚烧废弃物过程中，多氯联苯经过大气搬运入海，仅在日本近海，多氯联苯的累积量已经超过了1万吨。由于滴滴涕这一类氯代烃主要是通过大气传播的，因此目前地球上任何角落都有其存在。

水体中油类污染物主要来自含油废水的排放。水体含油浓度升高会导致鱼肉带有特殊气味不能食用；在水面上形成油膜可使大气与水面隔离，阻止了大气氧气顺利进入水体中，同时油在微生物作用下的降解需要消耗氧，从而导致水体缺氧。油膜还能附在鱼鳃上，使鱼呼吸困难，甚至窒息死亡，导致鱼卵的孵化产生畸形。含油废水对植物也有影响，妨碍光合作用和通气作用，使水稻、蔬菜减产。

污染水体的有机有毒物质主要是酚、硝基化合物、有机农药、多氯联苯、多环芳烃、合成洗涤剂等，它们大多是人工合成的物质，具有较强的毒性且难以降解。水体中的酚类化合物主要来源于煤化工、石油化工和塑料等工业排放的含酚废水。另外，粪便和含氮有机物的分解过程也产生少量酚类化合物。天然水体中的酚类化合物主要是靠生物化学氧化来分解。酚的生物化学氧化是一个复杂的过程，生成一系列中间产物。酚类物质的分解速度取决于结构、起始浓度、微生物状况、水温及曝气条件等因素。酚污染可严重影响水产品的产量和质量，表现在贝类产量下降、海带腐烂、鱼肉有酚味，浓度高时引起水产品大量死亡。高浓度的含酚废水灌溉农田对农作物有毒害作用，能抑制光合作用和酶的活性，妨碍细胞功能，破坏植物生长素的形成，影响植物对水分的吸收，从而导致植物不能正常生长、产量下降。酚可通过皮肤和胃肠道吸收，急性酚中毒者主要表现为大量出汗、肺水肿、吞咽困难、肝及造血系统损害、黑尿等。长期饮用低浓度含酚的水，能引起记忆力减退、皮疹、呕吐、腹泻、头痛、头晕、失眠、贫血等。五氯酚对实验动物还具有致畸胎作用。这类污染物能在水中长期稳定地留存，并通过食物链富集进入人体。例如，多氯联苯具有亲脂性，易溶解于脂肪和油中，具有致癌和致突变的作用，对人类的健康构成了极大的威胁。

水体中有机物营养物质能导致水体富营养化。这类有机物污染主要来自食品、化肥、造纸、化纤等工业的废水和生活用水。海洋中有机污染物来源于航行船只排入的生活污水（占少部分），绝大部分是沿岸的工厂废水，如黄渤海沿岸有食品厂、酒厂、屠宰厂、粮食加工厂等，每年排出富含营养有机物的废水达400多万吨，沿岸城镇人口每年排出生活污水有$3.6×10^{10}$吨，仅上海市每个排污口排入东海的生活污水达$4.5×10^{5}$吨。此外，农业上使用的粪肥和化学肥料很容易被雨水冲刷流失，最终也归入海洋，如每年北方沿海各县化肥使用量高达70多万吨，若有20%~40%排入海洋，则也有$1×10^{5}~3×10^{5}$吨。在这类污水中有机物含量很高，给水域带来大量氮、磷等营养盐。适当的营养盐将增加水域的肥沃度，给渔业资源创造有利条件，但如果营养盐过量，则水域富营养化或产生缺氧，将危害渔业。海水富营养化会造成水体缺氧，鱼贝死亡，助长病毒繁殖，毒害海洋生物，并直接传染给人体；海水富营养化影响海洋环境，造成赤潮危害等，海域一旦形成赤潮后，就会造成水体缺氧，赤潮生物死亡后，又会消耗水中溶解氧，加剧海水缺氧程度，甚至造成海水无氧状态，导致海洋生物大量死亡。同时赤潮生物体内含有毒素，经微生物分解或排出体外，能毒死鱼、虾、贝等生物。赤潮还会破坏渔场结构，致使形不成渔汛，影响渔业生产。人类如果吃了带有赤潮毒素的海产品，会中毒，甚至死亡。除了上述水体污染物外，水体温度、pH值也会影响水环境质量。来源于工业排放的热废水，导致水域缺氧，影响水生生物正常生存；导致原有的生态平衡被破坏，海洋生物的生理功能遭受损害；使渔场环境变化，影响渔业生产等。

生物污染物是指生活污水或工业废水中含有的致病性微生物，例如生活污水中含有引起肠道疾病的细菌、肝炎病毒、SARS冠状病毒和寄生虫卵等，制革厂废水中常含有炭疽杆菌，医院废水中有病原菌、病毒等。病原微生物主要来自生活污水和医院废水以及制革、屠宰业的废水。病原微生物又称"病原体""病原生物"，是能引起疾病的微生物和寄生虫的总称。病原微生物主要有三类：病菌（如痢疾杆菌）、病毒（如流行性感冒病毒）、寄生虫（如疟原虫、蛔虫）。病原微生物是水体污染中的主要污染物之一，对人来讲，传染病的发病率和死亡率都很高。生物性污染最常见的疾病，包括霍乱、伤寒、痢疾、甲肝等传染病及血吸虫病、贾第虫病等寄生虫病。有些海藻能产生毒素，而贝类

（蛤、蚶、蚌等）能富集此类毒素，人食用毒化了的贝类后可发生中毒甚至死亡。

6.2.3 水污染物的迁移转化过程

由于水体的理化性质不同，污染物在水介质中会经过一系列的物理、化学和生物化学变化，并随水体流动与水体中物质（固体悬浮物、细菌等）相互作用，经历不同的途径，其性质发生不同程度的变化。

（1）重金属在水体中的迁移转化

重金属污染物进入水体以后，不会被分解破坏，只会受水体的物理化学条件的影响，其物理和化学形态发生一定的改变，呈现出不同毒性。重金属在水体中会形成重金属化合物，在某种程度上重金属化合物在水中的溶解度能表征其在水环境中的迁移能力，一般溶解度大的其迁移能力大，反之亦然。此外，重金属在水中迁移过程中，会反应生成氢氧化物、硫化物、碳酸盐等，导致其溶解度变小，易沉积于底泥中，如果重金属化合物是离子键化合物，则溶解度较大，在水中迁移能力强，污染的范围相对较广。

胶体对重金属离子的吸附作用，也能影响重金属在水体中的迁移转化行为。水环境中的胶体可分为三大类：无机胶体（各种次生的矿物胶粒和水合氧化物）、有机胶体、有机-无机胶体复合体。重金属与水中胶体发生吸附、离子交换、凝聚、絮凝等化学过程，对重金属的迁移转化产生重要影响。

配体对重金属的配位、螯合作用也能影响重金属在水体中的迁移转化行为。天然水体中存在两类配体：无机配体有 OH^-、Cl^-、CO_3^{2-}、HCO_3^-、F^-、S^{2-} 等，有机配体有氨基酸、糖、腐殖酸。工业及生活废水的排入使存在的配体更加复杂，比如 CN^-、有机洗涤剂、氨三乙酸（NTA）和乙二胺四乙酸（EDTA）、农药和大分子环状化合物。配体能与重金属离子形成稳定度不同的配合物或螯合物。当配体只有一个配位原子与中心离子相连接时，称为单齿配体；当配体有两个或两个以上的配位原子与中心离子相连时，称为多齿配位体或螯合剂。配位过程对重金属离子在水环境中的迁移有很大影响。例如当形成难溶于水的螯合物时，降低了重金属的迁移能力；形成易溶于水的螯合物时，提高了重金属的迁移能力。

重金属在水环境中的氧化-还原过程，也能影响重金属在水体中的迁移转化行为。在自然环境中，氧化-还原作用的结果使一部分物质主要呈氧化态，另一部分物质呈还原态。六价的硫、铬、钼及五价的氮、钒、砷等都是自然界的氧化剂，二价锰、三价铬、三价钒等都是自然环境中的还原剂。同一种元素能同时表现出氧化剂和还原剂的特性，主要取决于环境条件和离子的价态，比如三价铁为氧化剂，二价铁为还原剂；四价锰为氧化剂，二价锰为还原剂等。在天然水体发生的化学反应与生物化学反应中氧化-还原作用占有重要的地位，重金属水体的氧化-还原条件会对金属的价态变化和迁移能力产生很大影响。一些金属元素在氧化环境中具有较高的迁移能力，而另一些金属元素在还原条件下的水体中更容易迁移。例如铬、钒等元素在高度氧化条件下形成易溶的铬酸盐、钒酸盐。相反地，铁、锰等元素在氧化条件下形成溶解度低的高价化合物，很难迁移；而在还原条件下形成溶解度高的低价化合物，有利于迁移。某些重金属价态的变化也相应地引起毒性变化。

重金属的生物转化也能影响重金属在水体中的迁移转化行为。厌氧微生物的作用能使某些重金属甲基化。例如，甲基钴胺素能使无机汞转化为甲基汞和二甲基汞；砷的化合物在同样条件下，也可能生成二甲基砷。生成的甲基化合物毒性更大，对水体污染更严重。由于其脂溶性强，可以通过食物链在生物体内逐渐富集，最后进入人体。

（2）难降解有机物在水体中的迁移转化

难降解有机物多为人工合成物，例如杀虫剂DDT、毒杀芬、热交换剂多氯联苯（PCBs）等。它们在天然条件下降解缓慢，在环境中滞留时间长。在研究它们在水环境中迁移、分布和归宿时，如果只考虑它们在水体中的机械运动，可以用一般形式的多相模型描述持久性有机污染物在水相与气相间、水相与固相间的迁移。

另外，难降解有机物也可以通过生物放大和食物链的输送作用，对动物和人体健康构成威胁。持久性有机污染物（POPs）是最典型的一类难降解有机物，因其在环境中难以降解、对生物有着高毒性而受到广泛关注。POPs在环境中残留时间可以长达数十年，其半挥发性和持久性特征赋予了POPs长距离迁移的能力，使其在全球范围内广泛分布，大陆、大洋乃至南北极地区都能检测到POPs。由于具有亲脂性，环境中POPs更容易富集到生物体内，对生物有着致癌、致畸和致突变的风险，严重威胁着人类的健康。人类接触多氯联苯（PCBs）可影响机体的生长发育，使免疫功能受损。中毒的主要表现为皮疹、色素沉着、眼睑水肿、眼分泌物增多及胃肠道症状等，严重者可发生肝损害，出现黄疸、肝昏迷甚至死亡。PCBs可通过胎盘进入胎儿体内，也可通过母乳进入婴儿体内而导致中毒。POPs在高温条件下会挥发进入大气并随之迁移，而当温度降低时，又会沉降到地表。在温度的驱动下，大气POPs与地表介质之间不断重复着"挥发—迁移—沉降"的界面交换过程。海洋作为最大的水体，是

POPs全球迁移中的重要归宿。大气中的POPs通过大气沉降进入海洋，这些POPs会被水中的颗粒物、有机质和浮游生物所吸附。浮游生物对水中POPs的富集增大了大气-水体之间的浓度梯度，从而加快了POPs的海-气交换过程。同时，水生生物也会通过捕食富集水中的POPs，进而沿水生食物链发生传递和放大。

6.3 水环境管理的对象和目标

6.3.1 水环境管理的对象

水环境管理的对象是水圈，包括海洋、河流、湖泊、沼泽、冰川和地下水等。根据所关注的具体对象不同，水环境管理又可分为地表水环境管理、地下水环境管理和海洋环境管理等。虽然上述对象都属于水圈且存在密切的联系，但由于自然条件和本体特征不同，管理方式、管理体制和管理难度也存在较大差异。另外，对于不同的区域或者环保项目，水环境管理对象也存在较大差异，例如对于以市为单位的区域，其管理对象会更加具体和系统，会涵盖污水处理厂、排水沟等对象。

6.3.2 水环境管理的目标

水环境管理目标制定主要参照国务院发布的《水污染防治行动计划》中提及的内容：到2030年，力争全国水环境质量总体改善，水生态系统功能初步恢复；到21世纪中叶，生态环境质量全面改善，生态系统实现良性循环。

国务院发布实施《水污染防治行动计划》以来，污染严重的水体较大幅度减少，饮用水安全保障水平持续提高，地下水超采得到严格控制，地下水污染加剧趋势得到初步遏制。各个环保单位加快推进流域水生态监测评价，实现由污染治理为主，向水资源、水生态、水环境系统治理、统筹推进转变，推动水体评价由单一水质要素向水生态综合要素转变，实现水环境管理目标从"水环境质量"向"水生态健康"转变。在水资源方面，以生态流量的保障为重点，力争在"有河有水"方面实现突破。确定了达到生态流量（水位）底线要求的河湖数量、恢复"有水"的河流数量2项指标。在水生态方面，以维护河湖生态功能需要为重点，确定了水生生物完整性指数、河湖生态缓冲带修复长度、湿地恢复（建设）面积、重现土著鱼类或水生植物的水体数量等4项指标。在水环境方面，有针对性地改善水环境质量，努力在"人水和谐"上实现突破。确定了地表水优良（达到或优于Ⅲ类）比例、劣Ⅴ类水体比例、水功能达标率、城市集中式饮用水水源达到或优于Ⅲ类比例、城市建成区黑臭水体控制比例等5项指标。

6.4 地表水环境管理

地表水是指陆地表面上动态水和静态水的总称，包括各种液态的和固态的水体，比如河流、湖泊、沼泽、冰川、冰盖等。任何地表水生态系统的管理首先必须评估河流生态系统的健康状况，具体步骤为：

① 将河流生态系统的健康状况分为健康（水质清洁）、亚健康（水质尚可）、脆弱（轻微污染）、病态（中度污染）和恶劣（严重污染）5个等级（如表6.1所示）。表中赋值是以大型底栖动物为指示生物，其原理是基于不同的大型底栖动物对有机污染（如富营养化）有不同的敏感性/耐受性，按照各个类群的耐受程度给予分值。按照分值分布范围，对监测位点水体质量状况进行评价。属于健康级别的河流生态系统不需要实施人工修复，属于恶劣等级的暂时不进行修复，属于亚健康、脆弱和病态等级的要作为待修复对象处理。

表6.1 水生态健康评价——水质指数的具体评价标准

指数	评价标准	水质污染指数
严重污染	0~20	0~20
中度污染	20~40	20~40
轻微污染	40~60	40~60
水质尚可	60~80	60~80
水质清洁	80~100	80~100

② 从水文状况出发，水文状况属于健康的归为水量充沛型，水文状况是亚健康、脆弱、病态和恶劣的归为季节性断流型，水文状况为恶劣的归为常年断流型。依据上述标准对待修复型河流生态系统进行分类，见表6.1。

我国工业废水处理率已大幅度提高，但是仍有一定量的难降解污染物质被排放到水体中，具有潜在的危害。全国城市生活污水处理率仍然不乐观，大多数废水未经处理就直接排入环境中，生活污水成为主要的污染源。水环境中的污染物直接导致水体和土壤的功能受到破坏，因此土壤污染治理和水体污染治理二者是息息相关的。

地表水环境管理所涉及的内容包括：河流、湖泊、水库概况，监测断面或点位概况，排污口概况，水质现状与水质评价，水质变化分析，污染源变化对水质影响的模型预测分析，地理信息和监测数据查询、预测结果图形、表格显示及输出等。河流、湖泊、水库概况是指地理位置、植被、流域、河流级别（干流或支流级别）、流域内行政区划、河流功能、执行标准、水文参数等。监测断面或点位概况是指断面和点位的名称、位置、级别（国控、区控、市控）、功能（控制断面、削减断面、对照断面）、水文参数、点位及其相关描述、执行标准、监测方式（人工、自动）。排污口概况是指排污口的名称、位置、主要污染物、污水类型、年排放量等。

6.4.1 地表水现状和管控对象

地表水一般划分为五类：Ⅰ、Ⅱ类水质能用于饮用水源一级保护区、珍稀水生生物栖息地、鱼虾类产卵场、仔稚幼鱼的索饵场等；Ⅲ类水质能用于饮用水源二级保护区、鱼虾类越冬场、水产养殖区、游泳区；Ⅳ类水质能用于一般工业用水和人体非直接接触的娱乐用水；Ⅴ类水质能用于农业用水以及一般景观用水；劣Ⅴ类水质除调节局部气候外，几乎无使用功能。

从每年的环境状况和环境保护目标完成程度来看，我国地表水环境质量呈现出逐步改善的局面，生态系统格局整体稳定，环境风险态势保持稳定。2018~2022年，全国劣Ⅴ类水质断面开始减少，重点流域水质也趋于稳定。2018年，在544个重要省界断面中，Ⅰ~Ⅲ类、Ⅳ~Ⅴ类和劣Ⅴ类水质断面比例分别为69.9%、21.1%和9.0%。主要污染指标为总磷、化学需氧量、五日生化需氧量和氨氮。与2017年（543个可比断面）相比，Ⅰ~Ⅲ类水质断面比例上升2.6个百分点，劣Ⅴ类下降3.9个百分点。生态环境部公布的《2019年第三季度和1~9月全国地表水环境质量状况》数据如图6.1（a）所示，在2019年1~9月间，全国实际测试的1930个国家地表水评价断面中，Ⅰ~Ⅲ类水体比例为71.0%，劣Ⅴ类水质断面比例为4.1%。2019年1~9月，长江、黄河、珠江、松花江、淮河、海河、辽河、西北诸河、西南诸河和浙闽片河流十大流域Ⅰ~Ⅲ类水质断面比例为78.6%，与2018年同阶段相比上升了2.9个百分点；劣Ⅴ类水质断面比例为3.3%，与2018年同阶段相比下降了2.0个百分点。其中，西北诸河、浙闽片河流、西南诸河和长江流域水质为优，珠江流域水质良好，黄河、松花江、淮河、辽河和海河流域为轻度污染。2022年，我国生态环境部公布《2022年第三季度和1~9月全国地表水环境质量状况》[图6.1(b)]，以化学需氧量、高锰酸盐指数和总磷作为主要考察指标，其结果显示：在2022年1~9月，3641个地表水考核断面中，水质优良（Ⅰ~Ⅲ类）断面比例为86.2%，与2019年同期相比较上升15.2个百分点；劣Ⅴ类断面比例为0.9%，与2019年同期相比较下降3.2个百分点。

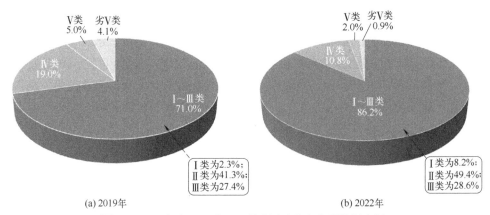

(a) 2019年　　　　　　　　　　　　　　(b) 2022年

图6.1　2019年和2022年1~9月全国地表水水质类别比例

　　以化学需氧量、总磷和高锰酸盐等作为主要指标指数,《2020中国生态环境状况公报》显示,全国地表水监测的1937个水质断面中, Ⅰ~Ⅲ类水质断面(点位)占83.4%,比2019年上升8.5个百分点;劣Ⅴ类占0.6%,比2019年下降2.8个百分点。2020年,全国地级及以上城市中,柳州、桂林、张掖等30个城市国家地表水考核断面水环境质量相对较好,铜川、沧州、邢台等30个城市国家地表水考核断面水环境质量相对较差。2020年,长江、黄河、珠江、松花江、淮河、海河、辽河七大流域和浙闽片河流、西北诸河、西南诸河主要河流监测的1614个水质断面中, Ⅰ~Ⅲ类水质断面占87.4%,比2019年上升8.3个百分点;劣Ⅴ类占0.2%,比2019年下降2.8个百分点。主要污染指标为化学需氧量、高锰酸盐指数和五日生化需氧量。西北诸河、浙闽片河流、长江流域、西南诸河和珠江流域水质最优,黄河流域、松花江流域和淮河流域水质良好,辽河流域和海河流域为轻度污染,如图6.2所示。

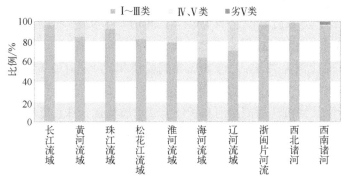

图6.2　2020年七大流域和浙闽片河流、西北诸河、西南诸河水质状况

　　与之相对应的,《2020中国生态环境状况公报》显示,对全国地表水监测的3629个水质断面长期监测数据表明,我国的 Ⅰ~Ⅲ类水质所占比例进一步增大,达到了87.9%,比2020年上升了4.5个百分点。在地区和城市900多个集

中式生活饮用水水源检测的点位数据表明，达标率为95.9%。各大典型的江河水体呈现出不同程度的改善，Ⅰ~Ⅲ类水质所占比例进一步扩大，劣Ⅴ类水质比例进一步缩小，其中浙闽片河流、西北诸河、辽河流域、海河流域、淮河流域、长江流域已无劣Ⅴ类水质断面。湖泊水质总体良好，其中丹江口水库和洱海的水质为优，湖泊水质评估主要污染指标仍然是总磷、化学需氧量和高锰酸盐指数。

以化学需氧量、高锰酸盐指数和总磷作为主要污染指标，对长江、黄河、珠江、松花江、淮河、海河、辽河等七大流域及西北诸河、西南诸河和浙闽片河流进行了考察，结果如图6.3所示。在2022年1~9月，水质优良（Ⅰ~Ⅲ类）断面比例为88.5%，同比上升4.8个百分点；劣Ⅴ类断面比例为0.7%，同比下降0.3个百分点。其中，浙闽片河流、长江流域、西北诸河、西南诸河和珠江流域水质为优；黄河、辽河和淮河流域水质良好；海河和松花江流域为轻度污染。

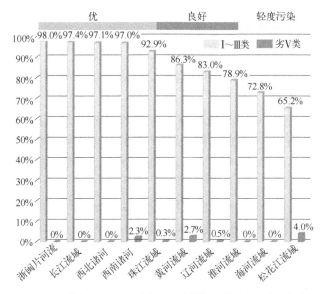

图6.3　2022年1~9月七大流域和西南、西北诸河及浙闽片河流水质类别比例

总之，经过20多年环境治理，我国的整体水环境质量明显改善，不过局部仍有恶化的趋势，比如蓝藻水华、水生态失衡问题依然存在。在淡水环境方面，全国地表水水质优良（Ⅰ~Ⅲ类）断面比例为87.9%，重要湖泊（水库）中Ⅰ~Ⅲ类水质湖泊（水库）比例不断增加，水生态环境保护取得明显成效。长江、渤海等排污口得到有效治理，解决了偷排、乱排等破坏生态环境的违法行为，长江、黄河生态保护修复治理工作成效显著。城市黑臭水体得到了有效治理，污水处理能力也显著增加。

6.4.2 地表水监测方法

水环境有效管理的前提条件是准确及时监测水环境质量，获得污染物的主要指标量，比如水体中重金属离子的含量、pH等。一般地，水环境检测的对象可以分为两类：环境水体监测和水污染源监测。环境水体监测是从整体上对水环境质量进行监测，其监测的对象包括地表水和地下水。对进入江河、湖泊、水库等地表水和地下水中的污染物质进行常规的监测，可以实时掌握水质现状及其变化趋势。水污染源监测是在明确污染源的情况下，对其排放情况进行的监测。水污染源包括工业废水、生活污水、医用污水等。对生产过程、生活设施及其他排放源排放的污水进行经常性监测，掌握废污水排放量及其污染物浓度和总量评价是否符合排放标准，能为污染源管理和排污收费提供依据。除此之外，对水污染、水环境污染事故进行应急监测（也属于上述监测范围），能为分析判断事故原因、危害及所采取的应对方案，提供相对充足的依据。所获得的监测结果也可为环境污染纠纷的仲裁、环境利益纠纷的处理提供科学依据，为政府部门制定水环境保护标准、法规和规划及开展环境保护管理工作提供有关数据和资料，为开展水环境质量评价和预测及进行环境科学研究提供基础数据和技术手段。

环境水体监测和水污染源监测的顺利展开首先需要确定监测的指标。水质指标涉及物理、化学、生物等各个领域。为了反映水体被污染的程度，通常用悬浮物（SS）、有机物、酸碱度（pH）、细菌和有毒物质等指标来表示。

（1）悬浮物

悬浮物是污水中呈固体状的不溶性物质，它是水体污染的基本指标之一。悬浮物降低水的透明度，降低生活和工业用水的质量，影响水生生物的生长。

（2）有机物

这也是一个重要的水质指标。由于有机物的组成比较复杂，要分别测定各种有机物的含量十分困难，通常采用生物化学需氧量、化学需氧量和总有机碳等三个指标来表示有机物的浓度。生物化学需氧量，简称生化需氧量，用BOD（biochemical oxygen demand）表示，指水中的有机污染物经微生物分解所需的氧气量。BOD越高，表示水中需氧有机物质越多。有机污染物的生物化学氧化作用分两个阶段进行：第一阶段主要是有机物被转化为CO_2和NH_3等无机物；第二阶段主要是NH_3被转化为HNO_2和HNO_3。生化反应如下：

$$RCH(NH_2)COOH+O_2 \longrightarrow RCOOH+CO_2+NH_3$$

$$2NH_3+3O_2 \longrightarrow 2HNO_2+2H_2O$$

$$2HNO_2+O_2\longrightarrow 2HNO_3$$

废水的生化需氧量，通常指第一阶段有机物生化作用所需的氧量。因为微生物活动与温度密切相关，因此测定BOD时一般以20℃作为标准温度。在此温度条件下，一般生活污水中的有机物，需要20天左右才能基本上完成第一阶段的氧化分解过程，这不利于实际测定工作，所以目前国内外都以5天作为测定BOD的标准时间，简称五日生化需氧量，用BOD_5表示。其理论依据是一般有机物的五日生化需氧量，约占第一阶段生化需氧量的70%，基本反映了水中有机污染物的实际情况。

化学需氧量，用COD（chemical oxygen demand）表示，指化学氧化剂氧化水中有机污染物时所需的氧量。COD越高，表示有机物越多。目前常用的氧化剂主要是重铬酸钾（$K_2Cr_2O_7$）或高锰酸钾（$KMnO_4$）。

BOD在一般情况下能较确切地反映水污染情况，但它受到时间（时间长）和废水性质（毒性强）的限制；COD的测定不受废水条件的限制，并能在2~3小时内完成，但它不能反映出微生物所能氧化的有机物量。因此，在研究有机物污染时，可根据实际情况来确定采用BOD还是COD。

（3）pH

污水的pH对污染物的迁移转化、水中生物的生长繁殖等均有很大的影响，因此成为重要的污水指标之一。

（4）细菌

根据外部形态，可将细菌分为球菌、杆菌、螺旋菌等；按摄取营养的方式可分为自养细菌、异养细菌；按温度因素，可分为低温细菌、中温细菌、高温细菌；按需氧因素，可分为好氧细菌、厌氧细菌、兼性厌氧细菌。

污水中大部分细菌是无害的，另一部分细菌，如引起霍乱、伤寒、痢疾的病菌等则是对人、畜有害的。衡量水体是否被细菌污染可用两种指标表示：一是每毫升水中细菌的总数；二是每100毫升样品中大肠菌群的最大可能数。大肠菌群是流行病学上评价水体是否被粪便污染的重要指标。许多国家规定，饮用水中不得检出大肠菌群。

（5）有毒物质

各个国家都根据实际情况制定出地表水中有毒物质的最高容许浓度的标准。有毒物质包括无机有毒物（主要指重金属）和有机有毒物（主要指酚类化合物、农药、PCBs等）。

除以上5种表示水体污染的指标外，还有温度、颜色、放射性物质浓度等，也是反映水体污染的指标。

6.4.3　地表水环境修复方法

修复地表水环境，一般包括两类方法：原位修复和非原位修复。原位修复主要是基于生态学原理，对污染水体进行修复。在实际情况中，更多的是采用非原位方法来处理废水或者污水，主要包括预处理、一级处理、二级处理和深度处理。其中，预处理设备主要包括格栅机、刮油刮渣机、调节池、沉砂池、初沉池等，可用于水体温度调节、水质水量调节、预曝气、隔油等。一级处理基于物化处理中的中和、混凝沉淀等处理方法，可用于去除废水中悬浮固体和漂浮物质，同时还通过中和或均衡等预处理对废水进行调节。二级处理是基于厌氧或好氧生物过程的处理工艺，用于去除废水中呈胶体和溶解状态的有机污染物质。深度处理主要基于高级氧化技术，比如光催化氧化技术、湿式氧化技术等。

除了上述分类方法外，水处理过程还可以按处理原理分为：物理处理法、化学处理法、生物处理法及其混合方法（两种或多种工艺方法复合形成）。

6.4.3.1　物理处理法

物理处理法主要包括混凝法、吸附法、重力分离法、离心分离法、过滤法、蒸发结晶法、磁力分离法、膜分离法、萃取法。

（1）混凝法

混凝法处理污水的基本原理是向污水中投加混凝剂，以破坏水中胶体颗粒的稳定状态，在一定的水力条件下，通过胶粒间以及其他微粒间的相互碰撞和聚集，从而形成易于从水中分离的絮状物质。该方法能去除水中的浊度、色度、某些无机或有机污染物，如油、硫、砷、镉、表面活性物质、放射性物质、浮游生物和藻类等。该方法所使用的混凝剂种类多样，比如无机盐类、高分子絮凝剂、助凝剂等。混凝法可用于各种工业污水的预处理、中间处理或最终处理。

（2）吸附法

吸附法是目前水环境修复方面比较成熟的工艺，其基本原理是利用高比表面积的吸附材料，通过和污染物之间的一系列界面作用将污染物从水体中吸附分离，具有易于操作、成本较低、技术成熟、处理速度快等优点。目前，常见的吸附剂有活性炭、树脂吸附剂（吸附树脂）、沸石、天然矿物等。吸附工艺的操作方式有静态间歇吸附和动态连续吸附两种。在污水处理中，物理吸附（污染物和吸附剂之间的作用力主要是色散力、静电力和氢键等）和化学吸附是相伴发生的综合作用的结果，主要用来处理有机废水、含酚污水，或用于污水的深度处理。

（3）重力分离法

重力分离法指利用污水中泥沙、悬浮固体和油类等在重力作用下与水分离的特性，经过自然沉淀，将污水中密度较大的悬浮物除去，比如污水处理中的一次和二次沉淀池。上述重力分离一般包括四种类型：自由沉淀、絮凝沉淀、集团沉淀、压缩沉淀。自由沉淀主要是针对悬浮物的浓度不高，颗粒物之间不会相互结合，各自完成沉淀过程，沉砂池和初次沉淀池属于此类情况。絮凝沉淀主要是指颗粒物浓度不高，但是相互之间具有一定的作用力，产生凝聚现象，结合成更大的絮凝体。集团沉淀是指颗粒物的浓度较高时所发生的现象，颗粒物之间有较大的阻力和干扰，沉降速度有所降低，液体与颗粒物群之间有比较清晰的界面。压缩沉淀是指废水中的悬浮颗粒物的浓度很高，颗粒物之间相互接触和支撑，在上层颗粒的重力作用下，下层颗粒间隙中的液体被挤出界面，固体粒径群被浓缩。

（4）离心分离法

除了重力沉降法外，离心分离法也属于物理方法。离心分离法是在机械高速旋转的离心力作用下，把不同质量的悬浮物或乳化油通过不同出口分别引流出来，进行回收。

（5）过滤法

过滤法是用石英砂、筛网、尼龙布、格栅等作过滤介质，对悬浮物进行截留。

（6）蒸发结晶法

蒸发结晶法是加热使污水中的水汽化，固体物质得到浓缩结晶。

（7）磁力分离法

磁力分离法是利用磁场力的作用，快速除去废水中难以分离的细小悬浮物和胶体，如油、重金属离子、藻类、细菌、病毒等污染物质。

（8）膜分离法

膜分离法依溶质或溶剂透过膜的推动力不同，可分为以下三类：

① 以电动势为推动力的方法，称电渗析或电渗透；

② 以浓度差为推动力的方法，称扩散渗析或自然渗透；

③ 以压力差（超过渗透压）为推动力的方法有反渗透、超滤、微孔过滤等。

在污水处理中，应用较多的是电渗析、反渗透和超滤。其中，反渗透和超滤属于物理处理方法。反渗透与渗透过程所涉及的溶剂分子流动方向相反，需要额外施加推动力。如图6.4所示，渗透现象是溶剂分子（通常为水分子）自发地从低浓度一侧（低渗透压）穿过半透膜（只允许水分子通过）渗透到高浓度一侧（高渗透压）的自然过程。反渗透是指通过额外施加压力，使得较高浓度一侧（进料溶液）的溶剂分子进入低浓度一侧，典型的例子是海水淡化。

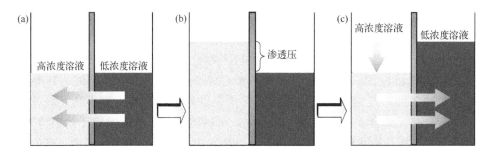

图6.4　渗透（a）、渗透平衡（b）、反渗透（c）的示意图

超滤法属于膜分离法技术，其驱动力是静压差，使原料液中溶剂和溶质粒子从高压料液一侧透过超滤膜到低压侧，并阻截大分子溶质。在废水处理中，超滤技术可以用来去除废水中的淀粉、蛋白质、树胶、油漆等有机物和黏土、微生物，还可用于污泥脱水等。

（9）萃取法

利用某种溶剂对不同物质具有不同溶解度的性质，使混合物中的可溶组分得到完全或部分分离的过程，称为溶剂萃取。值得注意的是，所选的溶剂（萃取剂）必须与被处理的液体（如污水）不互溶，而对被萃取的物质具有明显的溶解能力。常用的萃取剂有重苯、二甲苯等。萃取设备有隔板塔、填料塔、筛板塔、振动塔等，可视具体情况选择。

6.4.3.2　化学处理法

化学处理法是通过化学反应和传质作用来分离、去除废水中呈溶解、胶体状的污染物，或将其转化为无害物质，一般基于中和、沉淀、氧化还原、电解、电渗析法等基本化学反应原理和方法。

（1）中和法

中和反应一般是指用化学方法去除污水中的酸或碱，使pH值达到中性。当受纳水体的对象（如管道、构筑物）对污水pH值有要求时，应对污水采取中和处理。对酸性污水可采用碱性污水相中和、额外投药、过滤中和等方法，上述过程中所采用的中和剂一般有石灰、石灰石、白云石、苏打、苛性钠等。对于碱性污水，可采用酸性污水相中和、加酸中和、烟道气中和等方法，使用的酸常为盐酸和硫酸。当酸性污水中含酸量超过4%时，应首先考虑回收和综合利用；低于4%时，可采用中和处理。当碱性污水中含碱量超过2%时，应首先考虑综合利用；低于2%时，可采用中和处理。

（2）沉淀法

化学沉淀一般是指人为添加化学药剂，使污水中一部分可溶污染物沉淀析出，得以与水分离。例如，利用石灰石去除氧化砷，其反应如下：

$$As_2O_3+Ca(OH)_2 \Longleftrightarrow Ca(AsO_2)_2\downarrow+H_2O$$

$$Zn^{2+}+2OH^- \Longleftrightarrow Zn(OH)_2\downarrow$$

对含有重金属的污水，加入石灰可以生成重金属的氢氧化物沉淀或钙盐沉淀；如果加入硫化剂，能生成重金属硫化物沉淀，比如能与H_2S反应生成沉淀的金属有铜、银、汞、铅、镉、砷、钴、镍、铁等。化学沉淀属于氧化还原反应，但未使用强氧化剂或还原剂，而是以沉淀物的形式与水分离。

（3）氧化还原法

氧化还原法是指污水中的有毒、有害物质在氧化还原反应中转化为无毒、无害的物质。常用的氧化剂有纯氧、臭氧、氯气、漂白粉、次氯酸钠、三氯化铁等，能用来处理焦化污水、有机污水和医疗废水等。常用的还原剂有硫酸亚铁、亚硫酸盐、氯化亚铁、铁屑、锌粉、二氧化硫等。例如，在含有六价铬（Cr^{6+}）的污水中通入SO_2后，污水中的六价铬还原为三价铬。

（4）电解法

电解法的基本原理就是电解液与电极界面，在施加的外电场作用下，发生质量传递和电荷传递过程，电荷传递或者转移导致电极表面的氧化或还原反应。在阴极发生还原反应，污水中某些阳离子在阴极得到电子而被还原（阴极起到还原剂的作用）；在阳极发生氧化反应，使污水中某些阴离子因失去电子而被氧化（阳极起到氧化剂作用）。因此，污水中的有毒、有害物质在电极表面沉淀下来，或生成气体逸出，从而降低了污水中有毒、有害物质的浓度，此法多用于含氰污水的处理和从污水中回收重金属等。

（5）电渗析法

电渗析法是对溶解态污染物进行化学分离，某种程度上电渗析属于膜分离法技术，其原理是利用直流电场作用使溶液中的离子做定向迁移，并使其截留置换的方法。离子交换膜起到离子选择透过和截阻作用，施加的电压将促进离子分离和浓缩，起到净化水的作用。电渗析法处理废水的特点是不需要消耗化学药品，无二次污染，设备简单，操作方便。

6.4.3.3　生物处理法

废水的生物处理法是利用微生物（比如细菌、真菌、原生动物）的生命活动（包括好氧和厌氧过程）去除废水中呈溶解态或胶体状态的有机污染物、营养物质或有机废物，从而使废水得到净化的一种处理方法。例如，微生物吸附主要是利用本身的化学结构及成分吸附重金属离子，再通过固液两相分离去除水溶液中的重金属离子。废水生物处理技术有能耗少、效率高、成本低、工艺操作管理方便可靠和无二次污染等显著优点。生物处理法可以细分为：活性污泥法、生物塘法、厌氧生物处理法、生物膜法、接触氧化法。

根据废水生物处理中微生物对氧的要求，可把废水的生物处理方法分为好氧处理和厌氧处理两类。如图6.5所示，废水好氧生物处理是指在有氧条件下通过好氧微生物的作用，将一部分有机物进行分解，最终形成二氧化碳和水等稳定的无机物，同时释放出能量，为微生物提供了合成新细胞所需的物质或能量；上述过程涉及合成代谢和分解代谢，二者相辅相成。无论是合成代谢还是分解代谢，都能够去除废水中的有机污染物，然而分解代谢的产物是二氧化碳和水等，可直接排入环境，而合成代谢的产物则是新生的微生物细胞，并以剩余污泥的方式排出，需要对其进行妥善处理，否则可能造成二次污染。例如，利用活性污泥法处理废水，污水中的可溶解性有机物是透过细胞膜而被细菌吸收的；固体和胶体状态的有机物是先由细菌分泌的酶分解为可溶性物质，再渗入细胞而被细菌利用的。好氧处理法主要有：活性污泥法、序列间歇式活性污泥法（SBR）、生物接触氧化法、生物转盘法、生物滤池、氧化沟、氧化塘等。好氧生物处理主要适用于COD在1500mg/L以下的废水处理，提高曝气过程中氧的利用率，增加单位电耗氧量一直是曝气设备和技术开发的重点。

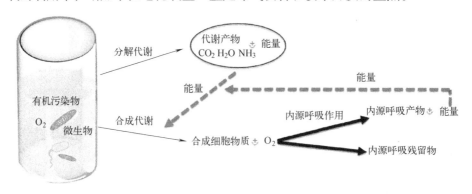

图6.5　好氧条件微生物代谢、合成代谢及其产物的示意图

如图6.6所示，废水厌氧生物处理是指在无氧或缺氧条件下通过厌氧微生物（包括兼性微生物）的作用，将废水中的各种复杂有机物分解成甲烷、二氧化碳、挥发性酸等物质的过程，也称为厌氧消化。利用厌氧生物法处理污泥、高浓度有机污水等产生的沼气可获得生物能，并提高了污泥的脱水性，有利于污

泥的运输、利用和处置。废水厌氧生物处理与好氧过程的根本区别在于不以分子态氧作为受氢体，而以化合态氧、碳、硫、氮等作为受体。有机物在厌氧条件下的降解过程分成三个反应阶段。第一阶段是废水中的可溶性大分子有机物和不溶性有机物水解为可溶性小分子有机物。不溶性有机物（如污泥）的主要成分

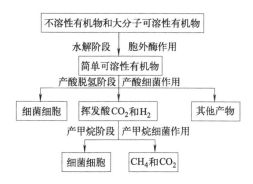

图6.6 厌氧条件下微生物分解代谢和合成代谢及其产物的流程示意图

是脂肪、蛋白质和多糖类，在细菌胞外酶作用下分别分解为长链脂肪酸、氨基酸和可溶性糖类。第二阶段为产酸和脱氢阶段。水解形成的可溶性小分子有机物被产酸细菌作为碳源和能源，最终产生短链的挥发酸，如乙酸等。有些产酸细菌能利用挥发酸生成氢和二氧化碳等。第三阶段是产甲烷阶段。专性厌氧菌将产酸阶段产生的短链挥发酸（主要是乙酸）氧化成甲烷和二氧化碳。有一类细菌可以利用氢产生甲烷，受氢体可能是二氧化碳或乙酸。例如在微生物的作用下经过氨化、硝化和反硝化反应实现对废水中含氮化合物（有机氮和氨态氮）的脱氮。

污水中的氮主要分为有机氮化合物和氨态氮两种形态。污水中的氮进入稳定塘后，首先有机氮化合物在微生物作用下分解为氨态氮。氨态氮在硝化细菌作用下，转化为硝态氮（硝酸盐或亚硝酸盐）。硝态氮在反硝化菌作用下，还原为单质氮（氮气）。在高pH、长水力停留时间、较高温度下，水中氨态氮以NH_3形式存在，可向大气挥发。氨态氮或硝态氮可作为微生物及各种水生植物的营养，合成其本身机体，死亡的细菌和藻类经解体后形成溶解性有机氮和沉淀物。沉淀在厌氧区的有机氮在厌氧细菌作用下，也可分解。

6.4.3.4 其他方法

生物膜处理法是将膜分离和生物法相结合的一种新型复合处理方法，其基本原理是将细菌和真菌类的微生物和原生动物、后生动物等微型动物吸附于生物滤料或者其他载体上，形成膜状生物污泥，将废水中的有机污染物作为营养物质，从而实现净化废水的目的。生物膜法具有较好的适应性，特别是对水量、水质、水温变动适应性强，出水水质优良稳定、容积负荷高、占地面积小、处理效果好并具良好的硝化功能，剩余污泥量小，易于固液分离，动力费

用省。膜生物反应器（MBR）是生物反应器与膜组件组合工艺的统称。根据膜组件在膜生物反应器中的作用可将其分为：分离膜生物反应器、曝气膜生物反应器、萃取膜生物反应器。新型低能耗一体化MBR工程结构技术，可以在农村畜禽养殖场、旅游景点、高速公路服务区、海岛等需要小型污水处理设施的地方广泛应用。此项技术与现有污水处理技术相比，具有能耗低、占地小、出水水质优良稳定、自动化程度高、可远程控制管理、工程造价低等优点，便于在城镇和农村推广，市场应用前景广阔。影响膜性能的因素很多，主要包括：膜孔径大小和分布，膜表面电荷性质，膜表面粗糙度，膜表面亲疏水性，膜组件的结构形式和操作条件（比如曝气强度、操作压力）。

光催化剂在有机物降解、杀菌灯领域有广泛的应用。光催化剂吸收高能量的光子后，材料中的电子从价带跃迁到导带，形成自由迁移的具有较强还原性的高能电子，同时在价带上形成了高氧化性的空穴。将膜分离和光催化材料相结合，可利用太阳能激发催化剂产生的空穴，并进一步与氧气和水反应生成高氧化活性物种（·OH与·O_2^-活性自由基），能充分氧化附着在膜表面及膜孔内的有机污染物（其反应过程如下），因此光催化改性对提高膜材料的抗污染性及自清洁性能具有重要作用，同时还能提高光催化剂的回收问题。

$$光催化剂 + \xrightarrow{hv} h^+ + e^-$$

$$h^+ + OH^- \longrightarrow ·OH$$

$$e^- + O_2 \longrightarrow ·O_2^-$$

$$有机物 + ·OH \longrightarrow 中间产物 \longrightarrow CO_2 + H_2O$$

$$有机物 + ·O_2^- \longrightarrow CO_2 + H_2O + 其他产物$$

6.5 地下水环境管理

地下水是指地面以下饱和含水层中的重力水，约占地球全部可用淡水资源的97%，我国的地下水约占水资源总量的1/3，已成为我国工农业生产、人民生活以及生态用水的重要水源。水资源不足和地表水污染是我国水危机的两个外在体现，而地下水污染则更为隐性且危害更大。与地表水相比，地下水污染隐蔽性强、延时性突出，还具有不可逆转性。这些特点决定了地下水污染治理比较困难，污染物难以清理，特别是重金属污染物无法短期内实现降解和去除。地下水污染不易发现，污染后果短期内无法显现；地下水污染防治技术不太成熟，其动态监测也比较麻烦（与地表水检测相比较），因此要净化被重金属污染的地下水仍然充满挑战。我国地下水水质状况不容乐观，约1/3的地下水不适合直接饮用，一般化学指标（比如总硬度、铁和锰）和毒理学指标（比如"三氮"、三氯化铁和苯）均存在不同程度的超标。我国虽有地下水管理的法律法规但不够健全，监测体系不够完整，导致了当前仍未针对污染源提出根本性的解决措施，污染形势仍在持续恶化。

6.5.1 我国地下水现状及管控目标

当前我国水资源总量中30%来自地下水，全国660多个城市中有2/3的城市将地下水作为饮用水源。在某种程度上地下水是人们维系生活和生命的重要水源，但随着我国经济社会及城镇化的快速发展，地下水资源短缺且污染状况加剧，总体情况不容乐观。全国大部分地区的地下水均遭到了不同程度的污染，特别是废水的排放、工业废渣和城市垃圾填埋场的泄漏，石油和化工原料的传输管线、储存罐的破损，农药和化肥的过量施加等加剧了地下水的污染。2010年，国土资源部和水利部联合对全国182个城市开展地下水水质监测工作，结果表明，4110个水质监测点中，较差和极差级的监测点占57.2%，我国地下水的污染比较严重，特别是浅层地下水的污染尤为突出，总体趋势是：全国地下水环境品质"南方优于北方，山区优于平原，深层优于浅层"。如图6.7（a）所示，2020年，全国10171个国家级地下水水质监测点的数据表明：Ⅰ～Ⅲ类水质监测点占13.6%，Ⅳ类占68.8%，Ⅴ类占17.6%。如图6.7（b）所示，2020年水利部门对10242个地下水水质监测点（以浅层地下水为主）所获得数据表明，Ⅰ～Ⅲ类水质监测点占22.7%，Ⅳ类占33.7%，Ⅴ类占43.6%，主要超标指标为锰、总硬度和溶解性总固体。因此地下水质量保护及其有效治理迫在眉睫，地下水环境保护目标是潜水含水层和可能受建设项目影响且具有饮用水开发利用价值的含水层，集中式饮用水水源和分散式饮用水水源地，以及《建设项目环境影响评价分类管理名录》中所界定的涉及地下水的环境敏感区。

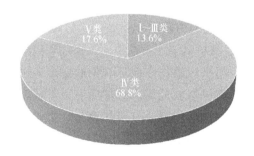
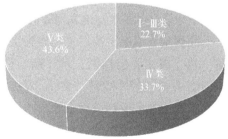

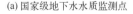

(a) 国家级地下水水质监测点　　　　　　　　　　(b) 浅层地下水

图6.7　2020年国家级地下水水质监测点和浅层地下水水质情况

（数据来源于生态环境部）

地下水被大量开采用于生活饮用、农业灌溉和工业生产中，导致地下水短缺；地表面污染物渗透到浅层地下水，进一步污染深层地下水，进而加剧清洁地下水短缺的危机。我国科研工作者对118个城市地下水进行7年的监测，发现64%的城市地下水污染处于严重状态，33%的城市地下水污染处于轻度状态，而正常的城市则仅为3%。地表环境污染，特别是土壤污染问题，是导致地下水污染的重要原因，即土壤污染和地下水污染总是相伴而生，然而目前地下水污染和土壤污染治理是分开的，若不加以改变，只能是继续加剧地下水污染，这对人们的生命和健康是个持久的威胁。构建污染土壤与地下水一体化修复新技术，研究一体化修复系统的可行性、修复效果、修复机理是地下水污染治理的重要任务之一。公开的数据显示，我国有16.1%的土壤污染物指数超标，这些污染物主要是无机污染物，这也与地下水污染情况相似。2011年，*Science*报道了中国地下水所面临的严峻问题：约90%的浅层地下水已被污染；与农村相比，城市浅层地下水污染趋势加重；37%的地下水资源已不能作为饮用水源。以pH值、总硬度、溶解性总固体、硫酸盐、氯化物、高锰酸盐指数、铁、锰、氟化物、碘化物、硝酸盐（以氮计）、亚硝酸盐（以氮计）、氨氮（以氮计）、汞、砷、镉、铅、铬（六价）、挥发性酚类（以苯酚计）、氰化物作为监测指标，2013~2017年间地下水监测井数据显示，上述20项指标均有不同程度的检出，总硬度、溶解性总固体、硫酸盐、铁、锰、"三氮"等指标超标率均达到了10%，部分监测井指标超标率甚至达到20%以上，特别是在2016年，汞、砷、镉、铬（六价）、铅均有不同程度的超标。2022年，南方科技大学环境科学与工程学院下属的地表水-地下水污染综合治理国家环境保护重点实验室，利用地下水模型（基于美国地质调查局的NWT-MODFLOW代码），通过敏感性分析对水文地质参数进行校准，构建中国地下水数值模型，系统地分析地下水流动态，模拟结果表明：我国北部省份含水层面临枯竭危机，华北平原以外的整个盆地和河谷的水位下降缓慢且有限。

我国地下水中主要污染物质为重金属、有机溶剂、石油类、杀虫剂和硝酸盐，重金属主要包括铅、汞、镉、铬等；有机污染物在地下水中的检出多达44种，有卤代烃、单环芳烃、多环芳烃、有机氯农药等。总体而言，重金属是地下水中的主要污染物，地下水中重金属污染物主要与工业废弃地、工业园区、固体废物集中处理处置地、采矿区、污水灌溉区等污染场地有关，地下水污染很大一部分来源于雨水冲刷污染场地，携带污染物进入地下。主要的（潜在的）污染场地包括：

① 城市垃圾填埋场。我国目前已有2/3的城市形成了"垃圾包围城市"

的严重局面，很多城市的垃圾场未经科学的设计与防护处理，比如露天堆放或者直接填埋，因此，城市垃圾填埋场对地下水的污染在大中城市比较普遍，严重影响城市环境质量和可持续发展。

② 城市污水管网泄漏。城市污水管网中所输运的污水成分复杂，且伴随着多种生化反应，会产生具有毒性和腐蚀性的化学产物和易燃易爆的气体，超过管道材料的承压后导致管道的泄漏。地下污水管线出现泄漏以后，污水一部分留在了土壤里，还有一部分就随着水流进入地下水，造成土壤和地下水污染。污水泄漏会改变地下水微生物的含量，产生细菌、病毒和寄生虫等有害微生物，随着地下水被引入人们的生活管道，这些有害微生物也进入了生活用水当中，危害人体健康。

③ 地下储存罐泄漏。根据国内外经验，数量众多的加油站和各类化工原料或产品的地下储存罐，都不同程度存在着泄漏问题，特别是运行时间超过20年的地下储存罐，存在着极大的泄漏风险，给土壤和地下水带来了严重的威胁。我国的石油储罐的泄漏比较严重，仅2013年，类似的加油站地下藏污报道至少有11起，比较严重的事件是河南禹州市东十里村加油站漏油污染地下水事件和贵州铜仁大兴高新区储油罐漏油事件（泄漏了18t汽油）。然而对于全国范围内加油站渗泄漏的情况，尚没有权威的调查发布。我国地下储油罐很少得到更换，而且大部分加油站地下储油罐使用的是单层罐，缺乏监测预警设备或传感器，这又会增加漏油的风险。这些储油罐泄漏事件，导致地下水样品中总石油烃检出率为85%，强致癌物多环芳烃检出率为79%，部分样品中检出挥发性有机物苯、甲苯、二甲苯。《全国地下水污染防治规划（2011—2020年）》曾对加油站地下水污染防控提出明确要求，但由于监管体制机制、配套政策标准及监管手段尚不健全，污染源现状尚不明确，给规划实施带来了巨大的困难。2022年国务院安委会发布开展油气储罐区专项隐患排查的通知，要求有关企业（比如石油储备、石油化工企业）要切实落实安全生产主体责任，加强隐患自查自改，针对当前暴雨、雷电天气多发的实际情况，组织开展专项隐患排查，确保油气储罐区防雷、防静电措施和消防设施落实配备到位。

④ 工业泄漏场地（包括废弃的和正在运转的场地）。所有的工厂或多或少地存在着跑、冒、滴、漏的问题，形成了众多的污染场地。特别是有机化工厂对土壤及其地下水的污染更加严重。泄漏在土壤中的化学物质随着雨水进入地下水，出现了饱和非水相液体有机污染物，浮在地下水水面以上，厚度有数十厘米。需要根据实际情况，构建相关的地面防渗措施，包括压实黏土防渗、混凝土防渗、高密度聚乙烯土工膜防渗、钠基膨润土防水毯防渗等。

⑤ 农业活动导致的地下水污染场地。农业活动导致了浅层地下水的严重污染。受农业活动的影响，地下水中氮、磷的污染现象比较普遍，高浓度区与农业活动区分布一致。地下水中氮、磷的污染范围和程度与农业施肥和灌溉有密切的关系，过量地施用含氮、磷的化肥以及用污水灌溉会导致氮、磷等营养物质淋滤进入地下水中。如在吉林省粮食主产区，地下水中氨的浓度可达4.3mg/L，磷的浓度达1mg/L，污染面积大，浓度较高。地下水中农药的检出很多，但含量较低，超标的农药有阿特拉津和DDT。其中阿特拉津超标可达10多倍，DDT超标2.8倍。总体上看，由于农业活动的影响，地下水中发生了NH_4^+、NO_3^-、NO_2^-、磷和某些农药的污染，地下水的水质总体上随着时间的推移向坏的方向发展。

⑥ 畜禽养殖污染。近年来，我国畜禽养殖业发展迅速，养殖废弃物产生量也大幅增加。畜禽养殖导致的土壤、地下水污染日趋严重，其主要污染包括氮、磷、有机污染、重金属污染（铜、锌、铁等）、病原菌污染、药物等添加剂的污染。特别是具有内分泌干扰效应、神经毒性、基因毒性、生殖毒性和潜在致癌性的环境新兴污染物，比如抗生素、激素、药品、个人护理品、内分泌干扰物、全氟化合物、致癌类多环芳烃等在地下水中频繁检出，它们在土壤和地下水中的迁移转化和归宿等尚不明确。2013年10月8日国务院第26次常务会议通过《畜禽规模养殖污染防治条例》，并于2014年1月1日起施行，明令禁止在四类地点进行养殖，包括：a.饮用水水源保护区，风景名胜区；b.自然保护区的核心区和缓冲区；c.城镇居民区、文化教育科学研究区等人口集中区域；d.法律、法规规定的其他禁止养殖区域。符合养殖的地方应当根据养殖规模和污染防治需要，建设相应的畜禽粪便、污水与雨水分流设施，畜禽粪便、污水的贮存设施，粪污厌氧消化和堆沤、有机肥加工、制取沼气、沼渣沼液分离和输送、污水处理、畜禽尸体处理等综合利用和无害化处理设施。此条例的实施有利于防治畜禽养殖污染，推进畜禽养殖废弃物的综合利用和无害化处理，保护和改善生态环境。

⑦ 矿业污染。石油、固体矿产资源开采带来大量的污染场地，如污水排放、矿渣堆放等。各种工业固体废物的堆放，造成了土壤和地下水的严重污染。

⑧ 污染地表水补给导致的地下水污染。地表水被污染后，渗入地下，导致土壤和地下水的污染。排污渠道的渗漏也可形成污染场地。尽管如此，我国目前尚没有对地下水污染场地进行大范围、系统的调查，没有有关地下水污染场地的清单和风险评估结果。

我国《地下水管理条例》最新版于2021年9月15日国务院第149次常务会议通过，2021年12月1日起施行。在我国，国务院水行政主管部门负责全国

地下水统一监督管理工作。国务院生态环境主管部门负责全国地下水污染防治
监督管理工作。国务院自然资源等主管部门按照职责分工做好地下水调查、监
测等相关工作。县级以上地方人民政府水行政主管部门按照管理权限，负责本
行政区域内地下水统一监督管理工作。地方人民政府生态环境主管部门负责本
行政区域内地下水污染防治监督管理工作。县级以上地方人民政府自然资源等
主管部门按照职责分工做好本行政区域内地下水调查、监测等相关工作。

　　依据我国地下水质量状况和人体健康风险，参照生活饮用水、工业、
农业等用水质量要求，依据各组分含量高低（pH除外），将地下水分为五
类，也有将地下水分为六类，最后一种为劣Ⅴ类一般没有任何利用价值。
Ⅰ类是指地下水化学组分含量低，适用于各种用途；Ⅱ类是指地下水化学
组分含量较低，适用于各种用途；Ⅲ类是指地下水化学组分含量中等，以
GB 5749—2022为依据，主要适用于集中式生活饮用水水源及工农业用水；
Ⅳ类是指地下水化学组分含量较高，以农业和工业用水质量要求以及一定
水平的人体健康风险为依据，适用于农业和部分工业用水，适当处理后可
作生活饮用水；Ⅴ类是指地下水化学组分含量高，不宜作为生活饮用水水
源，其他用水可根据使用目的选用。

　　2016年，环境保护部对全国163个城市的地下水进行了调查，数据显示，
125个浅层地下水受到污染的城市水质均比2015年有所恶化，只有35个城
市与上一年持平，有改善的只有3个城市。在75个深层地下水受到污染的
城市中，水质有所改善的只有5个城市，绝大部分城市还是处于恶化或未见
改善状态。2012—2019年，8年地下水情况监测中，发现Ⅰ~Ⅲ类水质比例呈
现降低的趋势［图6.8（a）］；浅层地下水水质状况和整体地下水水质状况相
同，Ⅰ~Ⅲ类水质比例仍然是最小的［图6.8（b）］。从某种意义上看，我国地

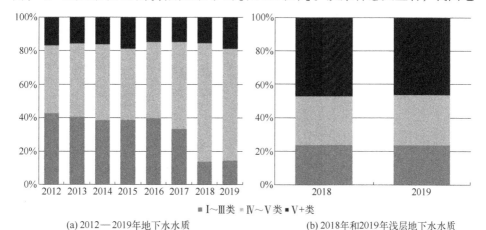

(a) 2012—2019年地下水水质　　　　　　(b) 2018年和2019年浅层地下水水质

图6.8　2012—2019年我国地下水水质状况及2018年和2019年我国浅层地下水水质状况

（数据来源于中国生态环境报告中的水风险评估相关内容）

下水污染特征正在改变，由带状向面状转变，由浅层向深层扩展，由城市向农村延伸，污染程度与日俱增。城市地区地下水污染形势严峻，尤其是在以地下水开采利用为主的北方地区。

2022年，全国监测的1890个国家地下水环境质量考核位点中（图6.9），Ⅰ~Ⅳ类水质点位占77.6%，比2021年降低了近2个百分点；Ⅴ类占22.4%，比2021年提高了近2个百分点，主要超标指标为铁、硫酸盐和氯化物。总体而言，我国地下水质量有恶化的趋势，且南方大部分地区的地下水质量较好，但是在地下水开采利用度高的平原地区的水质相对较差，其中浅层水污染最为突出。对北方地区而言，位于地下水主要补给区、径流区内的丘陵山及山前平原水质较好，而位于地下水主要排泄区的中下游平原、滨海地区水质则较差。当前我国可直接饮用和经适当处理后可饮用的地下水分别占30.2%和34.7%。水质类型的分布在一定程度上受控于自然形成条件，主要是平原及丘陵地区的地下水质量总体尚好，浅层地下水质量不容乐观，深层地下水存在被污染风险。较差/极差或Ⅴ类水比例略有增高，全国地下水质量状况未有改善趋势。公报显示，目前我国地下水主要超标指标为锰、铁、总硬度、溶解性总固体（TDS）、"三氮"、硫酸盐等，个别监测站点存在铅、锌、六价铬等重金属超标，有部分指标超标主要是由于天然地质背景值较高。从主要超标指标来看，我国地下水存在"六高"（高铁锰、高硬度、高硫酸盐、高氟、高砷和高溶解性总固体）特征，呈现"五化"（盐化、硬化、硝化、酸化和多样化）及"三大类污染"（氮污染、重金属污染和微量有机污染）。从区域分布来看，不同区域超标指标呈现不同特征，华北、东北、西南和西北地区总硬度超标较严重，华北、东北和西北地区硝酸盐氮超标情况较严重，黑龙江、江苏、广东和宁夏等

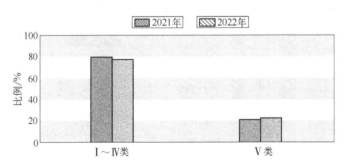

图6.9　2021年和2022年全国地下水总体水质状况及年际变化

（数据来源于2022年中国生态环境状况公报）

地区氨氮超标较严重，华北、东北、西北和华东地区亚硝酸盐氮超标较严重，铁、锰超标主要集中在华北、东北、华东和中南地区。除铁、锰和总硬度等自然本底影响较大的指标外，主要超标指标与工业污染源排放、农业面源污染及日常生活污染排放等高度契合，主要超标区域也是我国工业、农业生产高度聚集的区域，同时也是人口密集和地下水开采利用程度比较高的区域。

2021年在1900个国家地下水水环境质量考核点位中，Ⅰ~Ⅳ类水质点位占比为79.4%，其中农村"千吨万人"集中式饮用水水源断面监测位点达标率为61.4%，主要超标指标为氟化物、钠和锰。2023年8月，水利部发布的《地下水动态月报》显示：8月份，与2022年同期相比，东北平原——穆棱兴凯平原、三江平原地下水水位分别上升0.5m、0.1m，松嫩平原基本持平，辽河平原下降0.7m；黄淮海平原——海河平原、黄淮平原地下水水位分别上升0.3m、0.1m；山西及西北诸省区——柴达木盆地、关中平原、塔里木盆地地下水水位分别上升1.2m、0.3m、0.3m，呼包平原、河西走廊平原、准噶尔盆地、河套平原、山西主要盆地、银川卫宁平原地下水水位分别下降1.8m、0.9m、0.7m、0.5m、0.3m、0.3m；长江中下游平原地下水水位总体上升，其中长江三角洲平原、鄱阳湖平原、浙东沿海一般平原、江汉平原地下水水位分别上升0.3m、0.2m、0.2m、0.2m；其他监控区——河南省南襄山间平原、雷州半岛一般平原、成都平原地下水水位分别上升2.6m、0.9m、0.6m，琼北台地一般平原、广东珠江三角洲一般平原分别下降0.8m、0.6m。

2018年，党和国家机构改革，明确将监督防止地下水污染的职责由国土资源部整合入新组建的生态环境部，由此明确了地下水污染防治工作的责任主体。早在2004年，国家发展改革委、卫生部和财政部就联合颁布了《全国重点地方病防治规划》，公布了我国由于地下水污染带来的诸多健康问题，比如氟牙症、氟骨症、地方性砷中毒、大骨节病、克山病等。为了加强地下水保护和开发利用管理，保障地下水资源可持续利用，于2021年9月15日国务院第149次常务会议通过《地下水管理条例》，自2021年12月1日起施行。此外，为贯彻落实《地下水管理条例》，水利部和自然资源部在2023年6月28日印发了《地下水保护利用管理办法》。然而，总体而言现有的水污染防治制度、技术大部分是针对地表水的。虽然《水污染防治法》的适用领域包括地下水污染情况，但该法在实施过程中缺乏有效的针对性措施，特别是缺乏对地下水污染技术的支撑措施。我国虽然有地下水水质标准，但由于监测网络的缺失，使得水质标准形同虚设。很长一段时间内，我国整体上仍然是"先污染后治理"，对于隐蔽性较强的地下水污染治理更是缺少关注和必要的有效措施。

6.5.2 地下水环境监测方法

地下水环境监测要充分考虑到各个区域的地下水监测工程实施情况，按照水文、地质等差异，选定具有代表性的监测井进行监测。建立双源头监控体系，全面梳理现有的监测井、饮用型地下水水源开采井、土壤污染状况监测井、地下水环境状况评估调查监测井等，在地下水污染源头周边、饮用水源地周边以及补给径流区开展双源头监测。

我国《地下水管理条例》规定：国家定期组织开展地下水状况调查评价工作，包括地下水资源调查评价、地下水污染调查评价和水文地质勘查评价等内容；县级以上人民政府应当组织水行政、自然资源、生态环境等主管部门开展地下水状况调查评价工作，调查评价成果是编制地下水保护利用和污染防治等规划以及管理地下水的重要依据。经过多年的供水结构改革，地下水供水量占总水量的比重逐步下降。但由于自然条件所限，我国北方地区供水还是以地表水和地下水混合为主，饮用地下水的人群较大，因此保障地下水的安全是关系到人民群众身体健康的基本方式。

我国地下水环境监测工作主要由自然资源、水利、生态环境等部门分别组织开展，存在地下水监测信息共享与整合难度较大、尚未形成全国统一的地下水环境监测体系、"双源"地下水监测现状尚未摸清、地下水监测能力明显不足、地下水监测的生态环境保护作用尚未体现等问题。地下水环境监测是地下水环境保护和污染防治的重要基础，为政策的制定和环境规划提供了数据基础。相较于地表水、大气和土壤等要素监测，我国地下水环境监测基础较为薄弱，且监测信息分散在不同的部门。

地下水监测的指标一般分为常规指标和非常规指标。常规指标是反映地下水质量基本状况的指标，包括感官性状、一般化学指标、微生物指标、常见毒理学指标和放射性指标。非常规指标是在常规指标上的拓展，根据地区和时间差异或特殊情况确定的地下水质量指标，反映地下水存在的主要质量问题，包括比较少见的无机和有机毒理学指标。《地下水监测规范》（SL 183—2005）中规定：

① 全国重点基本站应符合必测项目要求，并根据地下水用途，选测有关

监测项目。必测项目包括：pH、总硬度、溶解性总固体、氯化物、氟化物、硫酸盐、氨氮、硝酸盐氮、亚硝酸盐氮、高锰酸盐指数、挥发性酚、氰化物、砷、汞、六价铬、铅、铁、锰、大肠菌群。选测项目包括：色、嗅和味、浑浊度、肉眼可见物、铜、锌、钼、钴、阴离子合成洗涤剂、碘化物、硒、铍、钡、镍、六六六、滴滴涕、细菌总数、总α放射性、总β放射性。

② 源性地方病源流行地区应另增测碘、钼等项目。

③ 工业用水应另增测侵蚀性二氧化碳、磷酸盐、溶解性总固体等项目。

④ 沿海地区应另增测碘等项目。

⑤ 矿泉水应另增测硒、锶、偏硅酸等项目。

⑥ 农村地下水，可选测有机氯、有机磷农药及凯氏氮等项目；有机污染严重区域可选测苯系物、烃类、挥发性有机碳和可溶性有机碳等项目。

地下水采样方法和流程在很多标准中都有相关规定，皆可以借鉴使用，比如我国生态环境部颁布的《地块土壤和地下水中挥发性有机物采样技术导则》指出，水质指标达到稳定后，开始采集样品，应符合以下要求：

① 地下水样品采集应在2h内完成，优先采集用于测定挥发性有机物的地下水样品；按照相关水质环境监测分析方法标准的规定，预先在地下水样品瓶中添加盐酸溶液和抗坏血酸。

② 控制出水流速一般不超过100mL/min；当实际情况不满足上述条件时可适当增加出水流速，但最高不得超过500mL/min；应当尽可能降低出水流速。

③ 从输水管线的出口直接采集水样，使水样流入地下水样品瓶中，注意避免冲击产生气泡；水样应在地下水样品瓶中过量溢出，形成凸面，拧紧瓶盖，颠倒地下水样品瓶，观察数秒，确保瓶内无气泡，如有气泡应重新采样。

④ 现场样品采集记录数据。

6.5.3 地下水环境影响评价

地下水环境影响评价的一般原则是对建设项目在建设期、运营期和服务期满后对地下水水质可能造成的直接影响进行分析、预测和评估，提出预防或者减轻不良影响的对策和措施，制订地下水环境影响跟踪监测的计划，为建设项目地下水环境保护提供科学依据。根据建设项目对地下水环境影响的程度，结合《建设项目环境影响评价分类管理名录》，将建设项目分为四类。Ⅰ类、Ⅱ类、Ⅲ类建设项目的地下水环境影响评价应执行HJ 610—2016标准要求，Ⅵ类建设项目不开展地下水环境影响评价。对于Ⅰ类、Ⅱ类、Ⅲ类建设项目的地

环境管理

下水环境影响评价流程如图6.10所示。

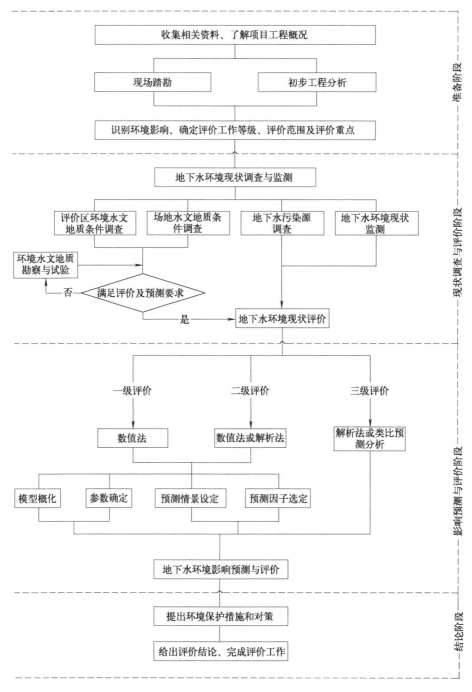

图6.10 地下水环境影响评价工作流程图

140

第一阶段是准备阶段，主要任务是搜集和分析国家和地方有关地下水环境保护的法律、法规、政策、标准及相关规划等资料；了解建设项目工程概况，进行初步工程分析，识别建设项目对地下水环境可能造成的直接影响；开展现场踏勘工作，识别地下水环境敏感程度；确定评价工作等级、评价范围以及评价重点，特别是确定风险评价的范围。

第二个阶段是现状调查与评价阶段，此阶段主要任务是开展现场调查、勘探、地下水监测、取样、分析、室内外试验和室内资料分析等工作，进行现状评价。

第三个阶段是影响预测与评价阶段，此阶段主要任务是进行地下水环境影响预测，依据国家、地方有关地下水环境的法规及标准，评价建设项目对地下水环境的直接影响。

第四个阶段是结论阶段，此阶段主要任务是综合分析各阶段成果，提出地下水环境保护与防控措施，制定地下水环境影响跟踪监测计划，完成地下水环境影响评价。

6.5.4 地下水污染控制的典型方法

要解决地下水污染治理的难题，需要打通地下水、地表水和土壤污染防治三者之间的技术、制度和规范等方面的壁垒，要着眼于大局，强化点面结合，实现地表水、地下水、土壤污染三者治理的协同。2018年的机构改革，为三者的协同治理提供了体制基础。在此之前，我国对地下水环境质量监测工作的职责比较分散，例如水利部门侧重于对地下水资源量的监测，国土资源部门侧重于对地下水开采导致的地面沉降以及地下水污染导致的地质环境破坏等方面的监测，而环保部门侧重于对地下水污染状态进行监测。经过一系列改革后，原隶属于自然资源部的监督防治地下水职责纳入生态环境部的职能之中，其目的就是构建协同治理机制，防止治理过程中形成权力分割和治理空白。

目前已经有许多地下水污染场地的修复方法和技术，如抽取处理、多相抽提、原位空气扰动、地下水曝气、可渗透反应屏障、垂直阻隔、原位化学氧化与还原、原位微生物降解、热脱附、自然衰减等。有些方法在发达国家已有成功的实际场地修复应用，取得了一定的效果。但总体而言，地下水污染场地的修复技术由于受地质条件复杂性和污染物特性差异的影响，针对具体场地而言，存在着很大的不确定性，修复效果也由于场地条件的不同而差异很大。按修复步骤的时空分布或原理，可将地下水修复技术分为三大类：异位修复技术、原位修复技术、地下水监测自然衰减法。

（1）异位修复技术

异位修复技术包括开挖处理技术和抽取处理技术。异位修复技术首先需要对受污染的土壤或地下水进行挖掘或抽取，然后转运至厂区或处理装置进行处理。根据不同的污染介质或污染物，处理的方法和技术有所差异，主要包括物理分离、固化/稳定化、化学处理、淋洗、浸提、生物降解、玻璃化、焚烧、填埋等。异位修复技术修复时间短、工程可控性高，能够直接从污染场地去除污染物，对于高强度污染场地，在处理的早期具有明显的效果和优势。异位修复适用于表层的土壤或污染体积有限的场地，而对于污染体积较大或在地下包气带中受污染的土体，实施开挖有时并不经济和现实，需要与原位修复技术相结合。

对于污染的地下水，抽取处理技术是最早使用的技术之一。在1991~1995年，我国首次利用该技术处理山东淄博地区的石油污染地下水，有效地遏制了地下水污染范围的扩大。该技术的主要缺点是，随着抽提过程的进行，地下水中污染物浓度降低，停抽后地下水中污染物浓度又会升高。

（2）原位修复技术

与异位修复法相比，原位修复技术能最大限度地减少污染物的暴露和对环境的干扰，是一种很有发展前景的修复技术。国际上较常用的污染场地原位修复技术有：土壤气相抽提（SVE）、原位冲洗、地下水空气扰动（AS）、可渗透反应屏障（墙/带）（PRB/RZ）、原位化学氧化（ISCO）、原位化学还原（ISCR）、原位生物修复等。

土壤气相抽提技术是对土壤和包气带中挥发性有机污染进行修复的方法，使包气带中的污染物质进入气相，进行后续处理。土壤气相抽提系统要求在包气带中设立抽气井，抽出的气体要经过处理后排入大气。微生物排气法也是土壤气相抽提的另一种方法，它是在包气带中注入和抽取空气以增加地下氧气浓度，加速非饱和带微生物的降解。

地下水空气扰动技术对于地下水挥发性组分的去除非常有效，且具有成本低、效率高等优势，但是该技术不适用于非挥发性的污染物，且受地层介质条件限制严重，不宜在低渗透率的含水层中使用。

可渗透反应屏障（墙/带）技术大概的流程和原理如下：在污染源的下游开挖沟槽，充填反应介质，与受污染的地下水进行反应，使污染物得到处理。用于反应的填充介质主要包括：零价铁、微生物、活性炭、泥炭、蒙脱石、石灰、锯屑或其他物质。污染物与注入的介质发生物理、化学和生物化学作用而使地下水中的污染物得以阻截、固定和降解。

原位化学氧化与原位化学还原技术是通过在地下环境中注入具有氧化性或

还原性的药剂，使其与介质或地下水中的污染物发生作用，实现对污染物的去除。常用的氧化剂主要包括高锰酸盐、过氧化氢、臭氧、过硫酸盐，还原药剂主要包括零价铁、双金属还原剂、连二亚硫酸钠、多硫化钙等。

原位生物修复技术具有投资低、效益好、应用简便等特点，研究应用比较多的主要是激活土著微生物和注入优势菌种两种方法。污染场地原位生物修复技术均采用传统的微生物菌株筛选方法，所筛选得到的目标微生物数量有限，绝大部分的微生物资源没有被利用。利用宏基因组学技术筛选和分离广泛存在于各种微生物基因组内的优良功能基因，能避开传统微生物分离培养中存在的多种问题，扩展了微生物资源的利用空间，该技术具有筛选通量高，目标针对性强等特点。然而，原位生物修复仍然面临着一些挑战，比如在反应部位产生沉淀，堵塞含水层孔隙空间。

（3）地下水监测自然衰减法

地下水监测自然衰减法是利用污染场地固有的自然衰减（降解）作用使污染物浓度和总量减小，在合理的时间范围内达到污染修复目标的一种地下水污染修复方法。1999年，美国环境保护署对自然衰减的定义为：在无人为的干预下，因场地自然发生的物理、化学及生物作用，包含生物降解、弥散、稀释、吸附、挥发、放射性衰减以及化学性或生物性稳定等，从而使土壤和地下水中污染物的数量、毒性、移动性、体积或浓度，降低到足以保护人体健康和自然环境的水准。当污染物泄漏进入土壤或地下水中，由于土壤或水环境是一个有机体，能通过一些天然过程分解和改变这些化学物质，这种固有的降解能力主要来源于土壤颗粒的吸附、污染物的微生物降解等。土壤颗粒的吸附使一些污染物被固定在污染场地内，微生物降解是污染物分解的重要途径。稀释和弥散虽不能分解污染物，但可以有效地降低许多场地的污染风险。总体而言，自然衰减方法只对污染程度低的场地有效，对于高污染场地需要将自然衰减方法和其他治理方法联合，才能实现目标。

6.6 海洋环境管理

海洋包括海和洋，其中海主要是指海洋的边缘部分，洋主要是海洋的中心部分。海洋是一个非常复杂的系统，组成海洋的成分包括海水、溶解和悬浮于水中的物质、海底沉积物以及生活于海洋中的生物。海洋作为物质循环和能量循环的主要媒介之一，很多环境问题都跟海洋环境管理息息相关。我国学者认为：海洋环境管理的内涵是在全面调查研究海洋环境的基础上，根据海洋生态平衡的要求制定法律规章，自觉地利用科学的手段来调整海洋开发与环境保护之间的关系，以此来保护沿岸经济发展的有利条件，防止产生不利条件，达到合理充分利用海洋的目的，同时还要不断地改善海洋环境条件，提高环境质量，创造新的、更加舒适美好的海洋环境。

总之，海洋环境管理是以海洋环境平衡稳定和持续利用为基本宗旨，运用法律制度、经济政策、行政管理和国际合作等手段，维持和实现海洋环境的良好状况，防止、减轻和控制海洋环境的破坏、损害或退化的管理活动过程。海洋环境管理包括三个要点：以政府和政府间的海洋环境控制活动为主体；海洋环境管理的目标是维护海洋环境要素的动态平衡，为人类对海洋资源和环境空间的持续开发利用提供最大的可能；实现海洋环境保护的途径和手段主要包括法律制度、行政管理、经济政策、科学技术手段、国际组织和团体的合作。

6.6.1 海洋污染物种类和来源

海水是生命物质的发源地，经过长期的地质演化，地球上才形成了广袤的海洋。海水并非纯水，含有3.45%（质量分数）的盐分和可溶性的化合物，其中可溶性的化合物中含有55%Cl^-、31%Na^+、7.7%SO_4^{2-}、3.7%Mg^{2+}、1.2%Ca^{2+}和1.1%K^+。海洋和大气之间的水量交换促进了热量与能量的循环，塑造了地表的形貌，并最终影响气候条件。

海洋污染物来源主要包括天然污染源和人为污染源，其中人为污染源是导致海洋污染的主要原因。人为污染源对海洋环境破坏主要包括三个方面：陆地污染源、海上污染源和大气污染源。陆地污染源是指从陆地向海域排放污染物以及造成或者可能造成海洋环境污染的场所和设施，包括工厂直接入海的排污管道、混合入海排油管道、入海河流、沿海油田以及港口等。海上污染源是指船舶航行和海洋平台运转产生污染物，例如海上溢油、海上倾废及危险品泄漏事故、船身涂料的化学污染、压载水排放和船员生活垃圾、输油管残渣和油污水泄漏、泥浆作业的废料和化学制剂、平台工作人员的生活垃圾。以最普遍和最严重的石油污染为例，海上运输船和海底资源开发所产生的石油和原油泄漏，形成海洋浮油；此外，石油、煤、木材等燃烧，海上石油开发，船只的漏油事故，船只表面的涂层，皆会释放大量的多环芳烃，会直接进入海洋水体，这些污染途径属于海洋直接污染。经陆地水体携带进入海洋是指有机物（比如多氯联苯、有机氯、有机磷等）随化工厂污水排放进入陆地水体后，汇入海洋或者直接进入海洋。对于大气沉降途径，表观上所携带的污染物浓度低，但是海洋/大气交换界面巨大，这导致在某些沿海区域，经大气输入的若干痕量物质的总量几乎相当于河流的输入量。大气污染源主要是指降水或大气沉降使污染物进入海洋。

我国海域辽阔并且拥有丰富的海洋渔业资源，但受到重度和严重污染的海域范围不断增加，特别是近海岸和局部海域污染严重。近岸海洋中的污染物主要包括重金属、石油烃、多氯联苯、有机氯农药、多环芳烃、有机磷农药、有机锡等，分布于港口、海湾、沿岸、采油点、船舶航线附近、工矿企业废水排放点，这些污染物在近岸沉积物和海洋生物体中被频繁检出。重金属污染物主要来源于电镀、化工、化肥、农药、采矿等工业生产中排出的重金属废水，以及燃料燃烧所产生的含重金属颗粒物。水体中的重金属大多会富集在黏土矿物和有机物上，与有机物螯合产生二次污染，具有毒性强、生物累积性高等特性。重金属对水生植物、甲壳动物、软体动物和鱼类均有一定的毒性，其毒性会随温度的升高而增大，随溶解氧含量的降低而毒性增强。

石油烃、多氯联苯、有机氯农药、有机磷农药等有机污染物也是主要的海洋污染物。这些有机物能在水生生物体内累积，并对其产生直接的毒害作用。有毒性的有机污染物虽然在海水中的浓度较低，但是能溶解在生物有机体内，通过食物链进行累积，这些污染物进入生物生殖细胞，就能破坏和改变遗传物质，从而影响海洋生物的繁殖能力，最终造成海洋生物资源的枯竭。有机污染物对海洋的破坏主要表现在损坏生物资源、危及人类健康、妨碍渔业活动等海洋活动。有机氯（比如滴滴涕和多氯联苯）的结构比较稳定，不宜分解，因此其毒性作用持续时间较长。有机磷能抑制鱼体内的胆碱酯酶的活力，造成中枢或外周神经系统以及神经肌肉及关节功能的失调，促使鱼体畸形，从而影响鱼类生存。多环芳烃具有较强的致癌、致畸、致突变性，海洋环境中多环芳烃的毒性能通过食物链进行富集放大，其富集程度可以达到数万倍，特别是底栖生物对多环芳烃的富集能力。

此外，某些有机污染物虽然毒性低，但能对水体造成富营养化。这类有机污染物主要是生活污水、养殖排污、工农业废水分解后的产物，即各种营养盐。在水体交换不良的地方，一旦出现富营养化，即使切断外界营养源，水体还是难以恢复。

6.6.2 海洋环境管理的特点和原则

海洋环境具有整体性、区域性、变动性和稳定性等特点。海洋环境的整体性是指海洋环境的各个组成部分或者要素构成了一个完整的系统。海洋环境的区域性是指不同地理位置的海洋环境具有一定差异。随着物质、能量和信息交换，海洋环境时刻处于变动之中，但总体上会保持或维持一定的生态平衡，因

145

此海洋环境还具有变动性和稳定性。当人为的或自然的因素对海洋环境产生有限影响时，会打破原有平衡，这种失衡状态会通过海洋自身调节能力进入一个新的平衡状态，类似于生态环境的演化。

海洋是一个特殊的区域，在海洋环境保护工作中，海洋、海事、渔业、军队、环境保护部门之间存在一种相互制约、相互监督、相互协作的关系。如何实现这些部门的行为与经济发展、环境质量保护相协调和统一，这就涉及海洋环境管理。海洋环境管理是政府利用权限通过法律和行政的手段对海洋经济活动，实施有目的、有规则的限制措施和前瞻性的政策，从而实现海洋环境自然平衡和持续利用，维持和实现海洋环境的良好状况，防止、减轻和控制海洋环境的破坏。根据我国海洋环境保护法，生态环境部发挥着协调和监督职能，海洋、海事、渔业和军队环境保护部门发挥着专项监督与管理职能，五方面需相互配合，统一协作，各尽其职，才能做好海洋环境保护工作。

人类对海洋的开发与保护主要涉及海洋权益、海洋资源与海洋环境三个方面。其中，对海洋环境的切实保护是实现人类生命支持系统健康与完整的先决条件和必要保证。海洋环境管理是运用法律制度、经济政策和行政手段以及国际合作等手段实现海洋环境自然平衡和可持续利用。海洋环境管理的基本原则：以预防为主、防治结合、综合治理的原则；可持续发展的原则；谁开发谁保护、谁污染谁治理的原则；海洋环境资源有偿使用的原则。特别是加强陆源污染物的管控，实施"污染物总量制度""海洋主体功能区规划"等防治海洋环境退化，以强化海洋环境管理，协调经济、社会、环境发展。具体而言，其内容包括以下三个方面。

（1）可持续发展原则

中国古代哲学家提出的"天人合一"的观点，强调人与自然的和谐相处，这实际上就是可持续发展思想的萌芽阶段。可持续发展在1992年联合国环境与发展大会上得到了广泛的接受和认同。可持续发展包括两方面的定义：一是"需要"，尤其是世界上贫困人群的基本需要，应将此放在特别优先的地位来考虑；二是"限制"，技术发展水平和社会组织对环境满足眼前和将来需要的能力施加的限制。可持续发展是从环境与自然资源角度提出的有关人类长期发展的战略，所强调的是环境与自然资源的长期承载力对经济和社会发展的重要性，以及经济社会发展对提高生活质量与生态环境的重要性，主张环境与经济社会的协调、人和自然的协调与和谐，其战略目标主要在于协调人口、资源、环境之间、区域之间、代际之间的矛盾，而不是指系统的某一个方面。可见，可持续发展涉及经济、社会、文化、科技、自然环境等多方面的策略，以自然资源的可持续利用和良好的生态环境为基础，以经济可持续发展为前提，以谋求社会的全面进步为目标。可持续发展的观点被广泛接受是人类环境管理思想跃升的重要体现，在这种思维体系下的环境问题具有一定的整体性，甚至是全球性的。

可持续发展对中国的发展同样具有重大意义，它是中国摆脱贫穷、人口-资源-环境困境的正确选择。海洋环境的自然属性与特点，使其与陆地环境相比具有更强的全球统一性，因为沿海国家直接或间接施加海洋的影响及其造成的危害不会局限在一个海域内，往往有着更大范围的区域性，甚至全球性。例如，德国的海洋科学研究机构的计算结果显示：日本把核废水排入海洋后，从排放之日起，57天内放射性物质就将扩散至太平洋大半区域，3年后美国和加拿大就将遭到核污染影响。因此，海洋环境的管理和保护需要全球各个国家的共同努力，因为海洋既有全球性大尺度环流系统，也有洋区和海区等较小尺度的流系，它们是物质的输送与交换者，使人类对局部海域的影响结果扩展到更大的范围，从一定意义上讲海水介质的流动性使全球海洋有了共同的命运。正是由于海水的流动性和海洋生态系统的整体性，所以海洋环境管理就需要贯彻可持续发展的原则。海洋环境问题的解决，应以可持续发展的需求和环境与资源的持久支持力为目标，根据国家、地区和国际的政治、经济的客观情况，针对海洋环境不同的区域确定具体的对策和采取不同的管理方式，真正达到海洋环境与资源保护的目的。

（2）预防为主、治防结合、综合治理原则

海洋环境管理的重点应放在具有前瞻性的战略层面上，通过一切有效措施、办法，预防海洋污染和其他损害事件的进一步发生，防止环境质量的下降和生态与自然平衡的破坏；即使经济的、技术的限制导致环境遭遇冲击，也要控制在维持海洋环境基本正常的范围内，特别是维持人类健康容许的限度内。

治防结合、预防为主的环境管理工作的指导思想，是人类长期海洋环境管理实践的经验总结。在过去的一段时期里，我国经济发展水平低下，强调生存条件或环境的建设，因此必须以经济发展为中心，而无法兼顾环境保护。海洋环境保护和建设的能力不足，主要是受限于经济发展水平和技术能力，经济的发展往往是技术发展的保障，客观原因上发展中国家对于海洋环境的保护往往心有余而力不足。发达国家也经历过先污染后治理的阶段，早期以牺牲海洋环境求得发展，酿成了沉重的、灾难性的历史"包袱"，其中包括全球变暖下的全球海平面上升，不少优美海洋自然景观和沿海沼泽湿地消失，生物多样性减少，一些珍稀海洋物种消亡等。因此，结合当前已经被严重污染的现状，展望未来环境保护的战略性，治理先行，强化预防，治防结合，这是环境实践的要求，也是对历史教训的反思。海洋环境的污染和破坏，其制约因素是多方面的，引发原因的多元性决定了治理的综合性。

影响海洋环境的因素错综复杂，因此在整治受到污染的海洋环境时，应该实行综合治理，需要统筹治理技术和行政管理办法。在技术上，可以运用工程的方法，修筑海堤、补充沙源以防止海岸侵蚀；应用生物工程或生态系统原理的理论方法，恢复、改善海域生态系统，提高海域生物生产力；利用回灌技术，制止沿海低平原由人为原因所导致的地面下沉，防止海水入侵。在管理上，往往使用法律、经济与行政等相应的手段控制非正常环境事件的发生等。无论从哪一方面考虑，海洋环境的治理都是一项综合性很强的工作。

（3）谁开发谁保护、谁污染谁治理原则

开发和保护是一对矛盾统一体，不论是海洋资源的开发，还是环境的利用，都可能干扰与破坏海洋环境，甚至打破自然系统的平衡。因此，在开发利用海洋的同时必须对海洋环境保护做出相应的安排。谁开发谁保护原则是指开发海洋的一切部门与个人，既依法拥有开发利用海洋资源与环境的权利，也有法律赋予的保护海洋资源与环境的义务和责任。谁污染谁治理，也是我国环境保护实践经验的基本总结，经实践证明是行之有效的。执行这一原则能够约束部门和个人的行为，提高保护海洋环境与资源的意识，仅仅依靠一般的环境保护理论的要求，不足以引起开发者的应有重视。因此必须从法律和管理的角度规定开发者应承担治理恢复环境的责任。我国《环境保护法》明确规定："排放污染物的企事业单位和生产经营者，应当按照国家有关规定缴纳排污费。排污费应当全部专项用于环境污染防治，任何单位和个人不得截留、挤占或挪作他用。"

6.6.3 海洋环境管理的现状和目标

我国海域位于亚洲大陆东侧的中纬度和低纬度带，其他各海与大洋之间均有大陆边缘的半岛或群岛断续间隔，跨越热带、亚热带和温带三个气候带。中国海域岸线长、海域辽阔、岛屿多、资源丰富，海洋生物物种和生态系统具有丰富的多样性。海洋资源管理、海洋环境保护、海洋的可持续发展在我国很早就受到重视，例如我国在古代就实行"禁海令"，防止过度捕捞鱼类资源。现阶段，除了过度捕捞外，海洋环境污染和破坏成为主要原因，特别是近海岸的污染物排放和海洋船只的石油泄漏严重威胁海洋健康发展。为了保护和改善海洋环境，保护海洋资源，防治污染损害，保障生态安全和公众健康，维护国家海洋权益，建设海洋强国，推进生态文明建设，促进经济社会可持续发展，实现人与自然和谐共生，我国颁布了一系列的法律法规，例如1982年8月，我国颁布了第一部关于海洋的法律——《中华人民共和国海洋环境保护法》，随后进行了三次修正和两次修订，并于2023年10月25日正式实施；1996年5月我国批准了《联合国海洋公约》并于同年7月生效，截至2021年12月9日，已有168个国家签署了《联合国海洋法公约》，该公约对内水、领海、邻接海域、大陆架、专属经济区、公海等重要概念做了界定，对当前全球各地的领海主权争端、海上天然资源管理、污染处理等具有重要的指导和裁决作用。2001年我国在第九届全国人民代表大会常务委员会第二十四次会议上通过了《中华人民共和国海域使用管理法》，用于加强对海域使用管理。

海洋环境管理的目标主要包括：

① 在保证海洋环境可持续利用的基础上，强化开发力度，提高科技含量，争取海洋经济增加值的最大化，提高资源利用率。

② 保护海洋生物资源的理性化捕获，使之与海洋生物的自生产能力冲突最小化。

③ 保护海洋生物的多样性和海洋生态链的均衡发展，因为任何海洋生物种群的破坏或灭绝，都将给海洋生态系统带来致命的打击。

④ 保护海洋环境，最大限度地发挥其功能，同时为旅游业预留发展空间，科学规划微观领域的功能，对其各功能进行优劣分析和机会成本核算分析、统筹兼顾，对暂时或短时间内不能开发的功能，应确保其开发空间，杜绝无意识破坏行为。

⑤ 保护人类同等权利地享有海洋资源的权益。由于（公共）海洋资源是全人类所共同拥有，对于海洋共同财产的开发不能无偿使用，要通过资产化管理的方式，对海洋资源的捕获成果收取适当的资源税，并通过转移支付实现全社会平等享有权利，同时造成海洋污染的行为需要缴纳一定的费用。

⑥ 控制海洋污染，其目标包括研究开发和推广清洁技术，大力倡导绿色产品生产，限制某些特定的污水污物，限制其排污总量，限制排污区域和排污时间，建立排污结构调控制度等，以使海洋环境持久地发挥其各项功能。

⑦ 加强海洋环境管理，建立沿海各级政府的目标责任制度。

6.6.4　海洋环境管理体制

国务院生态环境主管部门负责全国海洋环境的监督管理，负责全国防治陆源污染物、海岸工程和海洋工程建设项目（以下称工程建设项目）、海洋倾倒废弃物对海洋环境污染损害的环境保护工作，指导、协调和监督全国海洋生态保护修复工作。国务院自然资源主管部门负责海洋保护和开发利用的监督管理，负责全国海洋生态、海域海岸线和海岛的修复工作。国务院交通运输主管部门负责所辖港区水域内非军事船舶和港区水域外非渔业、非军事船舶污染海洋环境的监督管理，组织、协调、指挥重大海上溢油应急处置。海事管理机构具体负责上述水域内相关船舶污染海洋环境的监督管理，并负责污染事故的调查处理；对在中华人民共和国管辖海域航行、停泊和作业的外国籍船舶造成的污染事故登轮检查处理。船舶污染事故给渔业造成损害的，应当吸收渔业主管部门参与调查处理。国务院渔业主管部门负责渔港水域内非军事船舶和渔港水域外渔业船舶污染海洋环境的监督管理，负责保护渔业水域生态环境工作，并调查处理相关渔业污染事故。国务院发展改革、水行政、住房和城乡建设、林业和草原等部门在各自职责范围内负责有关行业、领域涉及的海洋环境保护工作。海警机构在职责范围内对海洋工程建设项目、海洋倾倒废弃物对海洋环境污染损害、自然保护地海岸线向海一侧保护利用等活动进行监督检查，查处违法行为，按照规定权限参与海洋环境污染事故的应急处置和调查处理。军队生态环境保护部门负责军事船舶污染海洋环境的监督管理及污染事故的调查处理。

沿海县级以上地方人民政府对其管理海域的海洋环境质量负责。国家实行海洋环境保护目标责任制和考核评价制度，将海洋环境保护目标完成情况纳入考核评价的内容。

沿海县级以上地方人民政府可以建立海洋环境保护区域协作机制，组织协调其管理海域的环境保护工作。跨区域的海洋环境保护工作，由有关沿海地方人民政府协商解决，或者由上级人民政府协调解决。跨部门的重大海洋环境保护工作，由国务院生态环境主管部门协调；协调未能解决的，由国务院作出决定。

总体而言，我国海洋环境管理遵行"条块结合、以块为主、分散管理"的属地管理体制。

6.6.5　海洋环境管理法律、法规和制度

《海洋环境保护法》规定我国海洋环境管理的范围是中华人民共和国管辖海域，不仅包含领海，还延伸至专属经济区，且包含大陆架。图6.11为管辖海域示意。

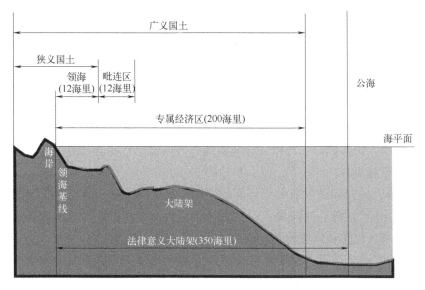

图6.11 管辖海域示意

我国是海洋大国,与海洋环境管理相关的制度和法律较多,仅国家级的海洋法律、法规和规章制度就多达百部。

除了环境保护基本法外,我国专门针对海洋环境保护的法律有很多,比如《中华人民共和国海洋环境保护法》《中华人民共和国海域使用管理法》《中华人民共和国专属经济区和大陆架法》《中华人民共和国政府关于领海的声明》《中华人民共和国领海及毗连区法》《中华人民共和国港口法》《中华人民共和国渔业法》《中华人民共和国水污染防治法》《中华人民共和国海上交通安全法》等。

最新的《中华人民共和国海洋环境保护法》于2023年10月24日第十四届全国人民代表大会常务委员会第六次会议第二次修订通过,并于2024年1月1日起实施。该法的颁布是为了保护和改善海洋环境,保护海洋资源,防治污染损害,保障生态安全和公众健康,维护国家海洋权益,建设海洋强国,推进生态文明建设,促进经济社会可持续发展,实现人与自然和谐共生。该法适用于中华人民共和国管辖海域。共包括九章内容:第一章为总则,第二章为海洋环境监督管理,第三章为海洋生态保护,第四章为陆源污染物污染防治,第五章为工程建设项目污染防治,第六章为废弃物倾倒污染防治,第七章为船舶及有关作业活动污染防治,第八章为法律责任,第九章为附则。

《中华人民共和国海域使用管理法》的颁布和实施是为了加强海域使用管理,维护国家海域所有权和海域使用权人的合法权益,促进海域的合理开发和可持续利用。此法由第九届全国人民代表大会常务委员会第二十四次会议于

2001年10月27日通过，自2002年1月1日起施行。此法包括八章，其中第一章为总则，第八章为附则，其他章节分别规定了海洋功能区划、海域使用的申请与审批、海域使用权、海域使用金、监督检查、法律责任。

《中华人民共和国专属经济区和大陆架法》是1998年6月26日第九届全国人民代表大会常务委员会第三次会议通过，为保障我国对专属经济区和大陆架行使主权权利和管辖权、维护国家海洋权益所制定的法律。此法所指的专属经济区是中华人民共和国领海以外并邻接领海的区域，从测算领海宽度的基线量起延至二百海里。

《中华人民共和国政府关于领海的声明》是1958年9月4日由我国政府发布的，其声明的内容只有4条，这些内容的后续延伸和修订形成了内容更加丰富的《中华人民共和国领海及毗连区法》。

《中华人民共和国领海及毗连区法》是1992年2月25日第七届全国人民代表大会常务委员会第二十四次会议通过，1992年2月25日中华人民共和国主席令第五十五号公布并实施的。该法案共包括十七条，颁布的目的是行使中华人民共和国对领海的主权和对毗连区的管制权，维护国家安全和海洋权益。

《中华人民共和国港口法》于2003年6月28日第十届全国人大常委会通过，2004年1月1日起施行。此法的目的是加强港口管理，维护港口的安全与经营秩序，保护当事人的合法权益，促进港口的建设与发展。此法的适用对象为从事港口规划、建设、维护、经营、管理及其相关活动。全文包括六章，其核心内容是：确立了中国港口由地方政府直接管理并实行政企分开的行政管理体制；确立了政府通过对港口规划、岸线管理、合理布局，保证港口资源得到合理利用的制度；确立了多元化投资主体和经营主体建设和经营港口的制度；确立了港口业务经营人准入制度和公开公平的竞争制度；确立了港口的保护和安全制度。

《中华人民共和国渔业法》1986年1月20日第六届全国人民代表大会常务委员会第十四次会议通过，现行版本是2013年12月28日第十二届全国人民代表大会常务委员会第六次会议第四次修正的。此法制定的目的是加强渔业资源的保护、增殖、开发和合理利用，发展人工养殖，保障渔业生产者的合法权益，促进渔业生产的发展，适应社会主义建设和人民生活的需要。

《中华人民共和国水污染防治法》是1984年5月11日第六届全国人民代表大会常务委员会第五次会议通过的，历经1996年、2017年两次修正，2008年一次修订。此法适用对象为中华人民共和国领域内的江河、湖泊、运河、渠道、水库等地表水体以及地下水体的污染防治。此法规定了水污染防治的原则：预防为主、防治结合、综合治理。

《中华人民共和国海上交通安全法》是1983年9月2日第六届全国人民代表大会常务委员会第二次会议通过，现行版本是全国人大常委会于2021年4月29日修订的。此法制定的目的是加强海上交通管理，维护海上交通秩序，保障生命财产安全，维护国家权益。本法适用的对象是在中华人民共和国管辖海域内航行、停泊、作业以及其他与海上交通安全相关的活动。此法共包括十章、一百二十二条，规定了船舶、海上设施和船员，海上交通条件和航行保障，航行、停泊、作业，海上客货运输安全，海上搜寻救助，海上交通事故调查处理，监督管理等方面的内容。

参考文献

[1] 陈晓宏，江涛，陈俊合. 水环境评价与规划 [M]. 北京：水利水电出版社，2007.

[2] Qiu J.China to spend billions cleaning up groundwater [J]. Science, 2011, 334 (6057)：745.

[3] 李圣品，李文鹏，殷秀兰，等. 全国地下水质分布及变化特征 [J]. 水文地质工程地质，2019，46 (6)：1-8.

[4] Lancia M, Yao Y Y, Andrews C B, et al. The China groundwater crisis: A mechanistic analysis with implications for global sustainability [J]. Sustainable Horizons, 2022 (4)：100042.

[5] 胡劲召，卢徐节，徐功娣. 海洋环境科学概论 [M]. 广州：华南理工大学出版社，2018.

[6] Zhang X N, Guo Q P, Shen X X, et al. Water quality, agriculture and food safety in China: Current situation, trends, interdependencies, and management [J]. Journal of Integrative Agriculture, 2015, 14 (11)：2365-2379.

[7] 范英梅，刘洋，孙岑. 海洋环境管理 [M]. 南京：东南大学出版社，2017.

[8] 管华诗，王曙光.海洋管理概论 [M]. 青岛：中国海洋大学出版社，2003.

第7章

土壤环境管理

————

7.1 引言

土壤是指连续覆被于地球陆地表面、具有肥力的疏松物质，是随着气候、生物、母质、地形和时间因素变化而变化的历史自然体。与海洋相似，土壤也是一个开放的环境系统，以水、空气、风、动物、微生物等作为媒介，不停地与环境进行物质和能量交换。在自然条件下，土壤的演变过程较为缓慢，一般处于稳定态或亚稳定态，即能量和物质随时间变化幅度很小。土壤演变或熟化进程加快的主要因素是人的活动。

在土壤内外表面吸附的污染物主要包括：重金属离子（Cd^{2+}、Hg^{2+}、Cr^{6+}、Pb^{2+}、Ni^{2+}、Cu^{2+}、Co^{2+}等）及其络合物、有机化学农药、酚类化合物、石油、稠环芳烃、洗涤剂、病原菌致病菌、寄生虫卵、病毒、放射性污染物等。污染物的来源可分为天然污染源和人为污染源。天然污染源主要是指泥石流、火山爆发、暴雨；人为污染源主要是源于人类的生产生活等行为，比如冶炼、电镀、染料、肥料、石油等。很多污染物能通过污水灌溉、农药化肥的使用、大气沉降等途径进入土壤，破坏土壤结构和功能。除了上述典型的土壤污染外，对土壤的不合理利用会造成其酸碱化、含盐量过高，也会导致其失去应有的功能，形成荒漠。2016年，国务院颁布了《土壤污染防治行动计划》，提出了开展土壤污染调查，加快土壤污染防治立法，禁用高毒性、高残留农药等措施，并设定战略目标，包括：到2030年，全国土壤环境稳中向好，农用地和建设用地土壤环境安全得到有效保障，土壤环境风险得到全面管控；到21世纪中叶，土壤环境质量全面改善，生态系统实现良性循环。

土壤是地质环境的一个重要的组成要素，是复杂的、多层次的地质环境系统的子系统；它是地质环境中直接暴露于地表，与大气圈、水圈和生物圈关系最密切的部分。土壤环境质量评价是地质环境质量评价中的重要内容之一，它为有效地保护和利用土壤、提高土壤环境质量提供科学依据。

7.2　土壤和土壤圈

7.2.1　土壤

土壤是岩石长期风化所形成的产物，这种风化和演化动力包括生物、气候、母岩、地形、时间和人类生产活动等因素的综合作用。土壤的形成始于基岩的风化，在风化作用下基岩不断崩解，体积不断减小（块体由大变小，颗粒由粗变细），最后成为疏松多孔的散碎体，即土壤的母质。随着风化作用的推进，组成基岩和母质的硅酸盐矿物、铝硅酸盐矿物、硫化物不断遭受侵蚀，其组成元素（如钠、钾、钙、镁、磷、硫等）部分溶于水，经河流搬运进入湖泊和海洋，并与岩屑、泥沙等经过沉淀和成岩作用，最后形成沉积岩。经过地壳的抬升，沉积岩部分或全部露出地表，再次经历风化、沉积、成岩作用。风化作用产生的母质缺乏有机质和层次，但具有良好的透气性、透水性和保水性等特性，为植物的生长提供了水分、空气、养分等条件。植物和土壤之间的相互作用，包括植物生长吸收土壤中的营养物质以及植物凋亡后为土壤提供营养元素，实现营养物质和化学元素的生物小循环过程。

土壤是一个多介质、多界面的复合体，是由固、液、气三相物质组成的多相多孔体系，包含土壤矿物质、土壤有机质、土壤水分、土壤空气和土壤生物。土壤矿物质和土壤有机质统称为土壤固相。土壤矿物质是土壤的主要成分，有10多种，其中含有氧、硅、铝、铁、钙、镁、钛、钾、钠、磷、硫等元素。土壤-岩石圈、土壤-大气、土壤-水体、土壤-生物（植物）之间的物质交换和能量交换是影响土壤和环境质量的重要过程，本质上任何土壤演变过程（土壤的自然形成、退化、恢复和重建等）都是土壤与环境之间物质和能量交换的结果。土壤的退化过程（能量损耗和有序化程度降低的过程）对人类生存环境和可持续发展有着重要影响，这是土壤环境管理的核心任务。

土壤是位于地球陆地表面，可以看作是一个不完全连续的独立的圈层。其厚度范围为零至数十米，是一个复杂的系统。土壤的本质特性是具有肥力，即具有供应和协调植物生长所需要的营养条件（水分和养分）和环境条件（温度和空气）的能力。土壤具有同化和代谢外界所输入物质的能力，这两种功能相辅相成，其中土壤的代谢能力是通过输入的物质在土壤中复杂的迁移转化实现的。

（1）土壤矿物质

土壤矿物质决定了土壤的理化性质（比如黏结性、膨胀性、吸收和保蓄性等），土壤矿物质占土壤固相总质量的95%~98%，土壤有机质只占土壤固相总质量的不到5%。土壤矿物质又分为原生矿物和次生矿物，主要元素是硅、钙、碳，也含有少量的钾、磷、锌、镁。次生矿物是原生矿物经过物理、化学风化后的产物，不仅粒径和尺寸有明显减小，而且化学组成和结构也发生显著变化。土壤在其发展过程中形成一定的结构层次：上层称"表土层"或"淋溶层"，一般富含腐殖质，较为疏松；中间层称"心土层"或"淀积层"，质地比较黏紧；下层称"底土层"，大多是成土母质。

（2）土壤有机质

土壤中的有机质含量是土壤肥力的重要指标。土壤中的有机质是指各种含碳有机化合物，主要包括腐殖质、生物残体、土壤生物，这些物质含有植物生长的各种元素，比如N、P、K、Ca、Mg、Zn、Fe等。生物残体经过土壤微生物作用后，就会形成腐殖质，它是土壤中有机质的主要组成部分，占50%~65%。土壤中有机质的存在形式多样，可以是凝胶状态（比如铁或铝基凝胶）和游离状态（比如腐殖酸盐），也可以是复合体（比如有机-无机复合体），特别是胶体态的有机质决定了土壤的吸附性能。在分解转化过程中，有机酸和腐殖酸对土壤矿物质有一定的溶解能力，可促进矿物风化，有利于矿物质养分的有效化。有机质中的腐殖质是带负电荷的胶体，具有较强的吸附能力，可吸附土壤溶液中的K^+、NH_4^+、Ca^{2+}等阳离子，具有保肥能力，可避免矿物质营养元素随水流失，提高化肥的利用率。有机质的矿质化过程会直接或间接地影响土壤性质，改良土壤结构，促进团粒状结构的形成，改善土壤理化性能，调节土壤酸碱平衡，修复土壤污染，维持土壤中性的最佳状态，改善土壤的通气性和透水性。

（3）土壤水分

水对土壤的形成过程起到极其重要的作用，并且参与土壤内物质转化过程，比如矿物质风化、有机化合物的合成和分解。土壤中的水包括气态水、液态水和固态水。气态水是指土壤中水分蒸发产生的水蒸气或者吸收的空气中的水蒸气，固态水是指土壤水冻结形成的冰。与气态水和固态水相比，液态水占主要部分。植物吸收的水分主要是土壤中的液态水。土壤中的液态水包括吸附水和自由水。其中吸附水又称束缚水；自由水包括毛细管水、重力水和地下水。并不是所有的自由水都能被植物所吸收利用。为了表征土壤的含水量，一般将萎蔫系数（因植物吸收不到水分导致萎蔫时土壤的含水量）作为土壤有效水的下限，将田间持水量看作土壤有效水的上限。相关指标包括土壤的容积含水率、质量含水率等，是从不同角度表征土壤的水含量。

土壤的质量含水量：

$$土壤质量含水率=\frac{湿土质量-干土质量}{干土质量}\times100\%$$

此处干土定义为在105~110□下烘干的土壤，一般自然环境下的干土含水量要比人为定义的干土含水量高。

土壤的容积含水量：

$$土壤容积含水率=\frac{湿土质量-干土质量}{水密度\times土壤容积}\times100\%$$

（4）土壤空气

土壤中的空气主要位于未被水分子占据的土壤孔隙中，且成分时刻在变化，一般土壤中水分含量增加会导致土壤中空气含量降低。土壤空气组成成分主要包括氮气、氧气、二氧化碳和水蒸气，这些气体组分的含量受土壤有效孔隙的数量、土壤中生化反应速率、气体交换速率等因素的影响，其本质上是受土壤通气性影响。土壤通气性会影响种子萌发、植物根系的发育与吸收功能、土壤养分状况、植物的抗病性。一般种子萌发所需要的土壤空气中氧气的浓度为10%。在通气良好的土壤中，作物根系更加发达，微生物活动旺盛，有机质分解和矿化速度快，有效养分增加，有利于作物的吸收作用。

土壤是一种良好的吸附介质，但是土壤中的二氧化碳浓度明显偏高（相对于大气中二氧化碳的含量比例），而氧气偏低，主要原因是土壤生物的呼吸作用和有机质的分解过程会导致土壤中二氧化碳的含量增加（是大气中二氧化碳浓度的5~20倍）。植物的气孔成了土壤-植物-大气连续体间进行水分和能量传输的重要通道，气孔的开闭行为与气孔阻力密切相关。

土壤中空气与大气间的对流过程受压力梯度控制，其压力差源于温度的变化、土壤表面的风力、降水和灌溉等因素。例如，温度昼夜变化幅度较大，就会导致土壤结构发生热胀冷缩以及影响土壤孔隙中空气吸附和解吸过程。

土壤空气对流过程可以用如下等式表述：

$$q_v=-\left(\frac{k}{\eta}\right)\Delta p$$

式中　q_v——空气的体积对流量（单位时间、单位界面积的空气体积）；

k——通气孔隙透气率；

η——土壤黏度；

Δp——土壤空气压力的三维梯度。

土壤空气扩散过程可以用Penman等式表述：

$$\frac{\mathrm{d}q}{\mathrm{d}t}=\frac{D_0}{\beta}SR\frac{p_1-p_2}{L_e}$$

式中　$\mathrm{d}q/\mathrm{d}t$——扩散速率；

　　　　q——气体的扩散量；

　　　　t——时间；

　　　　D_0——气体在大气中的扩散系数；

　　　　S——气体通过的截面积；

　　　　R——土壤的孔隙率；

　　　　L_e——气体通过的实际距离；

　　p_1-p_2——气体通过L_e后的压力差；

　　　　β——比例常数。

Penman等式是目前公认的适用性最强、计算结果精确可靠的估算方法。

(5) 土壤生物

土壤生物的存在赋予了土壤生命力，从而使土壤能完成物质和能量循环过程，土壤为纷繁复杂的生物提供了必要的生存环境。土壤中的生物主要包括微生物、动物和植物根系。土壤中的生物影响了土壤自身或与其他媒介（大气、水等）发生的物质和能量转化过程，是联系大气圈、水圈、岩石圈及生物圈物质与能量交换的重要纽带，也是土壤实现自我净化保持生态平衡的前提条件之一。

土壤微生物主要包括细菌、放线菌、真菌、显微藻类、原生动物，约占0.1%。蕴藏在土壤中的微生物被认为是地球元素循环的引擎。据科学数据推测，每克肥沃土壤中含有数以亿计的微生物，其中高达99%的物种及其功能尚属未知，因此被称为地球"微生物暗物质"。这些微生物与复杂的土壤环境总称为土壤微生物组（土壤中所有微生物及其栖息环境的总称）。土壤微生物组的功能与人类生产生活的基本需求（如粮食生产、环境保护和医药卫生等）密切相关。土壤微生物组的作用或功能如下：

① 土壤微生物组是地球上最重要的分解者，具有多重生态与环境功能。

② 土壤微生物组能消化和分解地表污染物，通过生物转化深刻影响土壤中污染物赋存的形态和归宿，是土壤具有消纳污染物功能的关键因素。

③ 土壤微生物组是全球变化的调节器，通过影响元素生物地球化学过程，在很大程度上影响温室气体排放与消纳。

④ 土壤微生物组是维系陆地生态系统地上-地下相互作用的纽带。

植物根系虽然只占土壤体积的1%，但其呼吸作用却占土壤的1/4~1/3。土壤中的动物、真菌、放线菌和大多数细菌都属于异养型，它们的能量来源主要是含碳有机物。土壤微生物通过其共生、抗逆、分解等生理特性提高土壤中植物营养元素的有效性，进而促进了植物的定植、生长和发育，同时，植物通过其群落结构及多样性、凋落物、根际分泌物等生理变化影响着土壤微生物的群落结构和多样性的分布格局。植物物种组成、多样性变化能通过改变凋落物性质影响土壤微生物数量、群落结构及活性。短期的植被恢复就能影响土壤的理化特性，使土壤微生物的数量增加和活性增强。

土壤动物包括：原生动物、蠕虫动物、节肢动物、腹足动物及栖居土壤的脊椎动物。

我国高度重视土壤微生物组研究，围绕"资源""功能""调控"三大任务（如图7.1所示），在土壤氮素转化、土壤温室气体排放、土壤有机质的周转与肥力演变、根际微生物生态及其调控原理、土壤矿物表面与微生物相互作用机理、土壤污染物的微生物降解过程等方面取得了显著的进展。

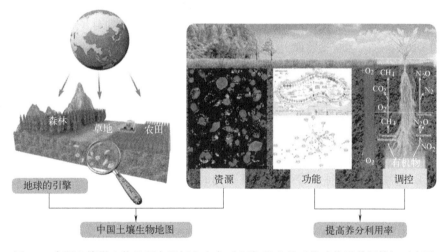

图7.1 中国土壤微生物组研究目标和内容（土壤-微生物系统功能及其调控）示意图

7.2.2 土壤圈

与土壤相比，土壤圈的范围更广泛、内容更丰富，它覆盖了地球陆地表面和浅水域底部的一种疏松且不均匀的覆盖层及其相关的生态与环境体系，是地球的"皮肤"，如同生物体的生物膜一样。土壤圈是岩石圈、水圈、生物圈及大气圈在地表或地表附近相互作用的产物，也是联系有机界与无机界的中心环节和地球系统的支持者。土壤圈和上述圈层之间相互作用共同影响着彼此之间的演化过程，调节着各圈层的能量、物质和信息流动。例如，土壤圈为植物生长提供水分、营养物质，决定着植物的分布和演替，影响着元素的生物地球化学行为；土壤圈影响着大气圈中气体比例、水分的含量和热量平衡。研究成果表明，土壤圈具有五大特征：

① 土壤圈是永恒的物质与能量交换的场所，支持和调节着生物过程，影响着自然植被的分布和演替。土壤圈是水圈与非生物物质间最重要的作用界面，与其他圈层之间持续地进行物质、能量、信息交换。土壤圈或系统的能量包括物理势能和化学能，其中物理势能由土壤的位置和压力决定，而土壤中所含的不同物质决定其化学能。在研究土壤系统的自然演变过程中，土壤所发生的风化、搬运、迁移过程实际上就是一个能量降低的过程，导致其所处环境熵增加。例如土壤的风化或矿化涉及化学键的断裂，释放出一定的能量到环境中，土壤组成的无序性增加，是一个熵增加过程；土壤发生黏粒迁移-沉积、有机质积累、次生矿物形成和淋溶过程，且这些过程占主导地位时，此种情况一般属于熵减过程。

② 土壤圈是最活跃、最富生命力的圈层。土壤圈是地球圈层的界面交互层（固/液界面、固/气界面），起到维持、调节和控制各种物质流动和循环（比如碳循环、氮循环和硫循环）的作用，因此它是地球圈层系统中最富生命力和最活跃的圈层之一。

③ 土壤圈具有"记忆"功能。外界环境对土壤圈的影响都会在土壤上留下印记，这也是研究土壤的演变最直接的证据，是历史自然环境和人类活动作用的信息记忆体。

④ 土壤圈具有时空特性。土壤圈的时空特性与"记忆"功能互相联系。不同年代或者区域的土壤特性不同，因此土壤的时空特性主要体现在土壤的形成和演变上。

⑤ 土壤部分是一种可再生资源。此性质决定了土壤是一种有限的资源。土壤具有回收利用价值，而不可回收的部分需要予以充分保护。土壤的丧失和退化是无法在人类生命期限内予以恢复的。作为土地资源、农业发展和生态可持续性的重要组成部分，土壤不仅是粮食、饲料、燃料和纤维生产的基础，而且也是许多重要生态系统服务的基础。因此，它是一种非常宝贵的却往往被忽视的自然资源。具有生产功能的自然土壤面积有限，其承受着日益沉重的压力，其中包括集约化生产。

如图7.2所示，土壤圈对全球大气变化有明显作用，因为它影响大气圈化

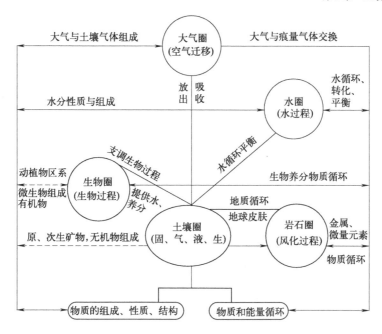

图7.2 土壤圈的地位内涵和功能

学组成、水分与热量平衡；吸收 O_2，释放 CO_2、CH_4、H_2S 和 N_2O 等，它们之中绝大部分（比如 CO_2、CH_4 和 N_2O）都能造成温室效应。土壤圈对水圈的影响主要在于：影响降水在陆地和水体的重新分配，影响元素的表生地球化学行为，影响水分平衡、分异、转化及水圈的化学组成。土壤圈作为地球的"皮肤"，对岩石圈具有一定的保护作用，以减少其遭受各种外营力破坏；与岩石圈进行互为交换与地质循环。

7.3 土壤性质和参数的分析方法

外界环境对土壤性质的影响首先是改变了土壤的结构，因为土壤结构决定了其性质，而土壤性质又会影响土壤修复技术的选择。例如，土壤细颗粒、土壤类型和盐分影响土壤的电导率，一般细颗粒含量越多，土壤电导率越大。此外，土壤中固体颗粒的大小、形状、空间排列、土壤孔隙大小分布也会影响其导电性，在同一温度和含水率的条件下，土壤电导率随土壤颗粒减小、黏粒含量的增加而增大。

测定土壤性质（土壤孔隙度、土壤容重等）并判断土壤是否受到污染，一般需要对待测土壤进行采样和分析，在此过程中，最大可能地保持土壤的原状，例

環境管理

如避免待测土壤受到挤压、变形。在采样时，注意土壤的湿度保持在合理区间；采集后的土壤要保存在铝盒或者环刀中。土壤在测试前，需要进行预处理，主要有风干、冻干、研磨过筛。某些特殊分析则需要用到新鲜土壤，比如土壤水分、硝氮、氨氮、亚铁等指标的测试；若对土壤试样长期保存，还需要避免样品受到日光、高温、潮湿和酸碱气体的影响。土壤性质分析的指标主要包括含水量、pH、最大持水量、粒径、碳含量、氮含量、磷含量、钾含量、硫含量、铁含量、重金属含量和生物学性质等，在本节中只重点介绍部分性质和参数的分析。

7.3.1　土壤含水量分析

土壤含水量可直接采用烘干法进行测定：待测土壤在105℃（±2℃）下烘至恒重时的重量损失，即为土壤样品的含水量。土壤的最大持水量代表着土壤的最大蓄水能力，最大持水量越大，代表土壤的蓄水能力越大。土壤的最大持水量（环刀法）的测定步骤一般是：加入一定量水在待测土壤（M_1）中，使得液面位于装有土壤的环刀边缘以下（低于1~2mm），浸泡24h后，获得的湿土记为M_2；将M_1的风干土与M_2紧密接触，使水下渗8h，取一定量湿土，放入烘箱在105~110℃下烘干至恒重，计算丢失的水分占干土的质量分数。

7.3.2　土壤碳分析

根据测试的方式不同，土壤中碳含量或种类也存在差别。利用干烧法可以获得土壤中有机质的含量或者烧失量（Q），一般包括土壤的烘干（65~70℃）和灼烧（550℃）两个步骤。具体的计算公式如下：

$$Q = \frac{m_1 - m_2}{m_1 - m_3} \times 100\%$$

式中　Q——灼失量，精确到0.1%；

m_1——在65~70℃下烘干后，土壤和坩埚的质量，g；

m_2——在550℃下灼烧后，土壤和坩埚的质量，g；

m_3——坩埚的质量，g。

利用催化燃烧氧化法能测定土壤中总有机碳。此方法一般是利用氧化钨作为催化剂，将土壤样品在高温和高浓度的氧气和氮气中氧化分解，土壤中的有机碳被氧化成CO_2，可以被仪器吸附检测，获得碳元素的质量分数，从而可以计算出土壤总碳含量。此外，利用化学氧化法可获得土壤中的可溶性有机碳和碳水化合物含量，利用氯仿熏蒸浸提法可以获得土壤微生物碳量。

7.3.3　土壤氮分析

氮元素能影响植物生长发育，特别是氨氮、亚硝酸盐氮、硝酸盐氮，它们是土壤里氮元素质量分数重要参考指标。土壤氮分析包括氨氮分析、亚硝酸盐氮分析、硝酸盐氮分析，具体可参考《土壤　氨氮、亚硝酸盐氮、硝酸盐氮的测定氯化钾溶液提取-分光光度法》（HJ 634—2012）。方法原理如下。

（1）氨氮

氯化钾溶液提取土壤中的氨氮，在碱性条件下，提取液中的铵离子转变为氨，在次氯酸根离子存在条件下与苯酚反应生成蓝色靛酚染料，在630nm波长具有最大吸收。在一定浓度范围内，氨氮浓度与吸光度值符合朗伯-比尔定律。

（2）亚硝酸盐氮

氯化钾溶液提取土壤中的亚硝酸盐氮，在酸性条件下，提取液中的亚硝酸盐氮与磺胺反应生成重氮盐，再与盐酸 N-(萘-1-基)-乙二胺偶联生成红色染料，在543nm波长处具有最大吸收。在一定浓度范围内，亚硝酸盐氮浓度与吸光度值符合朗伯-比尔定律。

（3）硝酸盐氮

氯化钾溶液提取土壤中的硝酸盐氮和亚硝酸盐氮，提取液通过还原柱，将硝酸盐氮还原为亚硝酸盐氮，在酸性条件下，亚硝酸盐氮与磺胺反应生成重氮盐，再与盐酸 N-(萘-1-基)-乙二胺偶联生成红色染料，在波长543nm处具有最大吸收，测定硝酸盐氮和亚硝酸盐氮总量。硝酸盐氮和亚硝酸盐氮总量与亚硝酸盐氮含量之差即为硝酸盐氮含量。

7.3.4　土壤中磷、钾、铁分析

土壤中磷的分析，是评价土壤供磷能力、评估水体质量、研究土壤-水体中磷迁移转化机制的重要依据。土壤中磷的化学形态复杂，要实现总磷含量的测定，需要提前对土壤进行预处理，主要内容包括：将土壤中的有机磷转化为可溶性的无机磷，把无机难溶的矿物态磷转化为易溶性正磷酸盐，最后测定所获得的溶液中磷含量。因此土壤中总磷测定包括两个步骤：样品前处理和磷的监测。

土壤样品的前处理包括两种方法：碱熔融法和H_2SO_4-$HClO_4$消化法（湿法灰化）。以碱熔融法为例，其步骤包括：将土壤样品与氢氧化钠熔融（700~720℃），使得土壤样品中的含磷矿物及有机磷化合物全部转化为可溶性的正磷酸盐，在酸性条件下与钼锑抗显色剂反应生成磷钼蓝，在波长700nm处测定吸光度。在一定浓度范围内，样品中的总磷含量与吸光度值符合朗伯-比尔定律。

土壤中的钾的形态包括水溶性钾、交换性钾、缓效钾、矿物钾，不同类型的钾含量测定所采用的方法不同。土壤中总钾分析的基本原理和方法为：利用硝酸和高氯酸加热氧化土壤中的有机物，用氢氟酸分解硅酸盐等矿物，使矿物质元素变成金属氧化物或盐类；用盐酸溶液溶解残渣，使钾的化学形态转变为钾离子；利用火焰光度法或原子吸收分光光度法测定溶液中的钾离子浓度，再换算为土壤中总钾含量。

铁在土壤中含量仅次于氧（O）、硅（Si）、铝（Al），是土壤中的第四大元素。目前土壤中铁元素含量的测定方法主要有原子吸收光谱法、催化荧光法、离心分光光度法、光谱电化学法、铬天青S分光光度法（参考标准《钒铁　铝含量的测定　铬天青S分光光度法和EDTA滴定法》）、磺基水杨酸分光光度法、EDTA配位滴定法、邻菲啰啉分光光度法、荧光酮分光光度法、萃取分光光度法、双波长分光光度法、差示分光光度法、催化动力学光度法、表面活性剂增敏铁（Ⅲ）-EDTA-H_2O_2体系光度法等。以菲啰嗪法测定土壤中铁总含量为例，具体原理和方法如下：在pH=4~10范围内，Fe^{2+}能与菲啰嗪反应生成一种稳定的紫红色络合物，该络合物在562nm处获得最大吸收值（A_{562}），从而能建立A_{562}与Fe^{2+}浓度的线性关系。用盐酸羟胺将溶液中的Fe^{3+}还原为Fe^{2+}即可获得总铁含量。

7.4　土壤环境污染

7.4.1　土壤环境污染的危害

（1）人体健康危害

土壤环境的污染正在对人体健康产生显著危害，这种危害产生的途径有直接的和间接的，且后者产生的危害范围和程度更大，包括死亡、疾病、严重伤害、基因突变、先天性致残或生殖损害等。

（2）动物或作物危害

土壤环境污染对人体健康所产生的间接危害，需要通过食物链这种媒介进行，因此动物和作物会成为直接的受害者。这种负面效应包括对动植物生长发育和繁殖产生危害甚至死亡。

（3）水污染危害

土壤环境污染一般会导致水体的污染，这是由于二者界面频发物质和能量交换。也就是说，只要存在与该土壤接壤的各种水体（包括地表水和地下水），均会存在受到污染的风险。

（4）生态系统效应

土壤环境污染能显著地影响或危害生态系统其他重要组分，而且这种危害能使生态系统产生不可逆转的损害，特别是对珍稀生物物种。

（5）财产损失效应

土壤环境污染所带来的财产损失主要是指降低人类生存环境质量，从而影响资产的价值，比如建筑物结构的损害等。

（6）土质恶化

我国学者认为土壤或土壤圈受到污染，土壤中的生物多样性、生物循环和水循环（水质和水循环过程）等会受到相应的影响，导致土壤质量降低和相关功能丧失。

土壤质量恶化的形式多种多样，包括土壤侵蚀、土地沙漠化、石漠化、土壤酸化、土壤盐渍化和土壤压实。在定义土壤污染或土壤环境质量恶化时，应该考虑土壤的使用功能、使用状态、地理位置、社会属性和污染历史等。土壤是由各个组分构成的统一的有机体，保持着能量和物质的循环稳定性。当土壤受到污染后，超过了土壤的自身净化能力和环境容量，土壤就会丧失应有的功能。土壤污染或土壤环境质量恶化涉及对土壤的功能和环境健康指标的评估，即土壤自净作用、土壤环境容量、土壤环境背景值、土壤环境的缓冲性能是否丧失或降低。土壤污染与土壤玷污存在一定的差异，后者不会导致土壤的功能退化。土壤玷污只是引入了外来物质，它是土壤污染程度很低的情况，外来物的浓度略微高于土壤的背景值。我国土壤健康安全方面待完成的主要任务包括：①加强土壤价值的评估；②完善国家土壤监测网络，开展土壤例行监测；③构建和完善土壤安全政策、法律法规以及管理体系，建立土壤安全预警和接受支撑体系；④加强土壤安全问题的基础性研究。

7.4.2 土壤的自净作用和缓冲性

（1）土壤自净作用

土壤与污染物之间的相互作用使得污染物在土壤中的数量、浓度、毒性、活性等指标显著降低，这就是土壤的自净作用。土壤的自净作用不仅降低其自身的污染物浓度或促进自身的污染物分解，而且有利于净化大气圈和水圈。

土壤成分的复杂性决定了其自净途径的多样性，主要包括：物理净化作用、物理化学净化作用、化学净化作用、生物净化作用。土壤具有疏松的多孔结构，表面带有大量的电荷（主要分布在土壤黏粒矿物胶体表面），可对难溶性固态污染物进行吸附、截留，其作用类似于吸附剂和过滤膜，浓度过高的污染物无法全部被吸附在土壤的活性位点上，未被吸附的污染物或者间接吸附（非直接吸附在土壤表面活性位点上）的污染物会释放出来进入水体或者大气中，造成二次污染。物理化学净化作用是指形态为阴阳离子的污染物与土壤中的胶体有机质表面的离子发生交换吸附。化学净化作用是污染物与土壤内外表面发生的凝聚、氧化-还原、配合（螯合）、酸碱中和、水解等化学反应，从而降低污染物的毒性、浓度。生物净化作用需要借助土壤中的微生物吸收、分解作用，实现污染物的去除或减害化的过程。

土壤环境容量和背景值是两个重要参数，其中土壤环境容量是实现污染物总量控制的重要基础。土壤环境背景值是土壤环境质量评价的重要依据，是制定土壤环境质量标准的重要基础，是研究污染物在土壤环境中化学行为和规律的重要依据。土壤环境容量是指土壤环境单元所允许容纳污染物的最大负荷量，土壤环境背景值是指未受或少受人类活动影响的土壤本身的化学元素组成及其含量。若以土壤环境质量标准作为土壤环境容量最大允许值，则土壤环境标准值减去背景值就应该是土壤环境容量计算值。上述所提及的土壤自净能力就是土壤的环境容量与土壤的背景值之差。因此，土壤的自净能力有限且具有相对性，即土壤的自净能力不能超过土壤的环境容量，土壤的自净能力是相对于土壤环境容量和土壤环境背景值而言的。

（2）土壤的缓冲性

土壤的缓冲性是指土壤能抵御酸性或碱性物质冲击的能力，土壤缓冲性产生的本质原因是存在土壤胶体的离子交换作用、强碱弱酸盐的解离等过程，对某一具体土壤而言其缓冲性能是有限的。从更广泛定义上讲，土壤的缓冲性是指土壤能够抵御温度、水分、盐浓度变化的性质。例如，当可溶性盐类或肥料过多时，土壤中的无机物及有机物便会吸收一部分，降低过高的盐浓度带给植物的伤害；盐类不足时，土壤又能缓慢地释放出所吸附的盐类，为植物生长提供所需的营养。土壤的缓冲性源于土壤具有吸附-解吸、沉淀-溶解等功能。

7.4.3 土壤污染的主要问题

目前，我国土壤环境状况不容乐观，土壤的总点位超标率为16.1%，轻微、轻度、中度和重度污染点的比例分别为11.2%、2.3%、1.5%和1.1%，严重影响土壤环境安全。大量使用化肥和农药会污染土壤，其中化肥对土壤的影响主要表现在：不合理施用和过量施用化肥，施用的化肥中含有毒有害的物质。例如磷肥中的重金属和三氯乙醛会污染土壤，影响植物的生长，而重金属带给土壤的污染是一个不可逆过程，即使是被有机物污染的土壤，其恢复过程也非常缓慢。此外，很多饲料或兽药中都含有抗生素，会加重土壤的污染程度和对人体健康造成威胁。从2005年起，我国环境保护部和国土资源部进行了9年的土壤污染物调查研究，调查范围涉及我国2/3的土地，其结果显示，19.4%的调查耕地被划分为污染（图7.3所示）。我国土壤污染是在经济社会发展过程中长期累积形成的，主要原因包括：

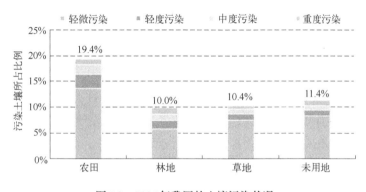

图7.3　2005年我国的土壤污染状况

① 工矿企业生产经营活动中排放的废气、废水、废渣，尾矿渣、危险废物等各类固体废物堆放等，导致其周边土壤污染；汽车尾气排放导致交通干线两侧土壤铅、锌等重金属和多环芳烃污染。

② 农业生产活动，包括化肥、农药、农膜等的不合理使用和畜禽养殖等，导致耕地土壤污染。

③ 生活垃圾、废旧家用电器、废旧电池、废旧灯管等随意丢弃，以及日常生活污水排放，造成土壤污染。

④ 自然背景值高是一些区域和流域土壤重金属超标的原因。

土壤污染是一个缓慢的过程，然而一旦污染后，不仅会对土壤的性质和结构造成影响，而且还会不断渗入地下水中，所以其对环境的破坏具有滞后效应。土壤污染修复难度大，往往要经过数年、数十年甚至数百年的时间，污染才能彻底消失。土壤污染的隐蔽性、滞后性、累积性和不可逆转性决定了土壤污染防治工作的长期性和艰巨性。当前土壤污染治理存在资金缺口大、产出少等问题，难以吸引外部投资。

近年来，各地区和部门积极采取有效的措施，在土壤污染防治方面取得了一定成效。由于我国经济发展方式总体粗放，产业结构和布局仍不尽合理，污染物排放总量较高，土壤作为大部分污染物的最终受纳体，其环境质量会受到显著影响。当前，我国土壤环境总体状况堪忧，部分地区污染较为严重。针对土壤环境问题，我国颁布了《中华人民共和国土壤污染防治法》，即"土十条"，它规定了土壤污染是指因人为因素导致某种物质进入陆地表层土壤，引起土壤化学、物理、生物等方面特性的改变，影响土壤功能和有效利用，危害公众健康或者破坏生态环境的现象。

为了提高土壤环境管理的实效，需要坚持如下原则：

① 坚持以问题为导向，底线思维的原则。与大气和水污染相比，土壤污染具有隐蔽性和滞后性，防治工作起步较晚、基础薄弱，因此需要在开展调查、弄清土壤污染情况，推进相关的立法、完善标准，明确责任、强化监管等方面提出工作要求。

② 坚持突出重点、有限目标。针对土壤污染对人体健康的威胁和损坏的问题，明确监管的重点污染物、行业和区域，严格控制新增污染，对重度污染的耕地实施严格管控措施；对于污染地块，合理分类、充分利用和布局，最大限度地发挥其价值；根据污染程度，建立相应的开发利用措施；紧扣重点任务，设定有限目标指标，以实现在发展中保护、在保护中发展。

③ 坚持分类管控、综合施策。为提高措施的针对性和有效性，根据污染程度将农用地分类管控和利用，从污染程度由低到高依次分为实施优先保护、安全利用和严格管控等措施；对建设用地，按不同用途明确管理措施，严格用地准入；对未利用地也提出了针对性管控要求，实现所有土地类别全覆盖。

7.4.4　污染土壤的修复方法

污染土壤是指污染物浓度高于背景值，对人类健康和环境已造成或可能造成危害，或者是污染物浓度超过了政府法规和政策中规定浓度的土地。尽管土壤或者土壤圈本身有一定的自净功能，这只是针对有限的污染物干扰，土壤自身及其表面或者界面微生物的作用可以降解或吸附污染物，然而污染物的吸附和降解过程需要时间，产生的污染物的数量和速度远远超过土壤的自净能力，这样最终会损坏土壤自净系统的循环或平衡。

受污染的土壤会导致其状态和功能发生改变，包括物理状态、化学状态和生物状态。与之相对应的，土壤退化也可以包括物理状态退化、化学状态退化和生物状态的退化。其中，物理状态的退化包括压实、有效水下降、通气阻滞、径流形成和加速侵蚀等；化学状态退化包括酸化、化学物质的污染、养分贫瘠化、淋溶、养分不平衡和毒害、盐碱化等；生物状态的退化是指由土壤微生物环境的变化所导致的作物产量降低的现象。

　　土壤的污染和功能退化不仅降低了土地资源利用价值，而且还威胁到人类的生活环境和健康水平。例如，由于能量和物质循环，土壤中的污染物会逐渐进入环境中，通过食物链进入人体。为了改良土壤的结构和性能，需要对受损的土壤进行修复。土壤的修复主要是对其功能的恢复，特别是对土壤生产力的恢复，目前土壤的功能面临着多方面的威胁，包括土壤侵蚀、土壤碳损失、养分不平衡、土壤盐渍化、土地占用与土壤环境封闭、土壤生物多样性减少、土壤玷污、土壤酸化、土壤压实、土壤渍水。

　　根据修复场地，将污染土壤修复方法分为原位修复和异位修复。根据技术类别，将污染土壤修复方法分为物理修复、化学修复、生物修复、生态工程修复和复合修复方法。目前，我国在污染土壤修复方面最成熟和有效的技术或方法是植物修复和微生物强化修复。

　　物理修复方法是利用物理过程或原理将污染物与土壤分离或去除的技术，主要包括物理工程措施、玻璃化技术、热处理等。热处理技术是土壤有机物污染主要修复技术，包括热脱附技术、土壤蒸汽浸提技术、微波加热技术等。温度升高会导致有机污染物的黏度、密度和界面张力降低，而溶解度、传质速率、相对渗透率升高，从而使得吸附相和非水相（高界面张力）液体中污染物转变为溶解相，提高有机污染物的迁移能力，使有机污染物更易被抽提捕获回收，实现土壤中污染区域的快速修复。污染物（某一组分用 i 表示）蒸气压和亨利常数与温度的关系可用公式（7.1）和式（7.2）表示，即

$$\ln K_i = A_i - \frac{B_i}{T} + C_i \ln T \tag{7.1}$$

$$\ln\left(\frac{p_i^{\mathrm{v}}}{p_i^{\mathrm{v},\,0}}\right) = \frac{\Delta h_{\mathrm{vap}}}{R}\left(\frac{1}{T_0} - \frac{1}{T}\right) \tag{7.2}$$

式中　p_i^{v}——组分 i 的蒸气压；

　　　K_i——亨利常数；

A_i、B_i、C_i——经验常数，不同物质对应不同 A、B、C 值；

　　　T——热力学温度；

R——摩尔气体常数；

Δh_{vap}——液体的汽化热；

$p_i^{v,0}$——在温度为T_0时组分i的参考蒸气压。

土壤的化学修复方法主要指利用化学反应实现污染治理的技术，常见的化学修复方法包括土壤固化/稳定化技术、淋洗技术、氧化还原技术、光催化降解技术、电动力学修复等。固化/稳定化技术是指通过修复材料与受污染土壤混合，将污染物在吸附介质中固定，使其处于长期稳定状态，或者将污染物转化成化学性质不活泼的形态，阻止污染物在土壤中的迁移、扩散的修复技术。该方法具有费用低、稳定性强的优点，但严重依赖设备。土壤淋洗技术是通过物理分离、化学淋洗或二者相互结合的方式，将污染物从土壤中分离。该方法工艺简单、成本低、见效快，但容易造成二次污染，对结构紧实的土壤处理效果较差，需对淋洗废水进行后续处理，否则会产生二次污染。化学氧化还原技术是通过向土壤中添加化学氧化剂或还原剂，使污染物质发生化学反应实现净化土壤的目的，其对于污染严重的土壤修复效果好，同时也容易对土壤结构和成分造成不可逆的破坏。

土壤的生物修复法是指基于生物为主体的环境污染治理技术，包括利用植物、动物和微生物的吸收、降解和转化过程，使污染物的浓度降低或者去除，实现对土壤的改良、修复，这是一种绿色环保的修复技术。土壤的生物修复法可分为植物修复、动物修复和微生物修复三种类型，不同修复方法的机理不同。动物修复主要依靠蚯蚓、线虫的生命活动对土壤中的污染物进行分解；植物修复则是利用植物吸收将有毒的污染物转化为低毒或无毒物质；微生物修复是利用微生物对污染物的吸收、沉淀作用，使得污染物浓度降低或者去除，例如某些VOCs能够被生物降解，氯化乙烯能够在厌氧条件下被生物还原为无毒的乙烯。生物修复法具有生长繁殖快、遗传变异性强的特点，在降解有机物质方面有无限的潜力。以微生物降解VOCs为例，微生物降解土壤中污染物的过程主要分为胞外传递和胞内降解。胞外传递中污染物的扩散满足菲克第一扩散定律，即

$$J=-D\frac{dC}{dx}$$

式中　J——扩散通量，kg/(m²·s)

D——扩散系数，m²/s；

$\frac{dC}{dx}$——浓度梯度。

D可通过添加表面活性剂改善，规定扩散从高浓度至低浓度为负；添加表面活性剂、利用产生表面活性剂的菌株、促使菌株形成生物膜/产胞外聚合物或者固定化菌株（载体吸附污染物供菌株利用）等措施皆能提高J。

在具体的土壤修复工程中，往往涉及多个过程（复合过程），因为土壤中所发生的反应十分复杂，每一种反应基本上均包括物理化学和生物学过程，单一的修复方法（比如物理手段或者化学手段）往往很难达到目的。目前，土壤修复的绝大多数技术手段属于复合修复方法，主要有电动-表面活性剂-微生物修复法、热处理-化学氧化修复法、洗涤-化学氧化-生物降解修复法、化学氧化-生物降解修复法和微生物-植物修复法。其实，一些所谓的单一修复方法也同时含有物理、化学和生物过程，也可视为复合修复方法，例如电阻加热技术有较大的优势，该方法受土壤异质性影响小，通过提高土壤温度的方式，改变有机污染物的理化性质，进而达到修复目标。该方法不仅包括物理修复方法中迁移、分离过程，同时也包含了化学修复方法中污染物热解过程，是一种原位热处理技术。电阻加热技术能快速、有效地从地质条件复杂的土壤渗流区和饱和区去除挥发性有机化合物。在利用电阻加热技术修复有机污染的场地时，部分污染物会被生物降解或非生物降解（如水解、还原脱卤等），而温度的升高会提高这些反应的速率。

对待具体或特定的修复场地或土壤，一般需要评估修复方法的适用性，要综合考虑修复方法的成本、时间、长效性、公众接受程度、土壤健康的整体效应、土壤污染成因等因素，选择合适、经济和有效的土壤修复技术。目前，可供选择的土壤修复技术有数十种，在确定修复方法前，结合实际情况，了解每种技术的投入成本、技术难度、适用范围等，才能选出最佳的修复技术。例如，油气加工场地修复的各种方法中，成本最高的是焚烧（如图7.4所示），除了修复成本外，还有对土壤修复前期的评估、后期的维护等，都要统筹兼顾。

土壤污染治理的目标和策略是：①提高污染物的可利用性，在改善土壤的质量的同时，最大限度地回收污染物；②优化污染物的转化或降解，比如加入微生物、植物、胞外酶和化学氧化剂；③改善土壤基质条件，以刺激污染物降解体的活性，包括翻耕、气提、营养添加和反应器完全控制等。目前为止，原位的生物修复和复合修复仍然是最常用的两种措施。

7.4.5 土壤环境污染的国际治理经验

欧洲每年约有21.1亿欧元用于土壤修复，约有350万块土地受到污染威胁，50万块土地受到严重污染而需要治理。早期欧美国家通常采用最严格的

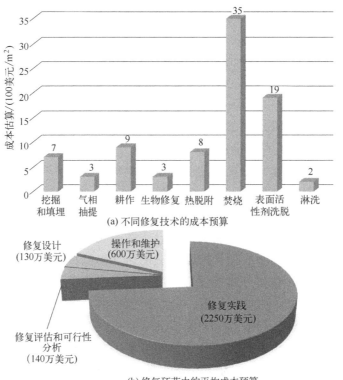

(a) 不同修复技术的成本预算

(b) 修复环节中的平均成本预算

图7.4　油气加工场地修复成本预算

环境治理标准，希望修复后的土地满足任何类型的土地使用要求，然而高额的修复费和漫长的修复过程很难承受。因此，欧美相关组织将土地修复与未来土地利用和规划相协调，尽量使修复与土地的再开发利用相结合，通过调整土地利用规划，在充分保障人体健康的基础上使土壤修复量最小化，即通过优化和调整城市建设项目规划，使修复需求量和成本最小化。

（1）修复策略

① 采取安全措施阻断污染扩散暴露途径，减少修复量。该方法基于风险管理理念。污染场地风险管理框架强调污染源-暴露途径-受体链，关注修复技术的选择及环境效益。例如，当污染暴露途径是以室内蒸气吸入为主时，可以考虑在污染区域建筑物底部混凝土下方铺设蒸气密封土工膜，以阻断蒸气吸入暴露途径；当以接触表层污染土壤为主要暴露途径时，可以在污染土层上方浇注水泥地面或铺设一定厚度的干净土壤来阻隔与土壤直接接触途径。

② 合理确定修复目标和优化修复需求，统筹土壤修复和规划利用，避免场地过度修复。由于对风险评估基本过程缺乏深入理解，常常把国家或地区筛

选值直接当作修复目标值，导致场地过度修复。针对特定污染场地确定特定修复目标值，选择并制定对特定污染场地切实有效且经济可行的修复策略是有效降低人体健康风险并避免过度修复的有效办法。

③ 加强移除及处理后土壤的管理和再利用，最大化节约成本。目前污染土壤修复方式主要采用填埋，但所需费用偏高，因此在欧洲通常会采取各种回收利用技术将土壤尽可能最大限度地回收利用，以减小填埋体积。总之，根据场地污染特征，结合城市土地利用规划，以资源可持续利用为出发点，综合考虑社会效益、经济效益、生态环境效益，实现污染场地土壤和地下水的绿色、可持续修复，维护土地可持续利用。

（2）修复实例

以德国鲁尔工业区的土壤治理过程为例，其治理理念是保护土壤的某种功能，以便未来用地规划需求，从经济上判断是否可行，从而选择不同的治理方案。在治理过程中选择的主要路径有：

① 直接清挖后换土。如果污染范围不大，场地的地下水未受污染，采用此方案，将不同的污染物分类运送到不同级别的垃圾填埋场。德国鲁尔工业区奥伯豪森工厂原址，经彻底清除后，改变土地用途，用于新建大型购物中心，还配套建有美食文化街、体育中心、游乐园、影视设施，吸引大量旅游和购物的人流。

② 隔离封闭。当土壤污染严重、范围大，且对地下水造成污染，需要就地隔离封闭处理，在隔离层上铺约2m厚的可供植物生长的新土层，进行景观再造，改造成休闲场所。如果是地下水被污染，可以通过布井或在地下建筑深沟对污染的地下水进行截流并永久抽排，再通过地面净化处理。

③ 微生物技术。主要是采用原位微生物技术对芳香烃类有机物进行处理，通过微生物进行有效的降解，可以避免对环境造成二次污染，但修复治理的周期较长，比如鲁尔工业区在土壤修复治理过程中部分地块采用此技术。

④ 气相抽提技术。这是一种原位修复技术，让新鲜空气通过注射井注入污染区，通过真空泵产生负压后，空气夹带易挥发性有机污染物，抽回地面，再经过活性炭的吸附或生物处理后达标排放。该技术成本低、无二次污染，对挥发性有机污染物处理效果较好。

（3）土壤污染风险管理

虽然不同国家自然环境、经济、社会发展阶段等因素存在较大的差异，所制定的土壤和地下水环境质量标准也有明显不同，但其土壤环境质量标准体系建设普遍采用土壤污染风险管理思路，其具有以下共同点：

① 上位法的依据充分，标准作用定位明确。大多数发达国家都有对污染场地的专门立法，标准的制定是基于风险的污染场地管理立法框架之

下，响应法律条款、配合法律的贯彻执行。标准主要用于污染场地识别、风险评估以及修复标准确定等。

② 不同类别的土地实施不同的利用方式，遵行不同的风险标准。基于风险评估，根据不同土地用途，应用生态毒理学数据和健康风险评估方法制定标准或指导值。针对保护人体健康和生态环境，区分农用地、建设用地等用地类型，分别制定标准。

③ 制定场地污染调查和风险评估技术导则。在颁布通用标准、筛选值的同时，应制定场地详细调研和风险评估的方法。

7.5 我国土壤环境管理制度和法律

与发达国家和地区相比，我国土壤污染防治工作起步较晚。从总体上看，目前的工作基础还很薄弱，土壤污染防治体系尚未形成。我国的土壤污染防治法规制度和标准体系建设已经走过了十余年，大致可分为两个阶段：启动阶段（2004~2011年），制度建设、完善期（2012年至今）。2004年国家环保总局出台了企业搬迁改造遗留场地环境管理要求，标志着我国污染场地环境管理拉开序幕。20世纪80~90年代，矿区土壤、污灌区土壤和有毒农药（比如六六六、滴滴涕等）的使用对土壤的危害等问题受到我国科学家的关注。国家科技攻关项目支持开展农业土壤背景值、全国土壤环境背景值和土壤环境容量等研究，为我国土壤环境的研究提供了宝贵的数据，在此基础上制定和发布了我国第一个土壤环境保护标准——《土壤环境质量标准》。

总体而言，我国尚没有土壤污染防治的专门法律法规，截至目前，国家层面制定的法规标准等文件共计30项，其中与污染场地环境管理具有一定相关性的法律2部，国务院发布的法规文件5部，作为污染场地环境管理主管部门的环境保护部（2018年3月撤销，组建生态环境部）发布的部门规章和行政性文件5部，其他部委发布的6部。由于这些规定缺乏系统性、针对性，亟须制定土壤污染防治专门法律，以满足土壤污染防治工作需要。在技术标准方面，生态环境部制定的土壤环境质量标准5部，调查、评估、修复技术规范等文件10部。有关土壤使用和修复的相关法律和规范主要包括两大类：土壤环境质量标准、土壤修复技术管理文件（规范、导则、指南等）。其中，土壤环境质量标准主要包括：《土壤环境质量 农用地土壤污染风险管控标准（试行）》（GB 15618—2018）、《食用农产品产地环境质量评价标准》（HJ/T 332—2006）、《温室蔬菜产地环境质量评价标准》（HJ/T 333—2006）、《土壤环境质量 建设用地土壤污染风险管控标准（试行）》（GB 36600—2018）。土壤修复技术管理文

件主要包括：《建设用地土壤污染状况调查 技术导则》（HJ 25.1—2019）、
《建设用地土壤污染风险管控和修复监测技术导则》（HJ 25.2—2019）、《建设
用地土壤污染风险评估技术导则》（HJ 25.3—2019）、《建设用地土壤修复技术
导则》（HJ 25.4—2019）、《污染场地修复技术目录（第一批）》（公告2014年
第75号）、《农用地污染土壤植物萃取技术指南（试行）》（环办〔2014〕114
号）、《工业企业场地环境调查评估与修复工作指南（试行）》（公告2014年第
78号）、《建设用地土壤污染风险筛选指导值》。

现有土壤污染防治的相关规定主要分散体现在环境污染防治、自然资源保
护和农业类法律法规之中，如《环境保护法》《固体废物污染环境防治法》《农
业法》《草原法》《土地管理法》《农产品质量安全法》等。《环境保护法》对污
染场地管理的要求并没有给出针对性的管理规章，缺乏具体措施要求。其他相
关法规，如《土地管理法》《固体废物污染环境防治法》等，虽涉及一些污染场
地管理的要求，但分量较轻，立法的角度并不是站在污染场地管理方面，对污
染场地与固体废物、污染土壤的区别和联系没有具体要求。此外，土壤标准中
指标不够全，我国的《土壤环境质量 农用地土壤污染风险管控标准（试行）》
（GB 15618—2018）对许多污染组分没有进行规定，缺乏污染控制方面的标准，没
有污染场地的分类和分级控制标准。由于缺乏法律规定，各部门各自的职责并
未明确划定。此外，各政府机构之间的合作不足会阻碍对土壤污染的控制。

参考文献

[1] 朱永官，沈仁芳，贺纪正，等.中国土壤微生物组：进展与展望 [J]. 中国科学院院刊，2017，32
（06）：554-565，542.
[2] 邓志云，黄国良，宿爱芝，等.土壤微生物与植物互作机制的研究进展 [J]. 绿色科技，2023，25
（08）：82-86，92.
[3] 李晓娜，王超，张微微，等.京郊荒滩地短期植被恢复对土壤理化性质及微生物群落结构的影响
[J]. 水土保持学报，2019，33（05）：343-348，357.
[4] 陈智康，刘柳君，尹立普，等.用于场地土壤修复的电阻加热技术研究进展 [J]. 环境工程，2022，40
（04）：224-234，243
[5] Qu C, Shi W, Guo J, et al. China's soil pollution control: choices and challenges [J]. Environ Sci Technol, 2016, 50 (24): 13181-13183.
[6] 周友亚，李发生，余立风，等.污染场地修复案例：意大利工业行业环境整治实践 [M]. 北京：中
国环境出版社，2016.
[7] 龚宇阳，李发生，姜林，等.污染场地管理体系 [M]. 北京：中国环境出版社，2017.

第 8 章

大气环境管理

8.1 引言

城市化和工业化的进程导致了海量的污染物排放到大气中，特别是工业废气（含有二氧化硫、氮氧化物、粉尘等）排放量急剧增加，造成雾霾、酸雨、温室效应等环境问题和哮喘、肺癌等健康问题。近年来，大气污染导致的群体发病率不断上升，严重威胁着人体健康，因此，必须要加大环境工程中大气污染防治，提高空气质量。世界卫生组织（WHO）的数据表明，全球有90%的城市人口暴露于大气污染中，能诱发心血管、癌症和呼吸道感染等多种疾病；调查数据显示大气污染对人体的危害会导致全球每年700万~800万人死亡。《2022年全球空气质量报告》结果显示：只有5%的国家符合 WHO $PM_{2.5}$ 空气污染指南，污染最严重的前5个国家是乍得、伊拉克、巴基斯坦、巴林、孟加拉国；在污染最严重的15个城市中，有10个位于印度，大部分位于首都周围。从近日的实时空气质量地图（IQAir）发现，污染最严重的地区主要集中在中亚、南亚和非洲，低收入和中等收入国家的暴露程度最高。

防治大气污染应当以改善大气环境质量为目标，坚持源头治理，规划先行，转变经济发展方式，优化产业结构和布局，调整能源结构。防治大气污染，应当加强对燃煤、工业、机动车船、扬尘、农业等大气污染的综合防治，推行区域大气污染联合防治，对颗粒物、二氧化硫、氮氧化物、挥发性有机物、氨等大气污染物和温室气体实施协同控制。国家和企事业单位鼓励和支持大气污染防治科学技术研究，开展对大气污染来源及其变化趋势的分析，推广先进适用的大气污染防治技术和装备，促进科技成果转化，发挥科学技术在大气污染防治中的支撑作用。制定大气环境质量标准、大气污染物排放标准，应当组织专家进行审查和论证，并征求有关部门、行业协会、企事业单位和公众等方面的意见。

8.2　大气和大气污染物

在环境学中，大气与空气同义，只是二者所涵盖的范围略有不同。与空气相比，大气所指的范围更大，是指地球环境周围所有空气的总和，整个大气层的质量为 $5.3×10^{15}t$，并且 99.9% 的质量都集中在平流层以下（海拔 50km 以下）的范围。清洁的空气或者大气是无价之宝，人类正常的生命活动都离不开空气中的氧气。人类与大气环境之间时刻进行着物质和能量的交换，因此二者之间会互相影响。人类活动会改变大气的成分、质量和结构；反过来，大气质量直接影响人类的生命健康和安全，因此大气质量也对人类的生产生活产生限制。

8.2.1　大气的组成

按分子组成，大气可分为均质层和非均质层；按化学和物理性质可以分为光化层和离子层。在理想情况下，大气是由各种气体形成的混合物，其成分主要包括氮气、氧气、二氧化碳、水蒸气以及少量的氩气、氖气、氦气、氪气、氢气等。自然或人为活动（主要因素）会给大气引入新的物种，比如煤烟、粉尘、硫氧化物、氮氧化物、挥发性有机化合物（volatile organic compounds，VOCs）、氨、氯化氢等。有毒有害气体和悬浮在空气中的细颗粒物，是引起大气污染的主要成分。一般把悬浮颗粒物称为大气的不确定组分，其含量与区域性和人类生产生活的强度有关。

8.2.2　大气污染物

大气污染专指有毒有害物质排放到室外空气中所产生的污染问题。由于自然或人为的过程，改变了大气圈中某些原有成分的含量或者增加了某些有毒有害物质的含量，导致大气质量恶化，影响原来生态平衡体系，威胁人体健康和正常工农业生产，以及对建筑物和设备财产等造成损坏，这种现象称为大气污染。

按照影响所涉及的范围，大气污染可分为局部性污染、地区性污染、广域性污染、全球性污染四类。上述四类污染类型所涉及的范围只能是相对的，没有具体的标准。例如，广域性污染是指工业城市及其附近地区的污染，但对某些面积较小的国家来说，相同范围的污染可能变成了国与国之间的广域性污染。按照能源性质、组成和反应，大气污染物可划分为煤炭型、石油型、混合型和特殊型四类。煤炭型的大气污染物是燃煤排放的烟尘和硫化物等引起的，首先发生在产业革命后的英国。石油型大气污染源自石油化工产品，如汽车尾

177

气、油田及石油化工厂的排放物。包括一次污染物和二次污染物。一次污染物是烯烃、NO_2，以及烷、醇、羰基化合物等。二次污染物主要是自由基（如羟基、过氧化氢自由基等）、醛、过氧乙酰硝酸酯等。混合型污染是指燃烧煤炭和石油所产生的混合大气污染物（如硫氧化物、氮氧化物、碳氢化合物、氧化剂、一氧化碳、颗粒物等），这种混合污染物是由煤炭型向石油型过渡阶段所特有的污染物。特殊污染是指工矿企业排放的特殊气体所造成的污染，如氯气、金属蒸气或硫化氢、氟化氢等。煤炭型、石油型、混合型污染造成的污染范围较大，而特殊污染所涉及的范围较小，主要发生在污染源附近的局部地区。

按照污染物的化学性质及其存在的大气环境状况，可将大气污染划分为还原型和氧化型污染。还原型污染又称为煤炭型污染，多发生在以燃煤为主，兼用燃油的地区，主要污染物为SO_2、CO和颗粒物。在出现逆温天气时，此类污染物容易在低空累积，生成还原性烟雾，著名的伦敦烟雾事件就是最典型的实例，故此类污染又称为伦敦烟雾型污染，实际上这种污染就是煤炭型和混合型污染。氧化型污染物又称为汽车尾气型污染，多发生在以石油为燃料的地区，主要污染源为汽车尾气、燃油锅炉和石油化工企业。其一次污染物是CO、NO_x和碳氢化合物，它们在阳光照射下发生光化学反应，生成二次污染物O_3、醛类等，此类物质具有极强的氧化性。

大气污染物的来源主要包括自然污染源和人为污染源。自然界的过程，比如火山爆发、森林火灾、地震等会产生大量的灰尘、硫化氢、硫氧化物、氮氧化物等悬浮颗粒物，从而影响大气的成分、质量和性质。自然污染源目前还不能控制，但是它所造成的污染是局部的、暂时的，在大气污染中只能起次要作用。与自然污染源相比，人为因素是改变大气成分、降低大气质量、导致大气污染的主导因素。人为污染源的污染时间更长、范围更广，这种污染源可分为固定的污染源和移动的污染源。按污染物排放的方式，可划分为高架源、面源和线源三类；按污染物排放的时间，可划分为连续源、间断源和瞬时源三类；按污染物产生的类型，可划分为生活污染源、工业污染源和交通污染源三类。固定污染源主要来源于工业生产的燃料燃烧过程中所排放的尾气（有毒有害的气体和粉尘），比如钢铁厂、冶炼厂、火力发电厂等工业企业燃料燃烧排放的污染物，建筑工地产生的扬尘和涂料释放的VOCs。一般地，燃料充分燃烧后会形成二氧化硫、二氧化碳，但是不完全燃烧则会产生黑烟、一氧化碳、甲烷；含有硫、氮的燃料燃烧还会生成二氧化硫、氮氧化物（NO_x）。燃料的不完全燃烧不仅降低燃料的燃烧热值，而且产生大气污染物，现有的技术一般通过调控进入燃烧室的空气量、温度、时间和燃料-空气混合比等参数降低废气的产生量。此外，城市生活污染源所产生的一次或二次污染物，比如城市居民、机关和服务性行业在供暖、锅炉、淋浴、餐饮等生产生活中需要耗用大量的煤炭，特别是在冬季采暖时间向大气排放大量的煤烟、油烟、废气等，也是大气主要污染源。移动污染源一般是指行驶中的汽车、火车、飞机、轮船等，这些交通工具会排放出含有一氧化碳、碳氢化合物、含铅污染物等。随着经济的发展，我国的汽车保有量已经达到了2.87亿，高居世界第二，汽车排放的尾气在一些大城市也已经成为重要的大气污染源。

大气污染物中含硫化合物主要包括硫化氢（H_2S）、二氧化硫（SO_2）、三氧化硫（SO_3）、硫酸（H_2SO_4）和硫酸盐及其气溶胶、有机硫及其气溶胶等。H_2S主要来自陆地生物源和海洋生物源，人为来源很少。如果缺氧土壤中富含硫酸盐，厌氧微生物（还原菌）则将其分解还原成H_2S。土壤中产生的H_2S一部分重新被氧化成硫酸盐，另一部分被释放到大气中。土壤中H_2S产生率、氧化率、输送效率、光辐射强度、土壤温度、土壤化学成分和酸度等决定了土壤中H_2S释放率。H_2S的来源主要是与自然因素有关，比如火山爆发，它的浓度空间分布变化较大，大气中H_2S的浓度陆地高于海洋，乡村高于城市。人为源CO主要来自汽车尾气和化石燃料的燃烧。自然源CO主要来自海洋、森林火灾和森林中释放出的萜烯化合物以及其他生物体的燃烧。此外，还有甲烷和其他碳氢化合物不完全氧化所产生的CO。NO_x既有自然来源，又有人为来源；自然源主要来自生物圈中氨的氧化、生物质的燃烧、土壤的释放物、闪电的形成物。燃料燃烧是指化石燃料燃烧时，排放的废气中含有NO（浓度为千分之几）；NO排入大气后，能迅速转化为NO_2。工业生产是指有关企业如硝酸、氮肥和有机合成工业及电镀等工业在生产过程中排出大量NO_x。交通运输是指机动车辆和飞机等排出的废气中含有大量NO_x，其中汽车排气已成为城市大气中NO_x的主要来源。全世界每年向大气中排放的碳氢化合物约为18.583亿吨，其中自然排放量占95%，主要为甲烷和少量萜烯类化合物。人为排放量占世界总排放量的5%，主要来自汽车尾气、燃料燃烧、有机溶剂的挥发、石油炼制和运输等。城市大气中碳氢化合物的人为污染主要来自汽车尾气，即没有完全燃烧的汽油本身和由于燃烧时汽油裂解或氧化而形成的产物。

8.3　大气污染与健康

大气污染正在成为影响全世界数百万人的主要健康问题。据世界卫生组织估计，每年有240万人死于空气污染的影响。能源结构决定我国大气成分和污染现状，我国大部分的电力和化工原料均依靠煤。在以煤为主体能源情况下，我国的能源利用方式比较落后，大部分煤是直接燃烧，利用率低、能耗高、排污大、烟气净化水平不高，因此我国大气污染的特点是以颗粒污染物和二氧化硫为主要污染物的煤烟型污染。北方城市的污染程度高于南方，其主要原因是：冬季采暖期的颗粒污染物和二氧化硫污染；在非供暖期，北方风期持续时间长，导致建筑施工扬尘和风沙严重，大气中的颗粒物浓度也较高。南方城市则是以二氧化硫和酸雨的污染为主，随着城市化进程的加快，机动车保有量增多，移动污染源已成为城市大气污染的主要来源，也是诱发支气管炎、哮喘、肺部疾病的主要原因。

总之，大气污染对人体健康的影响一般可分为以下几类：

① 急性中毒。多发生在某些特殊条件下，如发生特殊事故使大量有毒有害气体逸出、外界气象条件突变等，便会引起人群的急性中毒。

② 慢性危害。如果人们长期生活在低浓度污染的空气中，就会导致慢性疾病患病率升高。大量的流行病学资料表明，慢性呼吸道疾病与大气污染有密切关系。大气污染是慢性气管炎、肺气肿、支气管哮喘、肺癌等病症的主要原因，或为其诱导原因，或使这些病情恶化。

③ 重要生理机理的变化。人们受到大气污染侵袭时，首先会感觉不适，随后在生理上显示出可逆性的反应，如进一步恶化，就会出现急性的病态。其中肺的换气机能、血红蛋白输送氧气的机能等都容易受到影响。

④ 疑难症状。人们受到大气污染危害可产生多种疾病，包括一些原因不明的疾病。

⑤ 精神上的影响。严重的噪声污染能使人精神紧张、烦躁不安，甚至产生自杀和谋杀等严重后果。

8.3.1 我国大气污染的现状

我国仍然是以煤炭为主要能源的国家，每年的燃煤量处于世界第一位，导致SO_2排放量处于世界第一位，CO_2排放量处于世界第二位。如图 8.1 所示，2020年中国化石能源消费量占据能源消费结构的75.6%，说明中国经济发展在一定程度上依然依赖煤炭、石油等化石能源，而对于煤炭的消费更是占据化石能源消费的74.7%，在以"贫油、少气、相对富煤"为能源资源特征的中国，煤炭的主体能源地位短时间内难以改变。在这种情况下，我国的二氧化碳排放量为98.99亿吨，占全球碳排放总量的30.7%，远远超过占全球总排放量13.8%的美国。除了能源结构外，大气污染物的末端治理问题也较为突出：

图8.1　2020年我国的能源结构

① 技术的突破和迭代，比如烟气治理技术装备。

② 装置设备的安装率和使用率。土壤环境质量也会直接影响大气质量，由于垦荒、过度放牧等生产活动，我国北方的沙尘暴频发；此外，冷空气频繁、沙源地干燥，导致出现大范围、高强度沙尘天气，所经之处空气中的PM_{10}浓度显著增加。

2021年，在《排放源统计调查制度》确定的统计调查范围内，全国二氧化硫排放量为274.8万吨，比2020年减少了43.4万吨。其中，工业源二氧化硫排放量为209.7万吨，占76.3%，比2020年减少了43.5万吨；生活源二氧化硫排放量为64.9万吨，占23.6%，比2020年增加了0.1万吨；集中式污染治理设施二氧化硫排放量为0.3万吨，占0.1%，与2020年持平。全国废气中氮氧化物排放量为988.4万吨，比2020年减少了31.3万吨。其中，工业源氮氧化物排放量为 368.9 万吨，占37.3%，比2020年减少了48.6万吨；生活源氮氧化物排放量为 35.9 万吨，占3.6%，比2020年增加了2.2万吨；移动源氮氧化物排放量为582.1万吨，占58.9%，比2020年增加了15.2万吨。

2021年9月，生态环境部发布的《中国移动源环境管理年报（2021）》数据显示，2020年全国机动车保有量达3.72亿，比2019年增长6.9%。2020年全国机动车四项污染物排放总量为1593.0万吨，其中，一氧化碳（CO）、碳氢化合物（HC）、氮氧化物（NO_x）、颗粒物（PM）排放量分别为769.7万吨、190.2万吨、626.3万吨、6.8万吨。汽车是污染物排放总量的主要贡献者，其排放的CO、HC、NO_x和PM超过90%。柴油车NO_x和PM排放量分别超过汽车排放总量的80%和90%；汽油车CO超过汽车排放总量的80%，HC超过70%。移动污染源已经成为影响城市大气质量的重要因素，主要原因是机动车燃料含有添加剂和杂质，在不完全燃烧的情况下会排出有毒气体和颗粒物，比如一氧化碳、碳氢化合物、氮氧化物、二氧化碳、二氧化硫、颗粒物及碳烟、醛、含铅化合物等污染物。城市大气中的CO大部分来自汽车尾气，它是汽油燃烧不充分的产物，也是汽车尾气排放物中浓度最高的一种成分。例如，在北京、上海、广州等城市，机动车排放的CO均占污染物排放总量的80%以上，深圳市则高达94.5%。近年来，随着我国不断加大对工业污染的治理力度和清洁能源技术的发展，国内工业污染治理效果显著，但是现存污染物总量仍然较大，特别是工业源仍然是我国大气污染物的主要排放来源，实现碳达峰和碳中和仍然任重道远。

2022年《中国能源大数据报告》显示，最近十年时间内，我国节能减排工作取得了十分优异的成绩。其中，火力发电的烟尘排放量由"十年前每千瓦时0.39克，降至每千瓦时0.022克"，减少了94%。

8.3.2 大气污染与人体健康

大气污染物的种类很多，并且因污染源不同而有所差异。按污染物质的物理状态，可分为固体、液体和气体等形式。根据化学性质不同，一般把大气污染物分为：碳氧化物、氮氧化物、硫氧化物、碳氢化合物、卤素化合物、氧化剂、颗粒物及气溶胶、放射性物质。根据污染物的性质，可将其分为一次污染物（原发性污染物）和二次污染物（继发性污染物）。一次污染物是从污染源直接排出的污染物，一般分为反应性物质和非反应性物质。前者不稳定，还可与大气中的其他物质发生化学反应；后者比较稳定，在大气中与其他物质不发生反应或反应速度缓慢。二次污染物是指不稳定的一次污染物与大气中原有物质发生反应，或者污染物之间相互反应，从而生成的与一次污染物在理化性质上完全不同的新型污染物质，二次污染物对环境和人体的危害通常比一次污染物严重。例如，甲基汞比汞或汞的无机化合物对人体健康的危害要大得多。

城市大气污染物主要来源于机动车尾气，其中的污染物会导致呼吸道系统疾病、心脏系统疾病等多发综合征，甚至引起人体中毒和患癌。在光照条件下，碳氢化合物和氮氧化物进一步发生光化学反应，形成毒性更强的二次污染物。此外，氮氧化物、CO_2和SO_2是导致温室效应的主要成分，同时也会导致酸雨的形成，污染水体和土壤，侵蚀建筑物。含铅化合物不仅对人体造成伤害，还会吸附在机动车尾气催化净化器的催化剂表面，缩短催化剂和净化装置的寿命。大气中污染物质的来源、性质、浓度和持续的时间不同，污染地区的气象条件、地理环境等因素的差别甚至人的年龄、健康状况的不同，对人体均会产生不同的危害。例如，无色、无刺激的CO是有毒气体，经呼吸道进入肺部，被血液吸收后，能与体内血红蛋白结合成CO血红蛋白。血红蛋白同CO的结合能力比它同氧气的结合能力大得多，大约为250倍。因此，人体一旦吸入过量的CO，就会降低血液的载氧能力，危害中枢神经系统，发生头晕、头痛、恶心等症状，严重时会窒息、死亡。

SO$_2$对人体的主要影响是造成呼吸道内径狭窄，结果是空气进入肺部受到阻碍，浓度高时人体会出现呼吸困难，造成支气管炎和哮喘，严重的会引起肺气肿，甚至死亡。SO$_2$还能与血液中的维生素B$_1$结合，使体内维生素C的平衡失调，从而影响新陈代谢活动。SO$_2$还能抑制或破坏某些酶的活性，从而影响生长发育。另外，SO$_2$与大气中的颗粒物结合产生协同作用，此作用对人体健康危害更为严重。

NO$_x$是化石燃料燃烧过程中产生的，包括NO、NO$_2$、N$_2$O$_4$、N$_2$O、N$_2$O$_3$、N$_2$O$_5$等。NO$_x$是形成酸雨和光化学烟雾的主要物质，能影响呼吸器官和刺激眼睛等。NO是无色并具有轻度刺激性的气体，它在低浓度时对人体健康无明显影响，高浓度时能造成人与动物中枢神经系统障碍。尽管NO的直接危害性不大，但NO在大气中能被O$_3$氧化成具有毒性的NO$_2$。NO$_2$是一种红褐色的带刺激性的气体，吸入人体后与血液中的血红蛋白结合，使血液的携氧能力下降，导致心、肝、肾等器官受到严重的损害。研究结果表明：人只要在NO$_2$浓度为$(100\sim150)\times10^{-6}$（体积分数）的环境中停留0.5~1h，就会因肺气肿而死亡。

碳氢化合物（烃类）源自燃料燃烧、机动车排气及炼油、焦化、煤气等生产过程。一般地，饱和烃的危害不大，而不饱和烃的危害性更为严重。例如，甲烷气体无毒性；甲醛、丙烯醛等醛类气体会对眼、呼吸道和皮肤有强烈的刺激作用，浓度较高时〔超过25×10^{-6}（体积分数）〕会引起头晕、恶心、红细胞减少、贫血。含有多环的芳香烃（比如苯并芘）是强致癌物质。多环芳烃可引起食欲不振、体重减轻、头晕、黏膜出血等症状，还会出现血小板减少、白细胞减少或异常增多、红细胞减少、贫血，甚至引起白血病等。烃类成分还是引起光化学烟雾的重要物质。臭氧具有极强的氧化力，能使植物发黑，橡胶发裂，在浓度为0.1×10^{-6}（体积分数）时就具有特殊的臭味。

8.3.3　大气颗粒物污染及其危害

大气中颗粒物有固体和液体两种形态，其直径在0.002~100μm之间。固体颗粒物以粉尘为代表，其可分为有机粉尘、无机粉尘和混合粉尘。有机粉尘主要指植物粉尘、动物粉尘、加工有机物的粉尘和细菌等，无机粉尘主要包括矿尘、金属尘、加工无机物产生的粉尘等。粒径大于10μm的粉尘体积大、质量重，在重力作用下能很快地降落到地球表面，称为降尘或落尘；粒径小于10μm的粉尘体积小、质量轻，能在大气中飘浮很长时间，称为飘尘。

根据形状划分，固体颗粒物可以分为四种：

① 三维等长的规整颗粒物；

② 纵横比较大的二维片层结构；

③ 某个维度较大的纤维或者棒状的粒子；

④ 球形颗粒物。

若不需要精确分类，一般可以把颗粒物分为细颗粒物和粗颗粒物，前者的粒径小于2μm，后者的粒径大于2μm。由于颗粒物的形状很少有规整性，为了更方便比较其尺寸大小，一般用空气动力学等效直径D_p、体积等效直径D_v和光学等效直径（D_o）代替其实际的尺寸。其中，与直径D_o的球形粒子具有相同的光散射能力的不规则粒子，把D_o作为所研究不规则粒子的光学等效直径，其数学定义如下：

设在确定的测量条件下，某一不规则形状的颗粒对应的散射光通量范围为$[F_{min}, F_{max}]$，且产生某一光通量F的概率为$P(F)$，则该颗粒的平均散射光通量为：

$$\overline{F}=\int_{F_{min}}^{F_{max}}P(F)F\mathrm{d}F$$

该不规则颗粒的光学等效直径D_o为：

$$D_o=k_D\sqrt{\overline{F}}$$

式中，k_D是与量纲有关的常数，颗粒的光散射能力与光波波长有关，一般$D_o=0.55\mu m$作为标准绿光。

体积等效直径是指不规则形状的颗粒物体积（V_p）与球形颗粒物体积相等时，所对应的球形颗粒物的直径就是其体积等效直径（D_v），

$$D_v=\sqrt[3]{\frac{6V_p}{\pi}}=1.24\sqrt[3]{V_p}$$

另外一个等效直径是空气动力学直径（D_p），其定义为：在静止的空气中，与直径为D_p且密度为$1g/cm^3$的球形粒子具有相同终端沉降速度的不规则形状的粒子。在层流区内（颗粒物的雷诺数$Re<2.0$）的D_p与斯托克斯直径（D_{st}）相当，其定义为，

$$D_{st}=\sqrt{\frac{18\mu v_t}{(\rho_p-\rho)g}}$$

式中　v_t——颗粒在流体中的终端沉降速度；

　　　μ——流体的黏度；

　　　ρ_p——颗粒的密度；

　　　ρ——流体的密度；

　　　g——重力加速度。

大气质量评价指标中的$PM_{2.5}$，就是指$D_p\leqslant2.5\mu m$的细颗粒物，在很多研究

机构所提出的标准中，常把粒径（D_p）为 2.5μm 作为一个分界线。$PM_{2.5}$ 为细颗粒物，它们比表面积大、活性强、易附带有毒有害物质，在大气中停留时间长，可长距离输运，并且能被人体吸入并聚集在人体肺部，具有很强的穿透力，并干扰肺内气体交换。对于 $D_p<0.1$μm 的颗粒被称为超细颗粒物；D_p 在几纳米到几十纳米之间的颗粒物，统称为纳米颗粒物。对 $D_p<100$μm 的颗粒物，皆被称为总悬浮颗粒物。$D_p<10$μm 颗粒物就能穿透人体呼吸系统屏障，到达支气管和肺泡，因此被称为可吸入颗粒物或 PM_{10}。大气中硫酸、硫酸氢铵、硫酸铵、硝酸铵、元素碳和有机碳等都属于细颗粒物范畴。$PM_{2.5}$ 的化学组成，特别是吸附在颗粒物表面的有害化学成分，决定了颗粒物在人体内参与干扰生化过程的程度和速率，从而决定了对人体健康的伤害程度和致病类型。

目前，我国已成为 $PM_{2.5}$ 污染最为严重的国家之一，因此我国将大气中 $PM_{2.5}$ 浓度作为大气质量的重要指标之一。此外，我国《环境空气质量标准》（GB 3095—2012）也将 $PM_{2.5}$ 纳入环评范围，针对不同情况在全国分期分批逐步实施。自 2013 年以来，我国针对首批 74 个城市开始监测并发布 $PM_{2.5}$ 浓度。国家统计局 2018 年发布的《中华人民共和国 2017 年国民经济和社会发展统计公报》显示：2017 年，在监测的 338 个地级及以上城市中，城市空气质量达标的城市占 29.3%，未达标的城市占 74.7%，$PM_{2.5}$ 未达标的城市年平均浓度为 48μg/m³。

$PM_{2.5}$ 的来源分为自然源和人为源。自然源一般是由海洋释放的飞沫，火山活动排放的硫酸盐，沙尘中的铝、硅、钙、铁、钛、锰等元素，地面扬尘，生物质燃烧释放的有机碳和炭（以碳单质为主体的纯净物或混合物），病毒、细菌等生物气溶胶；人为源主要是由工农业生产以及人类活动所产生的，比如化石燃料燃烧产生硫酸盐，金属冶炼、机械加工、机动车等排放的废气，电解、电气焊、电镀等过程排放的铁、铅、锌、铜、镍等金属元素。因此，$PM_{2.5}$ 是由多种成分构成的混合物，包括有机碳、硫酸盐、炭、硝酸盐、铵盐、氯化钠和液态水等。

大气颗粒物的来源包括自然源和人为源。自然源主要包括土壤、岩石碎屑、火山喷发物、林火灰烬和海盐微粒等，人为源主要来自化石燃料燃烧、露天采矿、建筑工地、耕种作业等。目前关注度最高的还是人为活动所产生的颗粒物，特别是化石燃料的燃烧所产生的颗粒物，这是大气污染的主要成因。大气颗粒物中有较大部分是碳烟或黑烟，是燃烧系统颗粒物排放中最大部分的微粒物质，主要由直径为 0.1~10μm 的多孔性碳粒构成，并在其表面凝结或吸附未燃烃和 SO_2 等。

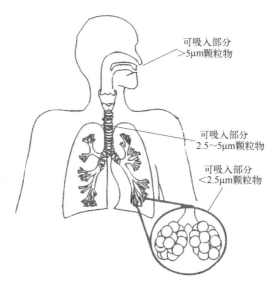

可吸入部分
>5µm颗粒物

可吸入部分
2.5~5µm颗粒物

可吸入部分
<2.5µm颗粒物

图8.2 颗粒的粒径与其在人体呼吸道中沉积行为

如图8.2所示，大气中细颗粒物的行为和对人体的危害与颗粒物的粒径大小密切相关。例如PM$_{2.5}$的毒性也与其表面吸附的有毒物质有关，比如重金属（铅、铜、镍）、有机物（比如苯并芘）和无机盐（比如氟化物）。呼吸道是大气污染物进入人体系统的起点，人体很多肺部疾病都与大气污染有关。例如，细颗粒物能沉积或入侵人体任何一个呼吸隔室中，其中粒径大于>5µm的颗粒物能沉积在胸外区域，粒径在2.5~5µm之间的颗粒物能沉积在人体气管支气管区域，直径<2.5µm的颗粒（细颗粒）能沉积在肺泡区域。当然，细颗粒物对人体的伤害还与其来源、组成、暴露的水平和持续时间相关，人体暴露细颗粒物中所表现出的症状可能包括持续咳嗽、喉咙痛、眼睛灼热和胸闷，这些症状与人体的性别、年龄和敏感性都有关系。但是颗粒物的尺寸或粒径是决定其毒性最主要的因素，粒径极小的颗粒物（比如纳米粒子）能在物理上阻碍巨噬细胞清除，诱导基因突变。颗粒的粒径越小，越容易停滞在肺带、支气管中，因此对人体的危害性愈大，其中0.1~0.5µm的颗粒物对人体危害最大。例如，直径小于0.1µm的微粒在空气中做随机运动，虽然可以进入肺部或附着在肺细胞组织中，但是会被血液吸收。直径为0.1~1µm的颗粒物兼有随机运动和沉降运动的特点，它能经呼吸道深入肺叶并黏附在肺叶表面的黏液中，随后在几小时内被绒毛清除。较大的微粒不能深入呼吸道，常到鼻、喉处便被截住。由于柴油机排气微粒直径分布的峰值通常在0.1µm左右，故处于能在大气中长期悬浮的尺寸范围内，因而对人体健康有很大威胁。柴油机的微粒排放量比汽油机高得

多，高出30~80倍。

由于颗粒物的存在，特别是直径为0.1~5μm的颗粒物的存在，吸收或散射太阳光，导致到达地面的太阳光减少，地面温度降低而高空温度升高。例如，$PM_{2.5}$通过散射和吸收太阳光辐射，直接影响气温和气候变化；通过改变云降水的物理过程来间接影响气候变化，比如硫酸盐和有机碳有制冷效应，炭具有增温效果。颗粒物一方面反射部分太阳光，降低地表温度，另一方面也能吸收地面辐射到大气中的热量，起着保温作用，一般认为前者大于后者，因此总的效应是使气温降低。1998~2008年间美国测量总$PM_{2.5}$的每日平均表面浓度与温度、相对湿度和高度的关系，结果显示$PM_{2.5}$对所在区域有显著影响，但是不同区域影响规律和程度不一样。值得注意的是，主要选取$PM_{2.5}$中的硫酸盐、硝酸盐、铵、有机碳和炭作为主要考察指标。结果表明，温度与硫酸盐、有机碳和炭几乎处处呈正相关；在美国东南部，硝酸盐与温度是负相关的，但在加利福尼亚州和大平原，硝酸盐与温度是正相关的。在$PM_{2.5}$对气候影响方面，相对湿度与硫酸盐、硝酸盐呈正相关，与有机碳、电导率呈负相关；降水量与所有$PM_{2.5}$组分呈显著负相关。另外，粒径较小的颗粒物存在很多反应活性位点，可以作为大气污染物发生理化反应的催化剂，例如颗粒物上存在的许多过渡金属可作为芬顿反应的催化剂，该反应可引发活性氧和活性氮物质的产生，从而导致炎症反应。

8.3.4 气溶胶污染及其危害

大气中的固体颗粒物或液滴与其他介质共存，在一定条件下会形成气溶胶。分散相或分散质为固体或者液体小质点，其大小为0.001~100μm，可以是各种扬尘沙粒、燃烧产物、金属粉末、无机盐微粒、有机颗粒物、微生物颗粒、放射性核素；分散介质为气体。

气溶胶是大气中重要的组成部分，它直接影响人类的健康、天气和气候的变化。气溶胶粒子因吸收与散射可见光、红外光及其他波段的电磁波，从而可以改变气温和能见度。它可以将太阳光反射到太空中，降低大气的能见度；也能够通过微粒散射、漫射和吸收一部分太阳辐射，减少地面长波辐射的外逸，使大气升温。气溶胶光学厚度反映了大气气溶胶颗粒物对太阳辐射的消减作用，是表征大气浑浊程度和气溶胶辐射气候效应的一个重要参数。气溶胶与太阳光之间的作用会影响农作物的生长过程，因为农作物的生长需要进行光合作用来维持，即通过吸收相应波段的太阳光将大气中CO_2转化为淀粉等高碳化合物以维持自身的生长发育。气溶胶对植物的光合作用的影响主要是改变了太阳光的辐射强度。

由于气溶胶的分散介质是气体，质点相碰时极易发生黏结以及液体的挥发。气溶胶质点有相当大的比表面积和表面能，使得在一般情况下相当缓慢的化学反应变得非常迅速，甚至引起爆炸。

8.4 大气污染防治方法

工业化被普遍视作导致大气污染最重要的人为因素，是大气污染的主要源头。控制大气污染的人为源或因素是改善空气质量的关键，包括人类社会活动中所涉及的生产、消费、交换等各个环节。影响大气污染防治效果的工业化或经济要素主要包括经济规模、人口密度、产业结构、能源消费、技术创新等。

工业化与大气污染的相关性规律主要通过环境库兹涅茨曲线（EKC）来检验分析。大气污染物与人均收入符合EKC假定，短期的经济增长会促进二氧化碳排放，长期经济增长会减少二氧化碳排放，整体呈现倒U形（图8.3）。我国学者利用Tapio脱钩模型发现北京、天津、保定等中国低碳试点城市的区域碳排放也与经济规模呈现倒U形关系。然而，有些研究人员却认为倒U形关系并不总是符合实际情况，例如我国学者分析我国232个城市$PM_{2.5}$与经济增长的关系，发现仅有12个城市呈现倒U形曲线。

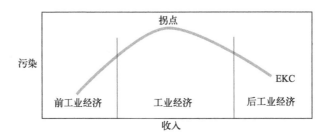

图8.3　经济发展（收入）与环境质量衰减（污染）之间的EKC

为了更好地统筹经济发展和大气环境保护，需要实施相应的管理措施，一般策略包括：有效地控制大气污染源头；制定大气环境污染物排放标准；科学高效地利用煤炭资源；科学开发绿色环保新能源，逐步替代化石能源；强化对大气环境污染的监测与把控力度；创建完整大气环境污染防治管治体系与责任体系；创建绿化工程造林等生态项目。

8.4.1 我国大气污染防治的历程

新中国成立70多年来，我国先后成立了环境保护组织机构，颁布了与大气污染防治相关的多种法律法规，制定了污染物排放与空气质量标准，研究了大气污染来源与成因，开发出大气污染治理技术等。我国大气污染物的排放量与浓度皆显著下降，空气质量明显好转，煤烟型大气污染、酸雨污染问题基本解决，局部地区的光化学烟雾已经消除，产生了显著的健康、社会经济和环境生态效益，同时也促进了温室气体的减排和臭氧层消耗物质的淘汰。总体而言，过去几十年，我国的环境保护从无到有，环保机构和队伍不断壮大，环境保护法律体系基本框架已经建立，环境保护投资达到较高水平，目前环境污染治理的投资占GDP的比例大体为1.4%。

我国大气污染防治工作始于20世纪70年代，大体可以分为4个阶段：起步阶段（1972—1990年）、发展阶段（1991—2000年）、转型阶段（2001—2010年）和攻坚阶段（2011年至今）。不同阶段的环境保护组织结构、防治对象、工作重点、法律法规、行动计划、污染物排放与空气质量标准等均有明显变化。

在起步阶段（1972—1990年），我国大气污染防治对象以烟尘和悬浮颗粒物为主，空气污染范围主要限于大型的城市（如太原市煤烟型大气污染、兰州市光化学烟雾污染、天津市工业烟气污染），控制重点是工业点源，空气质量管理以属地管理为主，主要任务包括排放源监管、工业点源治理、消烟除尘等。典型的事件有1987年9月15日第六届全国人民代表大会常务委员会第二十二次会议通过了《中华人民共和国大气污染防治法》，并后续进行多次修正和修订（分别在1995年、2000年、2015年和2018年）。该法的实施是为了保护和改善环境，防治大气污染，保障公众健康，推进生态文明建设，促进经济社会可持续发展。总体思路是坚持源头治理，规划先行，转变经济发展方式，优化产业结构和布局，调整能源结构。

1991—2000年是我国大气污染防治的发展阶段。国家成立了国务院环境保护领导小组，主要防治对象为SO_2和悬浮颗粒物，空气污染的范围由城市局地污染向区域性污染扩展，控制重点为燃煤锅炉与工业排放。

2001—2010年是我国大气污染防治的转型阶段。国家成立了国家环境保护总局，该阶段的主要防治对象转变为SO_2、NO_x和PM_{10}，大气污染初步呈现出区域性、复合型的特征；煤烟尘、酸雨、$PM_{2.5}$和光化学污染同时出现，京津冀、长三角、珠三角等重点地区的大气污染问题突出，控制的重点为燃煤、工业源、扬尘、机动车尾气污染，开始实施污染物总量控制和区域联防联控。国家环境保护总局进一步升格为环境保护部，在京津冀、长三角、珠三角等重点地区试点实施大气污染联防联控，环境空气中一次污染物的浓度得到初步控制。这一时期，我国工业化、城镇化进程加快，能源消耗尤其是煤炭消耗量快速增加，钢铁、水泥等高污染行业规模不断扩大，汽车保有量迅速增长，给环境空气质量管理带来巨大挑战。

2011年至今是我国大气污染防治的攻坚阶段。2013年1月，我国东部出现跨区域、大范围的连续多天灰霾天气，$PM_{2.5}$的浓度居高不下。在此阶段，将更加复杂的污染物$PM_{2.5}$指标控制提上议程，我国大气污染防治工作开始了长期的攻坚战。该阶段我国大气防治的主要对象为灰霾、$PM_{2.5}$和PM_{10}，VOCs和臭氧逐渐受到关注，控制目标转变为关注排放总量与环境质量改善相协调，控制重点为多种污染源综合控制与多种污染物协同减排，全面开展大气污染的联防联控。

21世纪，我国大气污染已经从"烟煤型污染"演变为"跨区域性复合性大气污染"。为贯彻《中华人民共和国环境保护法》和《中华人民共和国大气污染防治法》，规范国家大气污染物排放标准修订工作，指导地方大气污染物排放标准制订工作，2018年12月生态环境部首次发布了《国家大气污染物排放标准制订技术导则》（HJ 945.1—2018）。规定了制订固定污染源大气污染物排放标准的基本原则和技术路线、主要技术内容的确定、标准实施成本效益分析、标准文本的结构和标准编制说明主要内容等要求。

为了贯彻落实《国务院关于印发打赢蓝天保卫战三年行动计划的通知》，2019年7月，生态环境部要求各地协同控制温室气体排放，并且加强工业炉窑大气污染的综合治理，进而促进产业的高质量发展。2019年10月，根据《打赢蓝天保卫战三年行动计划》中开展重点区域秋冬季攻坚行动的要求，生态环境部印发《京津冀及周边地区2019—2020年秋冬季大气污染综合治理攻坚行动方案》。该方案提出全面完成京津冀和周边地区2019年环境空气质量的改善目标，并且协同控制温室气体排放。2021年，全国339个地级及以上城市平均空气质量优良天数比例为87.5%，比上年提高0.5个百分点；全年空气质量达标的城市占64.3%；$PM_{2.5}$年平均浓度30μg/m³，比上年下降9.1%。

8.4.2 粉尘污染物的治理技术和方法

粉尘污染物的去除或除尘是指利用除尘装置从气体中分离或捕集出固态或液态的颗粒。根据除尘效率，除尘装置可以分为机械式除尘器、过滤式除尘器、电除尘器和湿式除尘器，其中机械式除尘器、过滤式除尘器、电除尘器统称为干式除尘器。

机械式除尘器主要利用重力、惯性力和离心力的作用而使尘粒物质与气流分离，根据作用方式不同，可以分为重力沉降室、惯性除尘器和旋风除尘器。机械式除尘器结构简单，投资少，动力消耗低，除尘效率一般在40%~90%，是国内常用的除尘设备。在排气量比较大或者除尘要求比较严格的场合，这类设备可以用于预处理，以减轻二级除尘设备的负荷。

过滤式除尘器是使含尘气流通过过滤材料或多孔的填料层来达到分离气体中的固体粉尘的一种高效除尘装置。目前常用的有袋式除尘器和颗粒层除尘器，袋式除尘器是将棉、毛、合成纤维或者人造纤维等织物作为滤料并编织成多孔结构的滤袋，去除的粉尘粒径一般大于 $0.1\mu m$，除尘率大于99%。滤料直接影响袋式除尘器的除尘效率、压力损失、清灰周期等性能，因此选择滤料的时候应该要综合考虑含尘气体的特征、尘粒和气体的性质。以玻璃纤维滤料捕集尘粒为例，其除尘效率（η）可以用如下经验式来表示：

$$\eta=1-\left\{\left[P_n+\left(0.1-P_n\right)e^{-\alpha m}\right]+c_r\big/c_i\right\}$$
$$P_n=1.5\times10^{-7}\exp\left[12.7\times\left(1-e^{1.03v_f}\right)\right]$$
$$\alpha=3.6\times10^{-3}v_f^{-4}+0.094$$

式中　P_n——无因次参数；

　　　c_r——脱除浓度；

　　　c_i——进口粉尘浓度；

　　　v_f——表面过滤速度；

　　　m——滤料上的粉尘负荷。

过滤式除尘器有内部过滤和表面过滤两种方式。内部过滤（比如颗粒层过滤器和纤维床过滤器）是把松散的滤料（比如玻璃纤维、金属绒、硅沙和煤粒等），以一定的体积填充在框架或者容器内作为过滤层，对含尘气体进行净化，在过滤材料内部对尘粒进行捕集。表面过滤是采用织物（由棉、毛、人造纤维等材料加工而成）等薄层滤料，将最初黏附在织物表面的粉尘作为过滤层，对后续的尘粒进行捕集。袋式除尘器主要由过滤装置和清灰装置两部分组成，前者作用是捕集粉尘，后者则是定期清除滤袋上的积尘，保持除尘器的处理能力。织物滤料本身的网孔一般为 $10\sim50\mu m$，表面起绒滤料的网孔也有 $5\sim10\mu m$，因而新滤料开始使用时滤尘效率很低。但由于粒径大于滤料网孔的少量尘粒被筛滤阻留着，并在网孔之间产生架桥现象，同时由于碰撞、拦截、扩散、静电吸引和重力沉降等作用，一批粉尘很快被纤维捕集。随着捕集量的不断增加，一部分粉尘嵌入滤料内部，一部分覆盖在滤料表面，形成粉尘储存。

电除尘器或静电除尘器的除尘原理是使含尘气体通过高压电场进行电离，使尘粒带电，在电场力的作用下，将尘粒从含尘气体中分离出来。电除尘器与其他除尘器最大的区别在于分离力作用的对象不同，后者一般是作用在整个气流上，电除尘器包含干式静电除尘器和湿式静电除尘器。电除尘器除尘涉及的主要过程包括：电晕放电、气体电离、粒子荷电、荷电离子的迁移和捕集、清灰等过程。其中，粒子荷电、荷电离子的迁移和捕集、清灰是最基本的过程。

湿式除尘器是利用液体、液膜、气泡等使含尘气流中的尘粒与有害气体分离的装置。湿式除尘器的种类很多，通常能耗低的主要用于治理废气，能耗高的一般用于除尘。用于除尘的湿式除尘器主要有喷淋塔式除尘器、文丘里除尘器、自激式除尘器和水膜式除尘器。

8.4.3 气态污染物的治理技术和方法

（1）技术角度

污染物的去除方法最常用的就是利用催化剂的催化活性，将废气中有害气体吸附并转化成无害的物质或更容易回收处理的物质，这类方法一般包括催化氧化法和还原法。催化氧化法是使废气中的污染物在催化剂的作用下被氧化（失电子过程）成易回收或处理的物质，比如废气中的二氧化硫在五氧化二钒的催化作用下，与氧气反应生成三氧化硫，可被水吸收，形成硫酸回收。催化还原法是利用催化剂，促使废气中的污染物与甲烷、氢、氨等进行还原反应，转化为无害的氮气。

在末端治理大气污染物的技术中，最直接高效的就是通过氧化还原反应将污染物净化，其中最核心的任务就是催化剂的可控制备和高效应用。随着纳米材料的制备、表征、修饰技术的不断进步，用于大气污染物催化去除的新型催化剂材料被大量研发出来，例如纳米核壳结构催化剂具有良好的热稳定性和优异的择形催化效果，在反应中的整体活性表现良好。核壳结构型纳米材料具有双功能甚至多功能催化特性。核壳催化剂在大气污染治理中，如SCR脱硝、VOCs脱除、痕量CO去除等领域有着广泛的应用。核壳纳米结构材料按照结构主要分为紧密核壳（core-shell）、空心核壳（hollow core-shell）、摇铃核壳（rattle core-shell）。这些核壳结构增强了催化材料在催化反应中对有毒物质的抵抗性，具有更长的寿命，使核壳催化剂能够更好地适应催化环境。

（2）大气环境的政策

大气环境的有效治理不仅仅要求污染物治理工艺水平的提高，还需要政策激励和法律约束，最终起到预防污染事件发生的作用，否则又会走上污染—治理—再污染的老路。在现行法律框架下，以市场为主导，以有效的财政政策作为经济设计手段，具体可采取的措施包括：

① 制定切实可行的大气环境污染物排放标准。在实施废气处理实践中，按照废气的排放根源实施废气的净化处理，按照大气环境污染排放要求释放各种

废气，减小对大气生态环境的负面作用。在设计大气环境污染物排放要求的过程中，应该按照大气污染的现实状况，把对大气环境产生影响的因素实施细化完善，让废气处理效果做到可视化、可监测、可控。

② 改进生产工艺，提高产品质量。提升燃油品质，制定合格的油品保障方案，确保按期供应合格油品。采取划定禁行区域、经济补偿等方式，逐步淘汰老旧车辆。鼓励企业加快研发先进发动机节能技术。推广采用各类节能技术的节能汽车和新能源汽车，比如采取财政补贴和直接上牌等方式，鼓励个人购买；公交，环卫等行业和政府带头使用新能源汽车，实施补贴等激励政策，鼓励出租车每年更换高效尾气净化装置。

③ 奖惩并举，鼓励先进工艺和产品的研发，利用法律和经济的手段惩罚破坏大气环境质量行为的公司和个人。本着"谁污染、谁负责，多排放、多负担，节能减排得收益、获补偿"的原则，积极推进激励与节约并举的节能减排新机制，全面落实"合同能源管理"的财税优惠政策，完善促进环境服务业发展的扶贫政策，推行污染治理设施投资、建设、运行一体化特许经营。鼓励企业和科研工作者开发新型高效的催化剂处理大气中污染物，比如开发高效、长寿命的催化材料用于SCR脱硝、VOCs脱除以及超低浓度CO去除等。

8.4.4 碳中和与循环经济

自从我国宣布2030年前碳达峰、2060年前碳中和目标后，"碳中和"一词迅速进入大众视野。实现碳中和绝非易事，需要能源和经济体系的深度变革，我国在碳中和道路上仍面临能源结构偏重、碳排放总量较大等一系列挑战。环保目标倒逼产业转型升级，鞭策着我国发展高质量、低能耗经济。狭义上讲，碳中和目标是指实现 CO_2 净零排放；广义上讲，碳中和目标是指实现温室气体净零排放，而气候中性目标除考虑温室气体排放之外，也考虑诸如辐射效应等其他影响。这里的温室气体包括二氧化碳（CO_2）、水汽（H_2O）、一氧化碳（CO）、氧化亚氮（N_2O）、甲烷（CH_4）和臭氧（O_3）等。1997年，《京都议定书》中明确了6种温室气体，包括 CO_2、CH_4、N_2O、氢氟碳化物（HFCs）、全氟碳化（PFCs）、六氟化硫（SF_6）。2008年，《联合国气候变化框架公约》又将三氟化氮（NF_3）列入监管的温室气体类别。我国向《联合国气候变化框架公约》秘书处提交的本国自主贡献目标中，明确了 CO_2、CH_4、N_2O、HFCs、PFCs、SF_6、NF_3 作为温室气体和减排的对象。所有温室气体排放均以 CO_2 当量进行换算，即在某一时间范围内将一种温室效应气体（GHG）排放量乘以其全球增暖潜势（GWP）得出。联合国政府间气候变化专门委员会（IPCC）给出了所有温室气体的 GWP。温室气体是造成全球气温上升的主因，尤其是 CO_2 对温室效应的贡献达 60%，成为目前全球范围内主要控制和削减的温室气体。

联合国环境规划署发布的《2023 排放差距报告》显示，自 1990 年以来，全球温室气体排放量一路走高。尤其在 2021~2022 年全球温室气体排放量在 2020~2021 年基础上又增加了 1.2%，创下 574 亿吨二氧化碳当量的新纪录。其中，以化石燃料为主导的二氧化碳排放占主要地位。与此同时，全球气候变暖非常明显，以北半球为例，截至 2022 年 10 月初，总共有 86 天的气温比工业化前水平高出 1.5℃ 以上。更糟糕的是，应对气候变化资金缺口也在增大。特别是非洲国家，由于经济的不景气导致应对环境的资金捉襟见肘，据估计到 2050 年，非洲的经济规模可能会收缩至少 4.7%。气候变化正在损害非洲的粮食安全、生态系统和经济社会发展，加剧流离失所与人口迁移问题，且因资源日益减少而引发冲突的威胁增大。为了稳定全球温度升幅，需要持续减少排放量并进一步实现温室气体净零排放。从国际国内发展全局的高度出发，碳中和是一个重大战略机遇，有利于引领技术和产业变革，促使我国加快调整优化产业结构、能源结构，推动煤炭消费尽早达峰，大力发展新能源，加快建设全国用能权、碳排放权交易市场，完善能源消费双控制度。我国生态文明建设进入了以降碳为重点战略方向、推动减污降碳协同增效、促进经济社会发展全面绿色转型、实现生态环境质量改善由量变到质变的关键时期。要抓住产业结构调整这个关键，推动战略性新兴产业、高技术产业、现代服务业加快发展，推动能源清洁低碳安全高效利用，持续降低碳排放强度。

目前大气中温室气体浓度升高的主要原因是人类活动引起人为源的增加。人为排放源主要包括化石燃料燃烧、伐木毁林、土地利用和土地利用变化、畜牧生产、施肥、废弃物管理和工业过程等。人为吸收汇集或人为移除是指通过人类活动从大气中移除温室气体，主要方式为增强 CO_2 的生物汇集和使用物理化学工程来实现长期移除和储存。我国力争于 2060 年前实现"碳中和"，其实现途径就是减少排放源和增加吸收汇集。减源主要体现在通过节能减排、能效提升、零碳排放等途径降低 CO_2 排放量；增汇则需要通过实施碳移除或负排放技术如林业碳汇、碳捕集利用与封存、生物能源与 CO_2 捕获与封存相结合、直接空气捕集等来抵消经济生产等活动中产生的 CO_2 排放，从而实现净零排放。

在第七十五届联合国大会一般性辩论上，我国首次对外宣布"二氧化碳排放量力争于 2030 年前达到峰值，努力争取 2060 年前实现碳中和"。这是我国基于推动构建"人类命运共同体"的责任担当和实现可持续发展的内在要求所作的重大战略决策，也是党中央、国务院统筹国内国际两个大局作出的重大战略部署。从国际上来看，该目标的提出体现了我国对多边主义的坚定支持，并为各国携手应对气候变化挑战、共同保护好人类赖以生存的地球家园贡献中国智慧和中国方案，充分展现了中国作为负责任大国的担当。

低碳技术包括减碳技术、零碳技术、末端脱碳技术，是低碳发展的基础。从发展水平来看，我国主要低碳技术处于不同的发展阶段，包括研发阶段、示范工程阶段、小规模商业化利用阶段、大规模商业化利用阶段。不同的低碳技术需要国家有针对性地给予政策支持：对于已经成熟的低碳发展技术，政府应该加大推广力度；对于落后的低碳发展技术，及时的强制性淘汰制度则尤为重要。对于目前国内外备受关注的末端脱碳技术，相关的法律法规政策尚不健全，且项目研发、推广的成本较高。政府应开展相关法律法规的研究，并拓展融资渠道。与发达国家相比，我国的低碳技术仍然差距较大，缺乏核心技术，自主创新能力较弱。在加快引进、吸收国外先进技术的同时，核心技术的自主创新应该得到更多的重视。

控制能源消费总量是近期减少二氧化碳排放的有效政策之一，从基于市场的政策角度，碳税是实现碳减排目标的重要可选手段之一。然而，通过实施不同碳税政策机制的模拟发现，单纯碳税政策的引入会导致几乎所有国内生产部门的国内市场份额减小、出口下降及利润损失。碳排放权交易是现阶段低成本控制和减少二氧化碳排放的重要政策工具。作为全球最大的能源消费和碳排放国，我国从2013年开始，建立了北京、天津、上海、湖北、重庆、广东、深圳7个碳交易试点。从试点运行表现来看，尽管取得了一定的成绩，但仍存在上位法缺失、碳价不合理、惩罚力度弱等突出问题。未来我国需要统一碳交易市场建设，出台统一法律法规，明确碳市场的法律地位及相关主体的权责范围；确定碳配额总量，并逐步扩大碳市场行业覆盖范围；采取免费分配和拍卖相结合的初始配额分配方式，优化配额分配方案设计；制定国家统一的、与国际接轨的MRV（measurement，reporting and verification，即"三可"原则，可测量、可报告、可核查）标准；充分考虑碳交易市场对社会经济的影响，优化资源配置，提高环境管理效率。

8.5　大气污染相关的法律法规

不同大气污染防治政策对大气污染治理、资源利用效率提升、产业结构优化的效果或影响不同，例如对比分析在混合市场中单一使用减排补贴和联合使用排污税、减排补贴的效果，发现联合使用排污税和减排补贴的效果更佳。因此，在规划和制定政策方面应当选择能够促进经济高质量发展的经济政策工具，推动利益相关者做出更大贡献的社会政策工具。

8.5.1　大气污染防治政策的间接效应

大气污染防治政策不仅能直接对大气污染产生作用，还能通过调节工业化要素对大气污染行为产生间接作用。工业化要素在防治政策和大气污染之间产生中介效应。

大气污染防治政策对产业升级、技术创新和能源利用效率提高具有促进作用，有利于引导产业技术的升级换代。首先，大气环境规章制度的建立和实施能够在提升资源利用效率的同时优化产业结构，地方政府可以通过经济激励和相关政策的实施，实现政策对产业结构调整的促进作用。相关的研究结果表明当防治政策强度由弱到强时，产业结构调整效应先减少、后增加、再减少，一定程度上促进了污染物的减排。其次，环境规制有助于促进全要素能源效率，高强度的防治政策有利于工业全要素生产率的提高。

大气污染防治政策通过工业化要素对大气污染作用的相关研究较少。通过构建动态的EKC模型，发现政策措施与污染减排技术、清洁环境偏好的相互作用决定了EKC拐点的形成。环境规制通过调整产业结构、优化能源消费结构，能间接影响PM_{10}浓度，通过提升技术水平的间接影响不显著。

8.5.2　大气环境相关法律

《中华人民共和国刑法》第三百三十八条规定：

违反国家规定，排放、倾倒或者处置有放射性的废物、含传染病病原体的废物、有毒物质或者其他有害物质，严重污染环境的，处三年以下有期徒刑或者拘役，并处或者单处罚金；情节严重的，处三年以上七年以下有期徒刑，并处罚金；有下列情形之一的，处七年以上有期徒刑，并处罚金：

① 在饮用水水源保护区、自然保护地核心保护区等依法确定的重点保护区域排放、倾倒、处置有放射性的废物、含传染病病原体的废物、有毒物质，情节特别严重的；

② 向国家确定的重要江河、湖泊水域排放、倾倒、处置有放射性的废物、含传染病病原体的废物、有毒物质，情节特别严重的；

③ 致使大量永久基本农田基本功能丧失或者遭受永久性破坏的；

④ 致使多人重伤、严重疾病，或者致人严重残疾、死亡的。

有前款行为，同时构成其他犯罪的，依照处罚较重的规定定罪处罚。

《中华人民共和国大气污染防治法》规定：

① 防治大气污染，应当以改善大气环境质量为目标，坚持源头治理，规划先行，转变经济发展方式，优化产业结构和布局，调整能源结构。防治大气污染，应当加强对燃煤、工业、机动车船、扬尘、农业等大气污染的综合防治，推行区域大气污染联合防治，对颗粒物、二氧化硫、氮氧化物、挥发性有机物、氨等大气污染物和温室气体实施协同控制。

② 县级以上人民政府应当将大气污染防治工作纳入国民经济和社会发展规划，加大对大气污染防治的财政投入。地方各级人民政府应当对本行政区域的大气环境质量负责，制定规划，采取措施，控制或者逐步削减大气污染物的排放量，使大气环境质量达到规定标准并逐步改善。

③ 国务院生态环境主管部门会同国务院有关部门，按照国务院的规定，对省、自治区、直辖市大气环境质量改善目标、大气污染防治重点任务完成情况进行考核。省、自治区、直辖市人民政府制定考核办法，对本行政区域内地方大气环境质量改善目标、大气污染防治重点任务完成情况实施考核。考核结果应当向社会公开。

④ 县级以上人民政府生态环境主管部门对大气污染防治实施统一监督管理。县级以上人民政府其他有关部门在各自职责范围内对大气污染防治实施监督管理。

⑤ 国家鼓励和支持大气污染防治科学技术研究，开展对大气污染来源及其变化趋势的分析，推广先进适用的大气污染防治技术和装备，促进科技成果转化，发挥科学技术在大气污染防治中的支撑作用。

⑥ 企业事业单位和其他生产经营者应当采取有效措施，防止、减少大气污染，对所造成的损害依法承担责任。

《大气污染防治行动计划》确定了十项具体措施：

① 加大综合治理力度，减少多污染物排放。a. 加强工业企业大气污染综合治理，加快重点行业脱硫、脱硝、除尘改造工程建设，推进挥发性有机物污染治理；b. 深化面源污染治理，开展餐饮油烟污染治理；c. 强化移动源污染防治，提升燃油品质，加快淘汰黄标车和老旧车辆，加强机动车环保管理，加快推进低速汽车升级换代，大力推广新能源汽车。

② 调整优化产业结构，推动产业转型升级。a. 严控"两高"行业新增产能；b. 加快淘汰落后产能；c. 压缩过剩产能；d. 坚决停建产能严重过剩行业违规在建项目。

③ 加快企业技术改造，提高科技创新能力。a. 强化科技研发和推广；b. 全面推行清洁生产；c. 大力发展循环经济；d. 大力培育节能环保产业。

④ 加快调整能源结构，增加清洁能源供应。a. 控制煤炭消费总量；b. 加

快清洁能源替代利用；c. 推进煤炭清洁利用；d. 提高能源使用效率。

⑤ 严格节能环保准入，优化产业空间布局。a. 调整产业布局；b. 强化节能环保指标约束；c. 优化空间格局。

⑥ 发挥市场机制作用，完善环境经济政策。a. 发挥市场机制调节作用；b. 完善价格税收政策；c. 拓宽投融资渠道。

⑦ 健全法律法规体系，严格依法监督管理。a. 完善法律法规标准；b. 提高环境监管能力；c. 加大环保执法力度；d. 实行环境信息公开。

⑧ 建立区域协作机制，统筹区域环境治理。a. 建立区域协作机制；b. 分解目标任务；c. 实行严格责任追究。

⑨ 建立监测预警应急体系，妥善应对重污染天气。a. 建立监测预警体系；b. 制定完善应急预案；c. 及时采取应急措施。

⑩ 明确政府企业和社会的责任，动员全民参与环境保护。a. 明确地方政府统领责任；b. 加强部门协调联动；c. 强化企业施治；d. 广泛动员社会参与。

8.6 大气环境的评价方法

大气环境影响评价是从预防性环境保护的角度出发，采用适当的评价手段，对项目实施的大气环境影响的程度、范围和概率进行分析、预测和评估，以避免、消除或减少项目对大气环境的负面影响，为项目的厂址选择、污染源设置、制定大气污染防治措施及其他有关的工程设计提供科学依据或指导性意见。

8.6.1 评价方法种类

大气污染的评价方法主要包括两类：等标污染负荷法和污染物排放量排序法。其中等标污染负荷法是指把某种污染物的排放量稀释到相应排放标准时所需的介质量，用以评价各污染源和各污染物的相对危害程度。等标污染负荷法的主要思想是通过将不同污染源排放的某污染物总量与该污染物的排放标准进行比较，从而获得同一尺度上可以相互比较的量。该法简单易行且具有较好的综合性，其计算公式为：

$$P_{ik} = \frac{q_{ik}}{C_{0k}}$$

$$P_i = \sum_k P_{ik}$$

式中 P_i——污染源 i 排放的总等标污染负荷；

P_{ik}——污染源 i 排放的污染物 k 的绝对排放量；

q_{ik}——污染源i排放的污染物k的平均浓度；

C_{0k}——污染物k的环境质量标准或排放标准。

8.6.2 大气质量环境评价的流程

如图8.4所示，大气环境评价的流程图包括三个阶段：第一阶段主要工作包括研究有关文件，项目污染源调查，环境空气保护目标调查，评价因子筛选与评价标准确定，区域气象与地表特征调查，收集区域地形参数，确定评价等级和评价范围等；第二阶段主要工作依据评价等级要求开展，包括与项目评价相关的污染源调查与核实，选择适合的预测模型，环境质量现状调查或补充监测，收集建立模型所需气象、地表参数等基础数据，确定预测内容与方案，开展大气环境影响预测与评价工作等；第三阶段主要工作包括制订环境监测计划，明确大气环境影响评价结论与建议，完成环境影响评价文件的编写等。

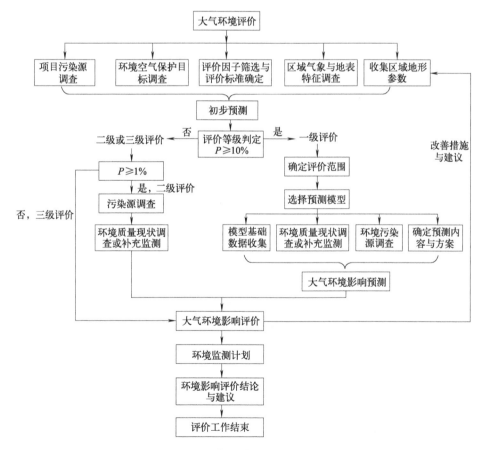

图8.4　大气环境评价的流程图

199

对建设项目进行大气质量环境影响评价包含以下的几个步骤：

① 确立各级大气质量环境背景值。此步骤主要针对常规监测的或可能被建设项目影响的指标或者参数（比如碳氢化合物、NO_x、CO、光化学氧化物的浓度）。部分背景资料和数据能从政府有关部门获得，例如在美国，大气质量的背景值就能从地方地区或国家大气质量管理局、联邦空气质量法的计划执行部门、国家环境保护署数据库修正系统等组织获得。

在众多参数中，只有其中一部分是属于监测网点常规监测的参数，且这些大多是用来确立大气质量标准的典型参数。例如洛杉矶固定源大气监测网，含有36个监测点，能对5种污染物进行连续监测，并按时收集特定的样品。尽管大气中存在上千种物质，但常用的监测物质是：CO、Pb、烟尘、VOCs、SO_2、NO_2、总悬浮颗粒物（TSP）和PM_{10}。此外，对特定的环境问题应建立特定的监测网，如酸雨严重的地区，应对监测网点的沉降物、pH值、氨、硝酸盐、硫酸盐等进行监测。

② 明确适当的大气质量有关规定和标准。标准与关系人体健康和福利的大气污染物水平相关，而规定则随地域的不同而有所不同。我国国家标准《环境空气质量标准》（GB 3095—2012）中将环境空气功能区分为两类：一类区为自然保护区、风景名胜区和其他需要特殊保护的区域，适用一级浓度限值；二类区为居住区、商业交通居民混合区、文化区、工业区和农村地区，适用二级浓度限值。以SO_2为例，GB 3095—2012中规定的24小时平均浓度限值：一级为$50\mu g/m^3$；二级为$150\mu g/m^3$。

③ 预测有、无该项目建设的情况下，大气污染物的排放量。建设项目排放的污染物采用每时间段内该物质的质量。

④ 预测有、无该项目建设的情况下，大气中污染物的浓度。预测空气质量指标在新排放条件下的浓度变化。

⑤ 将预测的结果与现行的环境标准相比较。

⑥ 对将排放有毒大气污染物的建设项目必须进行健康风险评价和环境风险评价。对于那些可能对人体健康和环境造成严重威胁的建设工程，通常要求在环境评价中单独进行一项风险评价。如果建设项目出现事故或运行系统出现障碍，可能造成有毒物质大量排放，或者建设项目有可能使人体和其他有机体长时间处于低浓度有毒物质环境中。在对环境和人类造成潜在重大危险的情况下，应对建设项目进行风险评价。

⑦ 修改完善建设计划。环境评价中的最后一步是在预测影响不能接受的情况下，改进建设项目使之符合要求。通常，采取改进燃烧过程和使用污染控

制装置（如洗涤器、过滤器）等方法来减少污染物。

8.7 大气污染控制规划

在一定的技术经济条件下，充分利用大气环境自身的稀释扩散能力，有效保护大气环境质量，这是大气污染控制规划的主要任务，具体而言主要包括：①用大气扩散模型研究地区的大气扩散规律和污染物的时空分布规律；②用污染控制规划模型合理分配各污染源的负荷，选择有效、合理、优化的治理途径；③将定量分析的结果落实到具体的管理、布局和治理措施上，提出规划方案。

城市大气污染控制是一个多变量、多目标、多层次的复杂系统。在对整个系统各个要素及其相互关系深刻认识的基础上，根据欲解决的大气环境问题和能够收集到的各种信息的详细程度，设计适当的大气污染控制模型，寻求系统总体的最优化方案。1987年，《中华人民共和国大气污染防治法》正式颁布，确定以防治煤烟型污染为主的大气污染防治基本方针，突出了燃煤烟尘污染防治的重点。20世纪80年代，空气颗粒物污染防治已经从点源治理阶段进入综合防治阶段；90年代，进一步从浓度控制向总量控制转变，从城市环境综合治理向区域污染控制转变，在制定法律法规、建立监督管理体系，加强空气颗粒物污染防治措施、防治技术开发和推广等方面也做了大量的工作，有效地推动了空气颗粒物污染防治工作。例如在"九五"期间，我国对烟尘、工业粉尘、二氧化硫、氰化物、石油类、化学需氧量、砷、汞、铅、镉、六价铬、工业固体废物等主要污染物实行总量控制，在总量得到有效控制的基础上，依据国情并结合地方的资源条件、经济技术水平、环境污染状况及主要影响因素，通过全面、系统、科学的研究，建立了一个经济有效的源内控制、集中削减、环境净化、区域调控的控制与管理系统。此处，总量是指在一定区域和时间范围内的颗粒物排放总和，或者是一定时间范围内某个企业的排污量总和。总量控制包括排放污染物的总质量、排放污染物总量的地域范围、排放污染物的时间范围。总量控制计划是综合考虑全国环境污染状况后所确定的，总量控制比浓度控制更注重环境质量和排放量之间的关系。

1996年《国务院关于环境保护若干问题的决定》提出了"一控双达标"环境保护目标。"一控"是指控制主要污染物排放总量在规定的排放总量指标之内；"双达标"是指所有工业污染源排放污染物要达到国家或地方规定的标准，直辖市、省会城市、经济特区城市、沿海开放城市、重点旅游城市环境空气质量按功能区分别达到国家规定的相关标准。

2000年4月第一次修订了《中华人民共和国大气污染防治法》，新法规定重点区域实行排放总量控制与排污许可证制度。按污染物排放种类和数量，征收排污费。此法规定了污染物超标排放属于违法，规定空气污染控制重点城市和规定达标期限，加强城市扬尘污染防治措施等。

8.8 国内外大气管理经验

世界卫生组织（WHO）的数据显示，全球的空气质量不断下降，由于空气污染引发的健康问题，导致世界上每年有700万~800万人口过早死亡，室内污染和室外污染各占一半。目前，全球有90%城市暴露于大气污染中，这些污染物的含量已经超出WHO规定的大气质量标准，对人体健康、生产力和经济的发展造成一定威胁。2014年，首届联合国环境大会通过关于改善大气质量的决议，鼓励各国政府采取行动改善空气质量。2015年9月，联合国大会通过了2030年可持续发展议程，提出要大量减少因空气、水和土壤污染及危险化学品导致的死亡和疾病数量。当前，东亚、东南亚、中亚地区仍然是全球大气污染严重地区。在全球可持续发展已成为时代潮流，亚洲发展中国家工业化和城镇化步伐不断加快的形势下，加强大气污染防治，提升大气环境质量，不但有利于本国的可持续发展，而且对本地区的可持续发展具有重要的现实意义。

国内外对大气环境治理的经验和教训均表明：与法律标准、监管等相关的大气污染防治政策对大气环境质量的改善与否有着密切的关系。例如，Laplante等以加拿大魁北克为研究对象，发现政府对环境的监管有利于造纸企业减少大气污染物的排放。Markandya等对12个西欧国家的硫排放和人均GDP的相关性进行EKC检验，并分析了大气污染规章制度的实施对曲线的影响，得出这些规章制度的实施能够降低EKC曲线水平（污染物浓度），导致转折点的提前到来。国外政府对大气环境的治理经验，能为我国更好管理环境质量提供一些有意义的借鉴。

8.8.1 美国在大气污染治理方面的经验

美国也经历了严重的雾霾问题，最著名的事件是洛杉矶雾霾；经过长时间的科学和管理上的探索，美国政府实施了一系列措施，在大气雾霾治理方面取得了良好的效果。美国在大气污染治理方面的经验表明：社会经济的发展和（大气）环境质量保护可以兼得。早在20世纪70年代美国就制定出了关于空气污染管理方面的法律——《清洁空气法》，经过多次修订后，将"空气固定源排污许可证制度"写进《清洁空气法》，并沿用至今。在1990—2020年间，上述法律措施的实施不仅没有降低经济的发展速率，反而给公共卫生和环境效益带来了可观的收益，是治理成本的30倍。下面将重点介绍美国在排污许可证上的相关经验。

排污许可证制度是美国用于监管固定污染源的主要工具之一，是在环保部门和企业之间实施大气污染防治的依据，是评估企业是否按环境标准合规排放的判定依据之一。美国颁发的大气排污许可证主要分为：预建许可证和运营许可证。新源审查项目（New Source Review）要求固定排放源所属单位必须在建设施工开始前取得许可证，确保新建或改建的工业设备能最大程度地保持清洁生产。美国联邦环保署在联邦法规中规定：新源审查许可证由州级或当地大气监管部门颁发，在满足美国联邦环保署的要求前提下，各州可根据本州大气质量管理的实际需求制定相应的新源审查要求和执行程序，美国联邦环保署具有审批权；排污许可证应规定新建或改建施工的许可或适用范围、排放限度以及排放源的运行情况，其侧重点是控制污染物新增排放量。

自排污许可证制度推行以来，美国大气污染治理效果显著。1970—2019年，美国的大气中六大主要污染物排放量总体下降77%，2019年二氧化硫（1h平均值）浓度相较1990年下降了90%，污染物浓度下降幅度增大，总体治理效果显著。排污许可证制度是一项贯彻执行力度很强的法律制度，与之相关的管理科学技术规范也被写入法律，增强法律可执行性。

美国在雾霾治理方面的实施主要措施包括：

① 成立专门的空气质量管理机构，实行划区管理；

② 出台一系列法律法规，制定了严格的排放标准，限制汽车尾气和其他污染物的排放，为空气污染防治提供法律保障；

③ 引入市场交易机制，比如通过税收优惠等政策鼓励企业采用清洁能源；

④ 开发先进技术，政府鼓励使用清洁能源，如太阳能、风能等，以减少对化石燃料的依赖。从美国的大气污染情况来看，雾霾的污染源主要有工业污染和机动车尾气污染，这与我国雾霾污染情况类似。借鉴美国的经验，我国可以从如下几个方面入手：

① 完善立法保障，健全法律体系，严格监督污染防治；

② 设立自上而下的大气污染防治机构，建立雾霾治理长效机制；

③ 加快产业结构调整，严控工业污染；

④ 加快发展清洁技术，严控机动车污染排放；

⑤ 推动科学技术的进步，比如设立专门的研究经费，用于研究除雾霾的

新材料和新技术，促进产学研的良性发展。

8.8.2　英国在大气污染治理方面的经验

在英国，空气污染导致了一系列健康问题，包括哮喘、心血管疾病和肺癌等，这些疾病尤其是对儿童、老年人和贫困人口影响最大，极大地增加了政府的公共医疗开支，其公共卫生医疗成本开支仅次于癌症、肥胖和心脏病。有鉴于此，英国政府将大气中污染物浓度范围的控制写进了大气治理相关法律中，例如2010年颁布的并于2016年修订的《空气质量标准条例》，对环境污染物浓度设定了"极限值"、"目标值"和"长期目标值"。极限值具有法律约束力，无论何种情况都不得超过的上限，主要针对单个污染物所设定的，包括浓度值、浓度值的平均周期、允许的超额次数（每年）和达到规定浓度所需的时间。有些污染物的极限值不止一个，如短期平均浓度（如小时均值）和长期平均浓度（如年均值）。对部分污染物设定目标值和长期目标值，其设置的方式和依据与极限值设置相同。尽管针对目标值和长期目标值的所需要采取的措施不具有法律约束力，但政府鼓励采取相应的措施进行预防，以免为达到目标值和长期目标值付出额外更大的代价或成本。英国颁布的《国家排放许可证条例》还重点规定了二氧化硫、氮氧化物、氨和挥发性有机物的排放上限值，这类物质是造成自然环境酸化和富营养化的主要空气污染物。

2019年1月，英国的环境大臣迈克尔·戈夫在启动清洁空气战略时，提出了一个宏大的计划：通过实施大气环境治理措施，提高对相关疾病的预防能力，将空气污染所造成的社会成本逐年降低，计划2020年减少17亿英镑，从2030年开始每年降低53亿英镑。此外，英国还制定了针对细颗粒物的长期环境保护目标，实施具体的方案和行动，减少超标地区的人口数量，旨在降低公民受颗粒物（PM）的危害机会。尽管英国的空气质量标准是根据世界卫生组织建议所制定，但是该标准远远超出了欧盟的要求。

此外，英国政府禁止销售污染严重的燃料（包括取暖或做饭用燃料），确保2022年起只销售清洁的炉灶，并赋予地方政府权力，以便于提高低效、高污染的取暖设备的升级换代，承诺从2040年起停止销售传统柴油和汽油车，该规定比其他欧洲国家来得更快更严格。英国政府还将采取相应的行动减少农业造成的空气污染，包括88%的氨排放量。在农业领域的节能减排措施主要包括：

① 支持农民投资基础设施和设备以减少排放；

② 出台法规要求农民使用低排放农业技术；

③ 出台法规以尽量减少化肥使用造成的污染。

2018年9月，政府通过流域敏感农业（CSF）合作伙伴关系启动了一项300万英镑资助计划，主要针对支持专家团队与农民合作，提供培训活动，在农业生产上给予合适的指导建议。政府与研究与投资局（UKRI）合作，启动了一项联合研究计划，总投资1960万英镑，以促进现代工业战略发展，资助清洁技术的研究，确保英国的现代工业战略处于低碳创新的世界前沿。

8.8.3 韩国在大气污染治理方面的经验

与世界上同等级的城市相比，韩国首都圈的颗粒物、二氧化氮等污染物浓度排名居于高位；例如，首尔的颗粒物浓度是伦敦的35倍，二氧化氮浓度则是巴黎的1.7倍。随着人口数量和能源消耗量的进一步增长，预计到2024年首尔大气污染将超过WHO推荐的标准值。为应对大气污染领域所存在的严峻挑战，韩国环境部以10年为规划单位，制定了一系列政策。例如，韩国环境部分别于2005年和2014年出台了首都圈大气环境管理基本计划，详细制定了各阶段大气污染防控的目标与措施。针对首都圈大气污染的主要来源，计划重点从汽车管理、工厂管理、面源污染管理等方面入手，普及绿色汽车、升级强化汽车排放标准、实行工厂排放总量控制、加强对面源污染管理等；从多角度、全方位、有针对性地改善首都圈的大气环境质量。首尔的大气污染控制成效显著，$PM_{2.5}$的浓度已经达到欧盟空气质量标准。上述整治方案和策略，主要以清洁能源的推广使用、交通领域的低排放政策、控制道路扬尘污染、加强企业排放管理等为核心内容[14-16]。

韩国实施大气环境治理过程中，上一阶段政策所产生的效果和问题将成为下一阶段计划实施的基础和参考；一般下一阶段的计划会延续上一阶段的防治措施，稳固大气的改善成果，调整和强化大气治理目标，注重对污染物协同控制，并进一步提出构建科学的管理方法和加强宣传的措施，以提升政策实施效率。根据评估结果，2012年时首都圈大气质量已得到明显改善，二氧化氮浓度和可吸入颗粒物浓度都明显下降，比如二氧化氮的浓度从2003年的$34×10^{-9}$（体积分数）下降为$30×10^{-9}$（体积分数），可吸入颗粒物浓度由2003年$65μg/m^3$下降至$41μg/m^3$。

首尔都市圈的大气环境管理基本计划以2003年的《首尔都市圈空气质量改善特别法》为依据，设立以环境部长为委员长的"首都圈大气环境改善委员会"，在环境部下设"首都圈大气环境厅"，从组织机构上保证了计划的有效执行；此外，首尔都市圈的两次大气环境管理计划的制订和实施过程中，从机动车管理、总量控制、排放指标分配体系和排污权交易等，均有明确的配套措施和相应的阶段性量化指标，并在第二阶段的管理计划中突出大气污染科学管理基础建设，提出构建首都圈排放量的精密管理系统。

　　韩国治理大气环境污染的又一有效的措施是推广使用清洁能源。为了降低固定源燃料燃烧的污染，韩国首尔改善燃料的品质，比如降低燃料的含硫量；此外积极推广供应燃气，采取统一供暖，鼓励发展可再生能源等措施，大力加强机动车污染控制。以柴油车治理和清洁能源车推广为目标，重点开展了机动车污染控制，典型的措施包括：柴油车改造为LPG（液化石油气）车、安装颗粒物减排装置、提前报废老旧车等。图8.5所示列出了韩国在2005—2010年期间，NO_2、SO_2、CO和可吸入颗粒物的年均排放浓度。2005—2010年期间，SO_2浓度持续下降，年平均污染浓度为0.005mg/kg。这得益于政府采取的一系列限制政策，包括增加低硫燃油和液化天然气（LNG）等清洁燃料的供应，提高排放标准等。在大气污染管理政策方面，韩国还颁布了多项法律法规，比如1990年8月制定并实施了目前的大气环境管理基本法——《大气环境保护法》。韩国环境部颁布了《关于首都区域大气环境改善特别法》（2003年12月），有效降低了大气中的$PM_{2.5}$和PM_{10}。

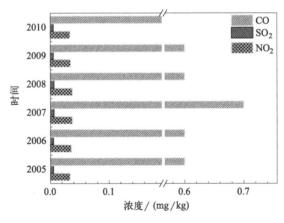

图8.5　2005—2010年韩国首尔大气主要污染物的浓度变化情况

8.8.4　日本在大气污染治理方面的经验

日本大气污染控制大体经历了三个阶段：

① 解决降尘问题；

② 解决SO_2；

206

③ 解决NO$_x$、光化学烟雾、飘尘及其他大气污染问题。

日本的第一部有关大气污染控制的法律是《煤烟控制法》，该法案实施不久后，经过完善更名为《大气污染防治法》。该法律后续对排放标准不断地修订，同时加入了对SO$_2$和氮氧化物的总量控制的相关条文。具体的实施措施包括：强化汽车尾气排放标准，努力控制氮氧化物、光化学氧化剂和飘尘的量。《大气污染防治法》中增加"VOCs排放规制"内容，对6类重点源实施VOCs排放管控。针对空气污染过程研究分析，日本研究者提出了减少二氧化硫的四种举措：末端（脱硫）处理；预处理（燃料脱硫）和低硫替代品替代；优化工业结构；提高生产过程效率。他们得出的结论是：综合政策方针与能源相关政策相结合，是克服空气污染问题的关键所在。

日本将固定源大气污染物的排放标准分为七种类型：一般排放标准，特别排放标准，追加排放标准，总量限制标准，设施的构造、使用和管理标准，大气中的容许限度标准，事故排放时的措施规定。针对移动污染源，日本标准体系包括四类：汽车排放标准、摩托车排放标准、非道路移动源排放标准、燃油标准。不同的机动车和地区要遵循不同的排放标准，包括污染物的类型、排放量均有不同。对于一般的地区，其二氧化硫排放要遵循一般排放标准，主要用地区系数K来表征；K值越小，允许排放量越小。日本为了更好地管理机动车的污染，设定了机动车的检测维护制度，加快旧车淘汰的制度，增加旧车的年检次数和相关检测费用，延长新车的免检年限等。日本实施严格法律的最终效果是氮氧化物和二氧化碳等空气污染物浓度显著下降。此外，1991—2021年间PM$_{2.5}$质量浓度有所下降，其中PM$_{2.5}$中所含的元素碳的下降幅度最大，但是有机碳的浓度没有显著变化。

日本在针对大气污染的主要治理政策中，与我国的相同点在于采取了行政立法手段，同时对污染物实行总量控制，提高污染物排放标准与污染源控制并重的措施。不同点在于，日本在治污过程中，地方政府发挥主导作用，我国是由中央政府发挥主要作用；日本污染防治法比我国现阶段法律更加完备，且市场机制更加灵活，比如日本的《大气污染防治法》的完善程度高于我国《大气污染防治法》；我国目前治理方式仍以下达污染指标、行政命令等手段为主。

8.8.5 我国在大气污染治理方面的经验

我国大气污染以煤烟型烟雾为主，还包括光化学烟雾、酸雨、温室效应、臭氧层空洞、PM$_{2.5}$等问题，常用的大气污染防治的原理和方法包括：除尘、烟气脱硫、氮氧化物减排。自1979年我国颁布了《中华人民共和国环境保护法》，文本中提出了综合治理大气污染的措施后，20世纪80年代开始逐步形成大气环境标准体系。1987年，全国人民代表大会通过了《中华人民共和国大气污染防治法》，又于1995年和2000年进行了两次修订，关于大气污染治理的相关制度不断形成与完善。

大气污染治理涉及环境规划管理、能源利用、污染防治等许多方面，不同地区大气污染特征、条件不同，综合防治的方向和重点不尽相同。我国大气污染物类型多、来源复杂化、污染区域化以及减排难度升级对传统能源高效利用、清洁能源替代、多污染物协同控制标准提出了迫切需求。我国火力发电厂燃煤减排取得了初步成效，但热力、钢铁、水泥、玻璃等非电行业的排放标准依然较低，成为我国常规污染物的主要源头，需要协同制定严格的排放标准：高规格排放标准能迫使能源结构进行调整，通过财政补贴、金融倾斜等政策增加清洁能源投入比例，统筹制定该行业清洁能源使用基础设施相关标准。在跨区域环境问题上，不同行政区通过合作协议，划定合作范围，实现区域联合防治环境污染合作机制。我国区域大气污染联防联控模式已从政策政令外推到法律制度内驱转变，获得提升空气质量的成功经验，包括北京奥运会、上海世博会、广州亚运会、APEC会议期间的区域大气污染联防联控行动，以及相关法律的颁布（《新环境法》、《新大气污染治理法》等）。

发达国家采取的各种类型的环境约束手段对其大力治理大气污染起到了积极的作用，也给我国的大气污染治理提供了借鉴。我国应进一步加大排污许可制实施力度以及排污许可证监督以及核发的审查力度，动态调整污染物排放限值，收紧重污染地区排放限额。

参考文献

[1] 黄丹丹.上海城区二次污染物形成过程及影响因素研究 [J]. 环境科学学报，2018（38）：2262-2269.

[2] M.P. Sierra-Vargas, Teran L M. Air pollution: impact and prevention [J]. Respirology, 2012（17）：1031-1038.

[3] Tai A P K, Mickley L J, Jacob D J.Correlations between fine particulate matter（PM2.5）and meteorological variables in the United States: Implications for the sensitivity of PM2.5 to climate change [J]. Atmospheric Environment, 2010（44）：3976-3984.

[4] Gill A R, Viswanathan K K, Hassan S. A test of environmental Kuznets curve（EKC）for carbon emission and potential of renewable energy to reduce green house gases（GHG）in Malay-

sia, Environment [J]. Development and Sustainability, 2017（20）：1103-1114.

[5]　周君薇，刘明，美国大气排污许可证管理制度对中国的启示 [J]. 环境科学与管理，2019（44）：1-5.

[6]　Liu Y, Liu L, Wang Y A critical review on removal of gaseous pollutants using sulfate radical-based advanced oxidation technologies [J]. Environmental Science & Technology, 2021, 55（14）：9691-9710.

[7]　Lin F, Wang Z, Zhang Z, et al. Flue gas treatment with ozone oxidation：An overview on NOx, organic pollutants, and mercury [J]. Chemical Engineering Journal, 2020, 382：123030.

[8]　江晶. 大气污染治理技术与设备 [M]. 北京：冶金工业出版社，2018.

[9]　Correia A W, Pope Ⅲ C A, Dockery D W, et al. Effect of air pollution control on life expectancy in the United States：an analysis of 545 US counties for the period from 2000 to 2007 [J]. Epidemiology, 2013, 24（1）：23-31.

[10]　Levy J I, Wilson A M, Zwack L M. Quantifying the efficiency and equity implications of power plant air pollution control strategies in the United States [J]. Environmental health perspectives, 2007, 115（5）：743-750.

[11]　Sullivan T J, Driscoll C T, Beier C M, et al. Air pollution success stories in the United States：The value of long-term observations [J]. Environmental science & policy, 2018, 84：69-73.

[12]　Macintyre H L, Mitsakou C, Vieno M, et al. Impacts of emissions policies on future UK mortality burdens associated with air pollution [J]. Environment International, 2023, 174：107862.

[13]　Wang W, Fecht D, Beevers S, et al. Predicting daily concentrations of nitrogen dioxide, particulate matter and ozone at fine spatial scale in Great Britain [J]. Atmospheric Pollution Research, 2022, 13（8）：101506.

[14]　朴成敦，刘国军，龙凤，马鸿志，汪群慧. 韩国的大气污染现状及管理政策 [J]. 环境科学与技术，2013（36）：382-385.

[15]　郑军，黄一彦. 韩国首都圈大气环境管理基本计划的分析与启示 [J]. 环境保护，2016（44）：71-74.

[16]　颜敏.首尔市大气污染治理经验及借鉴 [J]. 环境科学导刊，2018（37）：6-9.

[17]　Momoe Kanada, Tsuyoshi Fujita, Minoru Fujii, Satoshi Ohnishi, The long-term impacts of air pollution control policy：historical links between municipal actions and industrial energy efficiency in Kawasaki City, Japan, Journal of Cleaner Production, 2013, 58, 92-101.

[18]　Ito A, Wakamatsu S, Morikawa T, Kobayashi S.30 Years of Air Quality Trends in Japan. Atmosphere. 2021；12（8）：1072. https：//doi.org/10.3390/atmos12081072.

第 9 章

固体废物环境管理

9.1 引言

近几十年来，随着我国经济的快速发展，固体废物（简称固废）的产生量和种类大幅度增加。固体废物不像废水或者废气对环境的影响那么明显，不易察觉。受技术、经济水平和管理等多方面的影响，相当大部分的固体废物未能得到合理处置，在某些地方已经成为重要的环境污染源，影响到了社会经济的可持续发展。总体而言，固体废物的管理，包括处理、处置和资源化，仍然面临着诸多挑战。

9.2 固体废物概论

9.2.1 固体废物的概念及分类

在开发和利用自然资源的过程中受限于实际需要和技术水平条件，资源和产品的部分或者全部会作为废弃物丢失，变成废物。因此，某种程度上，人们的生产生活过程中产生固体废物是必然的，只是数量上的差异而已。

（1）概念

固体废物是指在生产、生活和其他活动中产生的丧失原有利用价值或虽未丧失利用价值但被抛弃或者放弃的固态、半固态和置于容器中的气态物品、物质，以及法律、行政法规规定纳入固体废物管理的物品、物质。

（2）固体废物的分类

固体废物主要种类可包括生活垃圾、危险废物、建筑废物、城市污泥、工业固体废物、农业固体废物等。一般情况下，在工业生产活动过程中产生的固体废物称为废渣；而在生活中产生的固体废物被定义为生活垃圾，也可简称为垃圾。

工业固体废物是指工业生产过程和工业加工过程产生的废渣、粉尘、碎屑、污泥等，主要有以下六种：

a. 冶金固体废物，主要是指各种金属冶炼过程排出的残渣，如高炉渣、钢渣、铁合金渣、铜渣、锌渣、铅渣、镍渣、铬渣、铝渣、汞渣、赤泥等。高炉渣的化学成分与普通硅酸盐水泥相似，主要是 Ca、Mg、Al、Si、Mn 等的氧化物，个别残渣中含 TiO_2、V_2O_5 等。由于矿石的品位及冶炼生铁的种类不同，高炉渣的化学成分波动较大（如表9.1所示）。

表9.1　我国高炉渣的化学成分（质量分数）

名称	CaO/%	SiO$_2$/%	Al$_2$O$_3$/%	MgO/%	MnO/%	Fe$_2$O$_3$/%	TiO$_2$/%	V$_2$O$_5$/%	S/%	F/%
普通渣	38~49	26~42	6~17	1~13	0.1~1	0.15~2			0.2~1.5	
高钛渣	23~46	20~35	9~15	2~10	<1		20~29	0.1~0.6	<1	
铁锰渣	28~47	21~37	11~24	2~8	5~23	0.1~1.7			0.3~3	
含氟渣	35~45	22~29	6~8	3~7.8	0.1~0.8	0.15~0.19				7~8

b. 燃料灰渣，是指煤炭开采、加工、利用过程排出的粉煤灰、炉底渣、液态灰、液态渣、旋风炉粉、煤灰，以及其它类型工厂锅炉所产出的灰渣。它们的化学成分、矿物组成、显微结构和性质主要取决于原煤的成分、煤粉的细度、热动力学条件以及系统中产生的化学反应与相变过程等因素。

c. 化学工业固体废物，指化学工业生产过程中产生的种类繁多的废渣，如硫铁矿渣、煤造气炉渣、黄磷炉渣、磷泥、磷石膏、烧碱盐泥、纯碱盐泥、化学矿山尾矿渣、蒸馏釜残渣、废母液、废催化剂等。化学工业固体废物是指在化学工业生产过程中产生的固体、半固体或浆状物，包括在生产过程中进行化合、分解、合成等反应所产生的不合格产品、副产物、失效的催化剂、废添加剂、未反应的原料和原料中夹带的杂质等直接从反应装置中排出的，或在产品精制、分离、洗涤时由相应装置排出的废物。

d. 石油工业固体废物，指炼油和油品精制过程排出的固体废物，如碱渣、酸渣以及炼油厂污水处理过程排出的浮渣、含油污泥等。按生产行业分为石油炼制行业固体废物（酸碱废液、废催化剂和页岩渣）、石油化工行业固体废物和石油化纤行业固体废物（废添加剂、聚酯废料、有机废液等）。按化学性质分为有机固体废物和无机固体废物。

e. 粮食食品工业固体废物，是指粮食、食品加工过程排弃的谷屑、下脚料、渣滓等。

f. 其他废物，是指机械和木材加工工业产生的碎屑、边角料、刨花，纺织、印染工业产生的泥渣、边料等。

　　固体废物按化学成分可以分为有机废物和无机废物，按热值分为高热值废物和低热值废物，按处理处置方式可以分为可资源化废物、可堆肥废物、可燃废物和无机废物等，按来源可以分为城市生活垃圾和工农业生产废弃物。城市固体废物是指"城市日常生活中或者为城市日常生活提供服务的活动中所产生的固体废物"，一般分为生活垃圾、城建渣土、商业固体废物和粪便等。在我国和其他多数国家中，为了高效管理城市固体废物，降低对城市生活影响与人类健康风险，一般不将参与城市日常生活服务活动但源自工业、农业、医疗的废弃物纳入城市固体废物，而是将其单独归为工农业生产中所产生的废弃物。

　　按危害特性，固体废物可分为有毒有害固体废物（危险废物）和无毒无害固体废物。危险废物一般是指列入《国家危险废物名录》或者根据国家规定的危险废物鉴别标准和鉴别方法认定的具有危险特性的固体废物。《国家危险废物名录》（2021年版，2020年11月25日生态环境部、国家发展和改革委员会、公安部、交通运输部、国家卫生健康委员会令第15号公布自2021年1月1日起施行）将具有下列情形之一的固体废物（包括液态废物），列入名录：①具有毒性、腐蚀性、易燃性、反应性或者感染性一种或者几种危险特性的；②不排除具有危险特性，可能对生态环境或者人体健康造成有害影响，需要按照危险废物进行管理的。名录明确列出了废物类别、行业来源、废物代码、危险特性。其中，危险特性是指对生态环境和人体健康具有有害影响的毒性、腐蚀性、易燃性、反应性和感染性。

9.2.2　固体废物的危害

　　据不完全统计，我国城市生活垃圾年产量已接近1.5亿吨，各类工业固体废物近9亿吨，全国每年畜禽粪便排泄量为20多亿吨。一些固体废物随着与环境之间的相互作用，包括物理搬运和吸附、生物降解、光辐射等，导致固体废物污染环境。具体而言固体废物的危害性具有如下四种。

　　（1）侵占土地破坏自然景观

　　固体废物产生量越大，所占土地面积越大。由于垃圾产量增长幅度较大，一些城市又缺乏有效的管理和处置措施，导致部分城市垃圾堆存量大。固体废物的堆存严重破坏了地貌、植被和自然景观。

　　（2）污染土壤和农作物

　　我国由于堆放废物而污染的农田达到66万公顷。固体废物长期经受风吹雨淋，很多有害成分会进入土壤，其途径主要有渗滤液带入、大气沉降等。有害物质渗入土壤后，会打破土壤的生态平衡，改变土壤原有的微生物区系，从而破坏其功能。一些有害废物具有生物累积性，可通过食物链进入人体，危害人体健康。例如，我国某些地区因镉废渣渗入土壤，使稻田受到污染，稻米因镉含量超标不能使用。

（3）污染水体

固体废物造成水体污染的途径主要有：受其他因素（风吹、雨水冲刷等）或人为因素影响，固体废物直接进入地表水，其中的有害物质缓释进入水体，改变水体成分，水体质量严重下降，进一步影响水生植物和动物；另外，难降解固体废物会堵塞河道，破坏水生植物和动物的栖息环境。

（4）污染大气

固体废物造成大气污染主要是通过废物运输、处理处置和利用过程中产生的有毒气体和粉尘。固体废物中的细小颗粒物或粉尘随风分散在大气中，加重了大气的污染情况；部分废物发生化学变化会释放出有毒有害气体，比如二氧化碳、甲烷、硫化氢等，进入大气。

9.2.3 固体废物属性及鉴别方法

9.2.3.1 固体废物属性

（1）无主性

即被丢弃后不再属于谁，找不到具体负责人，特别是城市固体废物。

（2）分散性

废弃物所处地点呈现分布特性，需要收集。

（3）固体废物兼具污染性与资源性

固体废物数量庞大、种类繁多、成分复杂，若处理不当，会给生态环境及人体健康带来重大风险；另一方面，一些固体废物中含有具有一定价值的金属元素、生物质和其他有用物质，且相对于废气、废水更易被收集、运输及回收。因此，一些固体废物具有潜在利用价值，即具有资源性，通过回收利用能部分缓解资源短缺的问题。

固体废物的污染属性和资源属性是辩证存在的，具有鲜明的时空特性。从时间维度来看，对某些固体废物，仅在当前技术及经济发展条件下无法进行资源化；随着科学技术的发展，先前的废物将转变为资源。资源利用过程中会产生污染物，部分污染物经过预处理后也能转化为资源。从空间维度来看，一些固体废物仅在某一特定过程或某一方面失去使用价值，而并非在所有过程或所有方面都没有使用价值。因此固体废物往往可以作为某一过程的原料，重新作为资源进行再生利用。通过建立一系列判定标准，界定固体废物的污染属性以及资源属性，对实现固体废物高效资源化具有重要意义。由于不同种类、来源的固体废物，其物理、化学和生物性质存在很大差异，且污染和资源特征复杂不明，需对固体废物中各物质成分进行分析，探明包括有害物质在内的各成分的时空变化规律，识别其污染与资源属性，并对污染的部分施以相应的人工干预技术，使其满足对应资源化利用方式标准，从而实现各类固体废物从污染属性向资源属性的转化。

（4）固体废物具有潜在的和长期的危害性

固体废物与水或大气不同，它往往不具流动性或者流动性很差，因此只在其丢弃处局部范围内聚集，不能像水或大气那样通过扩散稀释，以及在扩散稀释过程中通过环境自净功能消除污染。在大多数情况下，固体废物也不像水或大气污染那样能立即产生可见的危害。在自然因素影响下，大量堆置的固体废物中的有害成分往往通过进入大气、水体和土壤，参与生态系统中的物质循环，从而污染食物链，危害人类和动物的健康，因此固体废物具有潜在的、长期的危害性。

（5）固体废物处理后依然可能存在环境风险

固体废物的来源、产生主体的情况（经济状况、生产方式、生活习惯、消费习惯）和处理程度等因素，均会影响固体废物的终态，即经过多个物理、化学或生物变化后固体废物所含污染成分的最终状态。例如有害气体或者飘尘经过治理形成废渣，污水中的有害溶质和悬浮物经过处理收集变成污泥和残渣。但是，这些"终态"物质中的有害成分，在长期的自然因素作用下，又会释放转入大气、水体和土壤，成为环境污染"新源头"。

9.2.3.2　固体废物鉴别及检测方法

对固体废物及其潜在危害性的判断会影响固体废物的回收利用过程。固体废物对环境的影响滞后性大、扩散性小，例如污染成分的迁移转化和浸出液在土壤中的迁移，是比较缓慢的过程，其危害可能在多年之后才能发现。从某种意义上讲，固体废物，特别是有害废物对环境造成的危害可能比水、气造成的危害严重得多，且具有严重的滞后性。

（1）对固体废物的鉴别

固废的判定一般根据《中华人民共和国固体废物污染环境防治法》《固体废物鉴别标准　通则》《国家危险废物名录》《危险废物鉴别标准　通则》等。

对于进口固体废物鉴别，主要依据《中华人民共和国固体废物污染防治法》《固体废物进口管理办法》《进口货物的固体废物属性鉴别程序》《固体废物鉴别标准 通则》，以及《进口可用作原料的固体废物环境保护控制标准——冶炼渣》等11项国家环境保护标准。其中，《进口可用作原料的固体废物环境保护控制标准》规定了废物原料中夹杂物的限量要求，但是不适用于正常货物中夹杂固体废物的情况，该情况的详细规定在《进口货物的固体废物属性鉴别程序》中有详细的阐述：同一份鉴别样品或同一批鉴别样品为固体废物和非固体废物混合物的，应在工艺来源或产生来源的合理性分析基础上，进行整体综合判断，当发现明显混入有害组分时应从严要求。所以，对于进口货物为固体废物和非固体废物混合物时，应从其工艺来源或产生来源的合理性以及是否存在"明显混入有害组分"这两个要点进行判断。

（2）对固体废物特性的检测

在鉴定过程中或采取处理措施之前，许多固体废物都需要利用多种分析仪器对其理化特性和特征指标进行分析。需要根据物质组成特性选择合适的仪器和分析方法。下面介绍几种用于无机固体废物的典型分析仪器或方法：X射线荧光（XRF）光谱法、X射线衍射（XRD）法、激光粒度仪、扫描电子显微镜（SEM）、偏光显微镜（PM）、X射线能谱（EDS）法、化学滴定法。

XRF是用高能量X射线或γ射线轰击材料，激发出次级X射线，用于分析材料的物性。XRF光谱法可对材料中除了氢、氦、锂和铍以外的元素进行定性和定量分析，通过分析不同元素产生的X射线波长（或能量）和强度，获得物料组成与质量分数信息，现广泛应用于环境和冶金物料的常规分析。

XRD法是利用晶体形成的X射线衍射，分析物料内部原子在空间分布状况的方法，可用于对固体废物的物相鉴别。X射线是一种电磁波，当它通过物质时，在入射电场的作用下，物质中的电子将被迫围绕其平衡位置振动，同时向四周辐射出与入射X射线波长相同的散射X射线，称为经典散射。散射强度可由汤姆逊公式计算：

$$I_e = I_o \times \frac{e^4}{R^2 m^2 c^4} \times \left[\frac{1 + \cos^2(2\theta)}{2} \right]$$

式中　I_e——距离电子R处的散射X射线的强度；

　　　e——电子的电荷，其值为1.602×10^{-19}C；

　　　c——光速；

　　　R——从电子到观测点的距离；

　　　2θ——散射方向与入射方向的夹角；

　　　I_o——入射的单色X射线的强度；

　　　m——电子的质量。

上述公式的物理意义是：当一束非偏振的X射线照射到质量为m、电荷为e的电子上时，在与入射线呈2θ角度方向上距离为R处的某点，由电子引起的散射X射线的强度为I_e。由于散射波与入射波的频率或波长相同，位相差恒定，在同一方向上各散射波符合相干条件。每种材料的结构与其X射线衍射图之间都有着一一对应的关系，通过测定衍射角位置或者特征吸收峰能对材料定性分析，测定谱线的积分强度（峰强度）可以进行定量分析。

激光粒度仪的原理是通过物料颗粒的衍射光或散射光的空间分布分析颗粒大小。光在传播过程中遇到颗粒时，会发生散射，大颗粒的散射角较小，小颗粒的散射角较大。

在分析极细无机粉末时，粒度是一项基础指标。当假定负载颗粒为规则球形，且在介质中的分布满足不相干的单散射时，光束穿越颗粒群时，其消光过程与介质浊度相关。介质中颗粒系的总浊度（τ）可由单个颗粒的消光系数计算获得：

$$\tau = \frac{\pi}{4} \int_a^b N(D) D^2 K \mathrm{d} D$$

式中　$N(D)$——多分散细颗粒的数目、粒径分布函数；

$\quad\quad\ D$——颗粒粒径；

$\quad\quad\ K$——颗粒的消光系数；

$\quad\quad\ a$——颗粒系粒径的下限；

$\quad\quad\ b$——颗粒系粒径的上限。

SEM利用高能电子束与样品物质的交互作用，产生各种信息，包括二次电子、背散射电子、吸收电子、X射线、俄歇电子、阴极发光和透射电子等，这些信号承载着待测样品的信息，通过分析这些信息获得所检测物料表面形貌。例如，冶炼烟尘类物料的SEM中可明显观察到球珠状金属或金属氧化物颗粒。因此，SEM结果是判断烟尘类无机固体废物来源的特征指标。

PM是调制普通光为偏振光，用于鉴别某一物质是单折射性（各向同性）或双折射性（各向异性）。因此，PM被广泛地应用在矿物、生物与化学等领域。在固体废物鉴别过程中，PM常用来判断无机物料的结晶程度和其中的矿物成分。

EDS是用来对物料微区成分、元素种类及其质量分数进行分析的技术，EDS经常与SEM或透射电子显微镜（TEM）联合使用。检测不同元素X射线光子特征能量，即可确定物料中所含元素（定性分析）；在相同条件下，同时测量标样和物料中各元素的X射线强度，通过强度比和相关修正，可得到各元素的质量分数（定量分析）。EDS已被广泛用于进口无机物料固体废物鉴别。

化学滴定法适用于质量分数高于1%的各种常量组分精确质量分数的分析。在无机物料固体废物属性鉴别过程中，当需要确定某些组分的精确质量分数时，需要进行化学滴定分析。例如，通过已有检测结果判断无机物料为氧化锌时，需要化学滴定分析其中锌以及氟和氯的精确质量分数，然后与《副产品氧化锌》（YS/T 73—2011）进行比较，从而鉴别物料是副产品氧化锌还是固体废物。

9.2.4　固体废物的污染途径

固体废物露天堆放、置于处理场或者处理处置不当时，其中的化学组分、病毒、病原菌、寄生虫卵等有害成分长期在自然因素的作用下，可通过大气、土壤、地表水或地下水等环境介质直接或间接进入人体，从而对人体健康造成极大的危害。固体废物中的化学类污染物可通过皮肤、呼吸道和消化道等途径进入人体，导致疾病。

由于目前的处理处置措施的局限性，固体废物中的污染物不可避免地会进入环境介质中，损害大气环境、水环境、土壤环境，并进一步对人体健康产生显著的负面效应。具体而言，废弃物的污染途径包括三个方面的内容。

（1）以大气环境作为主要途径

堆放固体废物中所含有的细微颗粒、粉尘等，在自然风的作用下，进入大气中形成污染；一些有机固体废物，在适宜的湿度和温度下被微生物分解，可以产生有恶臭或有害的气体，造成地区性空气污染。例如，当风力达到4级以上时，粉煤灰或尾矿堆表层的粉尘将被剥离，其扬尘高度可达20~50m，在季风期间可使平均视程降低。露天堆放和填埋的固体废物，在厌氧或好氧细菌作用下，有机组分分解而产生沼气，其中氨气、硫化氢和甲硫醇等恶臭气体的扩散会影响局部环境空气质量；沼气的主要成分为甲烷，会导致温室效应，其能力是二氧化碳的21倍，当其在空气中的含量达到5%~15%时，容易爆炸。

采用焚烧法处理固体废物时，会产生大量的颗粒物和有毒气体，比如粉尘、酸性气体、二噁英等。据报道，美国有2/3固体废物焚烧炉，由于缺乏空气净化装置而污染大气，有的露天焚烧炉排出的粉尘在接近地面处的浓度达到0.56g/m³；我国的部分企业，采用焚烧化处理塑料产生的含氯有机污染物和大量粉尘，也造成严重的大气污染。

（2）以水环境作为主要途径

一些固体废物被直接弃置于水体或通过空气和地表水的搬运作用进入水体。这些固体废物的存在会缩小水域面积，在水体长期作用过程中会逐步释放出有毒物质，严重危害水生生物的生存环境，并影响水资源的充分利用，降低排洪和灌溉能力。在陆地堆积或简单填埋的固体废物，经过雨水的淋洗、浸渍和固体废物本身的分解，将产生含有毒化学物质的渗滤液，对附近地区的地表径流及地下水造成污染。

（3）以土壤环境作为主要途径

固体废物堆放时，其中有害组分容易渗出污染土壤，破坏土壤的生态平衡。健康的土壤中含有许多细菌、真菌等微生物，这些微生物与其周围环境构成一个生态系统，能完成碳循环和氮循环等重要任务。固体废物产生的有毒液体渗入土壤，能杀害土壤中的微生物，改变土壤的性质和结构，破坏土壤的降解能力。另外，土壤的污染也可能导致有毒物质在植物中富集，并进入食物链，危害人体健康。固体废物的堆放会浪费大量的土地资源，减少了可耕地面积，许多城市的近郊也常常是城市垃圾的堆放场所，形成垃圾围城的状况。

9.3 固体废物管理实践

9.3.1 固体废物收集、贮存和运输

按照国家法律有关规定，固体废物的收集原则包括：危险固体废物与一般固体废物分开，工业固体废物应与生活垃圾分开，泥态与固态分开。按固体废物产生源分布情况，固体废物的收集方法可分为集中收集和分散收集两种；按收集时间可分为定期收集和随时收集两种。即使同一种固体废物（比如生活垃圾）收集方式也分为多种。我国的固体废物收集形式包括集中收集和分散收集，前者指固体废物较多的工厂在特定的贮存场所收集、贮存和运输固体废物；对于固体废物较少且分散的个体户或居民，一般是由商业部门所属废旧物资系统负责收集。定期收集是指按固定的时间对固体废物进行收集，其优点是通过固定的周期可将不合理的暂存危险降到最低，能有效地利用资源。随时收集是根据固体废物产生者的要求随时收集固体废物，一般是针对固体废物的产生无规律的情况。一般情况下，定期收集适宜产生固体废物量较大的大中型厂矿企业，随时收集适宜小型的企业。

我国工业固体废物通常采用分类收集的方法进行收集。所谓分类收集是指在固体废物经过鉴别试验的基础上，根据固体废物的特点、数量、处理和处置的要求分别收集。分类收集的优点是有利于固体废物的资源化，可以减少固体废物处理与处置费用及对环境的潜在危害。对于危险废物，宜采用分类收集，因为将不同特性、成分的固体废物混在一起收集会增加所处理或处置的危险固体

废物的数量，甚至会引起爆炸、释放有毒气体等危险反应，这些危险反应不仅会造成环境污染，而且也会使固体废物的处理与处置变得更加困难。

固体废物的贮存和最终处置，在含义上是不同的，固体废物的贮存，一般是指暂时性地存放或置于专用固体废物库中作长期贮存，这种贮存必须有专人保管。一般工业固体废物的贮存应当按照《一般工业固体废物贮存和填埋污染控制标准》（GB 18599—2020）进行管理。危险废物的贮存应当按照《危险废物贮存污染控制标准》（GB 18597—2023）进行管理。例如，放射性固体废物处置的方法主要有：投入深海，存入盐矿井中，贮存在2000m深的与地下水隔绝的岩层内。

生活垃圾的收集方式可分为分类收集和混合收集两种。20世纪70年代末，发达国家就从垃圾保护法规的角度要求居民对自己家庭产生的生活垃圾进行分类。在生活垃圾的源头进行分类收集，是生活垃圾收集最理想和能耗最小的收集方法，我国生活垃圾目前还是以混合收集方式为主。生活垃圾的搬运过程分为自行搬运和收集人员搬运两种。自行搬运就是由居民自行将其产生的生活垃圾从产生地点搬运到生活垃圾的公共存储地点、集装点或垃圾收集车内。收集人员搬运则是由专门的生活垃圾收集人员将居民产生的生活垃圾从居民的家门口搬运到集装点或垃圾收集车内。

9.3.2　固体废物处理和处置技术

固体废物特别是有害固体废物处理处置不当，会通过多种途径危害人体健康。固体废物处理是指将固体废物转变成适于运输、利用、贮存或最终处置的过程，是固体废物污染控制的末端环节，解决固体废物的归宿问题。固体废物处置方法根据处置的空间分类，包括海洋处置和陆地处置两大类，其中以陆地填埋处置应用最广。

9.3.2.1　海洋处置

海洋处置主要分为海洋倾倒与远洋焚烧两种方法。海洋倾倒是指根据有关法律规定，选择距离和深度适宜的处置场，根据处置区的海洋学特性、海洋保护水质标准、处置废物的种类及倾倒方式进行技术可行性研究和经济分析，最后按照设计的倾倒方案进行投弃。远洋焚烧是利用焚烧船将固体废物进行船上焚烧的处置方法。废物焚烧后产生的废气通过净化装置与冷凝器，冷凝液排入海中，气体排入大气，残渣倾入海洋。这种技术适于处置易燃性废物，如含氯的有机废物。在我国法律中并不提倡，对于固体废物的处理处置，仍然以陆地处置为主。

9.3.2.2 陆地处置

陆地处置的方法有多种，包括土地填埋、土地耕作和深井灌注等。土地填埋是从传统的堆放和填埋处置发展起来的一项处置技术，是目前处置固体废物的主要方法，一般可分为卫生填埋法和安全填埋法。

不同性质的固体废物往往需要不同的处理方法。根据处理的原理，固体废物处理方法还可分为：土地填埋、物理处理、生物处理、化学处理、热处理、固化处理等。具体而言，相关的填埋方法的具体要求和适用对象如下。

（1）土地填埋法

固体废物的土地填埋是一项最终处置技术和方法，具有运行费用低、工艺简单、适用于处理多种类型废物的优势，得到迅速发展并被广泛应用。土地填埋处理技术是将固体废物直接填入深层土地中，使其在土壤中发生物理、化学反应，实现自然降解。土地填埋处置的分类有很多种，一般根据废物种类及对有害物质释放的要求，将土地填埋处理方法分为四类：惰性废弃物土地填埋、工业废弃物土地填埋、卫生土地填埋和安全土地填埋。目前发达国家70%以上的城市固体废物都采用填埋处理，特别是对危险废物的处理，填埋仍然是最主要的手段之一。土地填埋处置最主要的问题就是浸出液的收集和控制问题，处理不当就会造成严重的环境污染。

惰性废弃物土地填埋是指将用于建筑的废石等惰性废弃物直接埋入地下，是一种最简单的土地填埋方法。惰性废弃物土地填埋又分为浅埋和深埋两种。

工业废弃物土地填埋适用于处理工业无害废弃物，因此场地的设计操作等不像安全填埋场那么严格，下部土壤的渗透率要求为10^{-5}cm/s。

卫生土地填埋适用于处理一般固体废物，比如城市垃圾和无害的工农业生产废渣。卫生土地填埋主要分为厌氧、好氧和准好氧三种，常采用厌氧式填埋。据世界银行统计，目前全世界每年绝大部分（3.5亿吨）的城市垃圾通过卫生填埋方式处理，因此卫生填埋是生活垃圾最重要的主流处理技术和最终处理方式之一。与简易的土地堆填相比，卫生填埋的最大特点是采取一系列工程安全措施（比如底部防渗、沼气导排、渗滤液处理、严格覆盖、压实处理），以防止垃圾中污染物质的迁移与扩散，降低垃圾降解产生的渗滤液污染，实现沼气的收集利用，提高土地利用效率。

安全土地填埋实际上是一种改进的卫生土地填埋，它对有毒有害废物的处置更为适宜。与卫生土地填埋法相比，安全土地填埋对场地的建设技术要求更为严格。

（2）物理处理

物理处理是指通过物理手段改变固体废物的结构，使之成为便于运输、贮存、利用或处置的形态。物理处理方法包括压实、破碎、增稠、吸附、萃取分选和脱水等。物理法常用于回收固体废物中的有价物质。

压实是利用机械方法减小废弃物体积、降低运输成本、延长填埋场寿命的处理技术。压实是一种普遍采用的固体废物处理方法，如易拉罐、塑料瓶等通常首先采用压实处理。

为了使进入焚烧炉、填埋场、堆肥系统的废物的外形尺寸减小，必须预先对固体废物进行破碎处理，减小体积，使其尺寸大小均匀。固体废物的破碎方法很多，主要有冲击破碎、剪切破碎和挤压破碎等，此外还有专用的低温破碎和湿式破碎等。

固体废物分选是将废弃物中可回收的或对后续处理与处置有害的成分分选出来，实现固体废物资源化、减量化的重要手段。通过分选可将有用的成分选出来加以利用，而将有害的成分分离出来。固体废物分选的基本原理是利用材料的某些性质（电性、磁性、光电性、摩擦性、弹性等）差异将其分选开。例如，利用废物中的磁性和非磁性差别进行分离，利用粒径尺寸差别进行分离，利用密度差别进行分离等。

（3）化学处理

化学处理是基于化学反应破坏固体废物中的有害成分从而达到无害化，或将其转变成为适于进一步处理、处置的状态。化学处理方法通常只用于成分单一或化学成分特性相似的废物处理。化学处理方法所利用的基本方法包括氧化、还原、中和、沉淀和溶出等。氧化还原法是将固体废物中可以发生价态变化的某些有毒、有害成分转化为化学成分稳定的无毒或低毒成分。中和法是选择适宜的中和剂与废渣中的碱性或酸性物质发生中和反应，使之接近中性，从而减轻它们对环境的影响。化学沉淀法主要是向溶液中投加化学沉淀剂，形成难溶性的沉淀物，通过固液分离除去有害成分。常用的处理固体废物的方法有氢氧化物沉淀法、碳酸盐沉淀法、硫化物沉淀法等。

（4）生物处理

生物处理是利用微生物呼吸过程（吸收污染物转化为微生物生长的营养物质）分解固体废物中有机物，从而达到无害化和综合利用的目的。值得注意的是，上述过程中，微生物也会产生一些副产物或排泄物，并且处理过程所需时间较长。生物处理方法包括好氧处理、厌氧处理和兼性厌氧处理。固体废物经过生物处理，在体积、形态、结构、组成等方面均会发生显著变化，因而便于运输、贮存、利用和处置。与化学处理相比，生物处理法的成本低、应用广，但处理过程所需时间长、不够稳定。目前生物处理方式主要为生物转化技术，是利用微生物对有机固体废物的分解作用使其无害化。这种技术可以使有机固体废物转化为能源、食品、饲料和肥料，还可以用来从废品和废渣中提取金属，是固体废物资源化较有效的技术方法。

（5）热处理

热处理是指通过高温破坏和改变固体废物组成和结构，包括焚烧法、热解法、气化法等。

焚烧法是一种基于可燃物燃烧反应（高温分解和深度氧化）的处理方法，其优点是把大量有害的废料分解成无害的物质，能处理各种废物。通过焚烧处理后，废物体积能减小90%。这种方法处理固体废物具有占地少、处理量大等优势，但投资大、易造成二次污染等。

热解法主要包括热解、气化和干馏，常用于有机固体废物，一般是将有机固体废物在无氧或缺氧条件下高温（500~1000□）加热，使之分解为气、液、固三类产物。与焚烧法相比，热解法具有基建投资少的优点。

（6）固化处理

固化处理是采用固化基材将有害、危险废物固定或包覆起来以降低其对环境的危害。固化处理的适用对象主要是有害废物和放射性废物。由于处理过程需加入额外用于固化的基材，因而固化体的体积远比原废物的体积大得多。

9.4 废弃物环境管理体系

9.4.1 控制政策

依据《中华人民共和国固体废物污染环境防治法》，固体废物污染防治应遵循"减量化、资源化、无害化"原则。

（1）减量化

减量化是指采取措施，减少固体废物的产生量和排放量，最大限度地合理开发资源，这是治理固体废物环境污染的首先要求。减量化的要求不只是减少固体废物的数量和减小其体积，还包括尽可能减少其种类，降低危险废物的有害成分的浓度，减轻或清除其危害危险特性等。减量化是对固体废物的数量、体积、种类、有害性质的全面管理，是防止固体废物污染环境的优先措施。

（2）资源化

资源化是指采取管理和工艺措施，对已产生的固体废物进行回收加工、循环利用或其他再利用等，即废物综合利用，使废物经过综合利用后直接变成产品或转化为可供再利用的二次原料。实现资源化不但减轻了固体废物的危害，还可以减少浪费，获得经济效益。资源化具体包含物质回收、物质转换、能量转换。物质回收是指处理废弃物并从中回收指定的二次物质；物质转换是指利用废弃物制取新形态的物质，比如利用废玻璃和废橡胶生产铺路材料；能量转换是指从废物处理过程中回收能量，转化为热能或电能。

（3）无害化

无害化是指对已产生但又无法或暂时无法进行综合利用的固体废物，经过物理、化学或生物方法，进行对环境无害或低危害的安全处理、处置，还包括尽可能地减少其种类、降低危险废物的有害浓度，减轻和消除其危险特征等，以此防止、减少或减轻固体废物的危害。

（4）全过程管理

除了三化原则外，另外一个规则是全过程管理原则，是指对固体废物的产生、运输、贮存、处理和处置的全过程及各个环节上都实行控制管理和开展污染防治工作。首先，产生固体废物的单位和个人，应当采取措施，防止或者减少固体废物对环境的污染。其次，收集、贮存、运输、利用、处置固体废物的单位和个人，必须采取防扬散、防流失、防渗漏或者其他防止污染环境的措施。最后，对于可能成为固体废物的产品的管理，规定应当采用易回收利用、易处置或者在环境中易消纳的包装物。我国《固体废物污染环境防治法》对贯彻固体废物的全过程管理原则作出了一系列的具体规定。如第十六条规定：国务院生态环境主管部门应当会同国务院有关部门建立全国危险废物等固体废物污染环境防治信息平台，推进固体废物收集、转移、处置等全过程监控和信息化追溯。

固体废物的管理还要遵守固体废物分类、优先管理危险废物的原则。固体废物种类繁多，危害特性与方式各有不同，因此，应根据不同废物的危害程度与特性区别对待，实行分类管理。我国《固体废物污染环境防治法》第六十条规定："县级以上地方人民政府应当加强建筑垃圾污染环境的防治，建立建筑垃圾分类处理制度；县级以上地方人民政府应当制定包括源头减量、分类处理、消纳设施和场所布局及建设等在内的建筑垃圾污染环境防治工作规划。"此外，第四十三条规定："县级以上地方人民政府应当加快建立分类投放、分类收集、分类运输、分类处理的生活垃圾管理系统，实现生活垃圾分类制度有效覆盖。"第七十五条规定："国务院生态环境主管部门应当会同国务院有关部门制定国家危险废物名录，规定统一的危险废物鉴别标准、鉴别方法、识别标志和鉴别单位管理要求。国家危险废物名录应当动态调整。"

固体废物的管理需要遵循鼓励集中处置的原则。根据国内外固体废物污染防治的经验，对固体废物的处置，采取社会化区域性控制的形式，不但可以从整体上改善环境质量，增加产出和投入比例，获得尽可能大的效益，还利于监督管理。《固体废物污染环境防治法》规定国家鼓励支持有利于保护环境的集中处置固体废物的措施，集中处置的形式多样，其中主要是建设区域专业性集中处置设施，如医疗垃圾集中焚烧炉及危险废物区域性专业处置场所等。

9.4.2　法律、法规体系

固体废物法管理是指通过制定一系列的法律、法规、规章、国家标准等具有强制力的文件来对固体废物的产生、归趋等过程进行管理。固体废物的有效管理是可持续发展的内在要求，这有利于促进国家相关环保政策的落实，有利于我国可持续发展目标的实现和加快生产工艺及相关技术设备的改进，提高我国对城市固体废物的管理水平。我国固体废物管理工作起步较晚，环境立法工作始于20世纪70年代末期。1979年颁布的《中华人民共和国环境保护法》，是我国环境保护的基本法，对我国固体废物相关法律的制定起着指导和限制作用，其他有关环境法律法规的颁布不得与此法产生冲突。很多单行法律法规中或多或少都有对固体废物管理规则的阐述，比如《农用污泥污染物控制标准》《海洋环境保护法》《水污染防治法》。1995年通过并于2020年4月29日第二次修订的《中华人民共和国固体废物污染环境防治法》，是一门专门针对固体废物的法律，明确地规定了固体废物防治的监督管理、固体废物特别是危险废物的防治、固体废物污染环境责任者应负的法律责任等。

在城市固体废物管理上，我国相继制定了《中华人民共和国环境保护法》《中华人民共和国固体废物污染环境防治法》等一系列与固体废物管理相关的法律法规。总体而言，我国的法规体系与西方发达国家相比还相对滞后，因此，需要学习西方国家在城市固体废物管理中所积累的丰富经验，逐步完善我国的城市固体废物法规体系，发挥其在城市固体废物管理中的作用。

我国的城市固体废物管理法规体系由法律、法规、规章、国家标准、地方性法规、国际公约六部分组成（如图9.1所示）。在具体运用该法规体系时，应当首先执行层级较高的环境法律、法规，然后是环境规章，最后才是其他环境保护规范性文件。城市固体废物管理法规体系是环境保护法规体系中不可缺少的组成部分，是一个子系统。

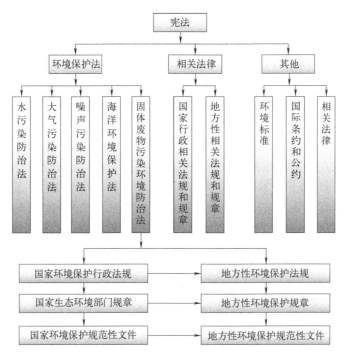

图9.1 我国城市固体废物管理法规机构示意图

　　根据我国对固体废物的管理现状，借鉴国外的经验，应继续完善固体废物法及其相关配套措施、加大执法力度等。欧盟的成员国所制定的相关法律法规能为我国的固体废物管理体系的完善提供有益的借鉴。欧盟的固体废物管理法规体系包括废物管理战略、优先控制方案、生态税法、废物产生者的责任制、固体废物污染控制法规、危险废物专门管理法规、危险废物运营许可证制度等，法律法规全面完整。德国用于固体废物管理的法规是《废物处置法》，其内容包括废物定义，设施的设计及选址，收集和运输，产生者的责任，设施的管理，废物输入和输出，废物处理处置设施许可证制度，产生者、运输者、处置者的注册登记，肇事者的罚款和监禁等细则。在《废物处置法》的基础上制定了《废物消除和管理法》、《包装条例》和《产品再生利用和废物管理法》。

　　在城市垃圾管理的经济政策方面，发达国家主要采用用户收费制、填埋税、循环利用信贷、保证金返还制度和贸易限额保证金返还制度、产品或包装费等。我国的固体废物管理法规体系是由《中华人民共和国环境保护法》《中华人民共和国固体废物污染环境防治法》及固体废物污染防治法规、固体废物污染防治行政规章等组成的具有四个层次的系统。其中，《中华人民共和国固体废物污染环境防治法》是我国固体废物管理中的重要法律。我国对固体废物的管理体系是以环境保护主管部门为主，相关的工业主管部门和城市建设主管部门共同对固体废物实行全过程管理。各部门的权利和责任如下：

① 国务院环境保护行政主管部门会同国务院有关行政主管部门根据国家环境质量标准和国家经济、技术条件，制定国家固体废物污染环境防治技术标准。

② 国务院环境保护行政主管部门建立固体废物污染环境监测制度，制定统一的监测规范，并会同有关部门组织监测网络。大、中城市人民政府环境保护行政主管部门应当定期发布固体废物的种类、产生量、处置状况等信息。

③ 建设产生固体废物的项目以及建设贮存、利用、处置固体废物的项目必须依法进行环境影响评价，并遵守国家有关建设项目环境保护管理的规定。

④ 县级以上人民政府环境保护行政主管部门和其他固体废物污染环境防治工作的监督管理部门，有权依据各自的职责对管辖范围内与固体废物污染环境防治有关的单位进行现场检查。

9.5 固体废物管理与循环经济

9.5.1 循环经济的基本概念

循环经济是物质闭环流动型经济的简称，指按照生态规律利用自然资源和环境容量来进行经济活动。它以物质和能量的闭环流动为特征，能在资源环境不退化甚至得到改善的情况下促进经济增长，实现环境保护与经济双赢的战略目标。循环经济是一种建立在物质不断循环和再利用基础上的经济发展模式，它要求经济活动按照自然生态系统的模式，组织成一个"资源—产品—再生资源"的物质反复循环流动的过程，使得整个经济系统以及生产和消费的过程基本上不产生或只产生很少量的废物，从而在经济过程中实现资源的减量化、产品的反复使用和废物的资源化。这与传统经济模式（资源—产品—废弃物—污染物—排放或先污染后治理）所实施的单向路线截然不同。

循环经济是以"减量化、再利用、再循环"为经济活动的行为原则，即"3R"原则。减量化原则旨在减少进入生产和消费过程中的物质和能源流量，在经济活动的源头就注意节约资源和减少污染，属于输入端方法。再利用原则的目的是直接回收有用的产品再继续利用，延长产品和服务的时间强度，属于过程性方法。再循环原则要求生产出的物品在完成其使用功能后通过加工处理能重新变成可以利用的其他资源，以减少固体废物的最终处置量，属于输出端方法。有些国家也把"3R"原则称为"3C"原则，即避免产生（clean）、综合利用（cycle）、妥善处置（control）。

在发达国家，循环经济正成为一种趋势，而且在不同范围包括从企业层次污染排放最小化实践，到区域工业生态系统内企业间废物的相互交换，再到产品消费所涉及的物质和能量循环，皆取得不同程度的成功。德国、日本和美国更是纷纷以立法、发展固体废物产业的形式加以推进。近几年，随着我国对固体废物危害性的认识加深，逐步将循环经济"3R"原则应用于一些大中城市固体废物处置上，比如推行垃圾分类收集、推广清洁能源等。

9.5.2 循环经济的技术思路

循环经济的技术思路是通过对经济系统进行物流和能流分析，运用生命周期理论进行评估，旨在大幅度降低生产和消费过程的物耗、能耗及污染物的产生和排放。在此意义下，要努力突破制约循环经济发展的技术"瓶颈"，开发和示范有普遍推广意义的资源节约和替代技术、能量梯级利用技术、循环经济发展中延长产业链和相关产业链接技术、"零排放"技术、有毒有害原材料替代技术、物质和能量回收处理技术、绿色再制造技术，以及新能源和可再生能源开发利用技术等；积极支持建立循环经济信息系统和技术咨询服务体系，及时向社会发布有关循环经济的技术管理和政策等方面的信息，开展信息咨询、技术推广、宣传培训等；积极推动国际交流与合作，借鉴国外推行循环经济的成功经验，引进核心技术与装备。循环经济的技术思路具体内容如下：

① 对经济系统进行物流和能流分析。循环经济的生态经济效益最终体现在经济系统的物流和能流变化上，该系统应尽可能大幅度地减少资源和原材料输入流和废物输出流，同时降低能耗，尽可能地使资源的利用率发挥到最大（如图9.2所示）。在图9.2中，实线代表了由自然界流入经济系统的物质及其转换后的各种形式，虚线表示了流回自然界的废弃物。

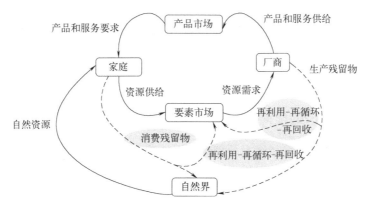

图9.2 物质平衡模型：经济活动与自然界的依赖关系

② 运用生命周期理论进行评估。生命周期理论被广泛用于各个领域，比如企业的生命周期和产品的生命周期。最早提出此概念的是哈佛大学的弗农（Vernon）教授，在《产品周期中的国际投资与国际贸易》论著中提出了产品生命周期理论的基本观点：在产品的整个生命期间（原材料的开采、原材料的生产、设计、制造、包装、储运、使用、维修、回收处理等），生产所需的要素是会发生变化的，因此在新产品的生产中可以观察到一个周期，即创新期、成长期、成熟期、标准化时期和生命晚期。利用生命周期理论进行研究，需要进行数据收集、影响分析、改善分析等工作。数据收集是生命周期研究的基础，是对各环境影响因素进行量化；影响分析是在数据分析的基础上对环境影响进行评价；改善分析是根据评价的结果，对项目提出改善建议和具体方案，减小污染物对环境的影响。生命周期评估要求从物质和能量的整个流通过程（开采、加工、运输、使用、再生循环、最终处置）对系统的资源消耗和污染排放进行分析，从而得到整个系统的物流情况和环境影响，由此评估系统的生态经济效益。

9.5.3 循环经济的运行模式

循环经济的运行模式指的是各类资源在生态系统、经济系统和社会系统内部及系统之间的循环流动模式，通过资源的合理高效流动，实现各系统内部及系统之间的和谐统一、人类的长远发展。循环经济的运行模式可以分为三个层面，从小到大依次为：企业层面（小循环）、区域层面（中循环）、社会层面（大循环）。

企业层面是指在企业内通过推行清洁生产工艺、废料回收生产技术和污染排放的生产全过程控制，全面建立节能、节水、降耗的现代化新型工艺，以达到少排放甚至零排放的环境保护目标。

区域层面需要建立诸如生态工业链或生态产业园区等循环体系，把产生不同产品的企业或工厂连接起来形成共享资源和互换副产品的有机集合体，实现一家工厂的废气、废热、废水、固废成为另一家工厂的原料和能源。

社会层面是指通过废弃物的再生利用，实现消费全过程的物质与能量的大循环。大循环有两个方面的内容：政府的宏观政策指引和群众的微观生活行为。

9.5.4 循环经济的理论基础

循环经济理论以可持续发展理论、系统论和生态学系统等为基础，运用系统论、信息论、控制论、经济系统控制论等科学方法，从生态系统中获得自然资源（比如原材料和能源），从而来支撑子系统的发展，包括社会系统、经济系统和环境系统。上述三个子系统之间相互作用、相互影响，取得动态平衡，以实现人、自然与科学技术相和谐和可持续发展的总目标。例如，华中地区最大固废循环经济产业园核心项目——武汉千子山循环经济产业园生活垃圾焚烧发电PPP项目，采用分散控制系统（DCS）将焚烧设备、烟气净化系统、热力系统和电气系统进行链接，实时展现全厂工艺流程参数，提高运行决策效率。该项目的运行能处理武汉市1/5的生活垃圾，显著减少二氧化碳的排放量（25万吨/年），提高生态环境治理成效。

　　循环经济运用了系统论、信息论、控制论、经济系统控制论等科学方法，以可持续发展理论、生态学理论和生态经济学理论等基本理论作支撑，遵循减量化、再利用、再循环的基本原则，以生物链循环为实践基础，逐步形成了循环经济理论的基础，其基本框架包括基本理论、基本原则和基本方法三个组成部分（见图9.3）。

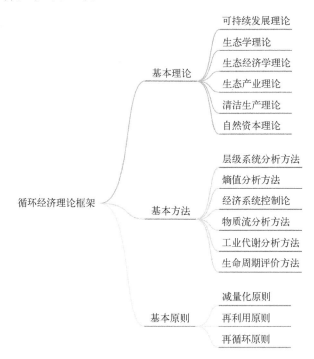

图9.3　循环经济的理论框架示意图

　　循环经济理论所涉及的三个子系统（社会系统、经济系统和环境系统）皆有自己的内循环，而各个子系统之间又有物质、能量和信息的交流。经济子系统的发展依赖于自然资源，也就是生态系统，反过来经济子系统的发展又对自然资源和生态系统起反作用，对稀缺自然资源的耗竭，破坏了生态系统，又制约了经济子系统的发展。环境子系统的改变，使得自然资源的品质改变，造成了生态系统的蜕变，生态系统的蜕变更加剧了人类生存环境子系统的改变，形成了恶性循环。

9.5.5 循环经济的基本原则

可持续发展是现代社会发展的要求，循环经济是实现可持续发展的有效手段，固体废物管理是循环经济理论在人类物质利用生态化的重要组成部分。循环经济的实施能保证经济、环境、社会三者发展的有机结合，使资源得到可持续利用和发展，有利于社会的可持续发展。我国目前固体废物污染严重，因此要想很好地解决这一问题，实现经济、社会和环境效益的统筹均衡发展，就应该采用循环经济的策略。固体废物的管理必须遵循减量、回收和再循环利用原则，实现化害为利、变废为宝的目标。具体措施如下：

① 从源头开始改进或采用新的生产工艺，尽量减少固体废物的产生和排放，比如减少使用一次性的餐具。

② 通过对废物的收集分类，变换空间场地，实现废物的再利用，防止产品过早转变为废物，延长产品的生命周期，提高产品的利用率，某种程度上也是节约资源。

③ 主要通过把废弃物再次变成资源以减少最终处理量，把终端物质运回到生产厂，成为原料或加工成新产品，使之变成二次资源。最理想的资源化方式是原级资源化，即将消费者放弃的废物资源化后形成与原来相同的新产品。次级资源化也常见，即将废弃物变成不同类型的新产品。例如美国已建立了废物交换系统网络，成立了废物交换中心，服务于5000多个企业，使固体废物的综合利用率得到提高。

参考文献

[1] 唐梦奇，冯均利，陈璐，等.典型固体废物和非固体废物混合物属性的鉴别 [J]. 中国口岸科学技术，2020（08）：4-11

[2] 郝雅琼.无机物料固体废物属性鉴别通用方法 [J]. 冶金分析，2019, 39（10）：23-29.

[3] 韩宝平.固体废物处理与利用 [M]. 武汉：华中科技大学出版社，2010.

[4] 李星洪.辐射防护基础 [M]. 北京：原子能出版社，1982.

[5] 罗琳，颜智勇.环境工程学 [M]. 北京：冶金工业出版社，2014.

[6] 徐云.绿色新概念 [M]. 北京：中国科学技术出版社，2004.

[7] 王华，毕贵红，李劲.城市生活垃圾智能管理 [M]. 北京：冶金工业出版社，2009.